기계시리즈 ③

완결판

재료역학

공학박사 이상만 저

명인북스
Myungin Books

머 리 말

본 도서는 국가공무원, 군무원 기계 분야 시험대비와 일반기계 기사, 건설기계 설비기사 등의 필기시험에 대비하는 기계 3 역학 중 **재료역학**에 대한 2025년도 최신 개정판이다.

재료역학에 대한 시험에 대비하는 본문사항과 필수요약 및 약 700문항의 실전 기출문제로 구성되었다.

과목의 본문에서는 학습에 필요한 주요 기본공식과 필수적인 figure 및 수식의 상세 유도과정을 포함하고 있으며, 공식의 변수들은 도서의 전체과정에서 가능한 일치되도록 하였다.

특히, 개정판에서는 일반기계 기사 출제기준에 일치하도록 순서를 정하고, 풀이과정을 각자 학습할 수 있도록 보완하였으며, 시험장에 반드시 암기하고 가야 하는 최소한의 필수요약사항이 본문에 첨부되었고, 실전문제는 학습 topic 별 분류작업을 통하여 난이도가 쉬운 것부터 어려운 순서로 재배열 작성하여, 반복적으로 출제되는 빈출문제에 대비할 수 있도록 하면서 수험생들의 개인적인 정리가 가능하도록 구성하였다.

본 도서의 특징 및 효과적인 학습방법은 다음과 같다.

< 특징 >

① 2012 ~ 2024년까지의 기출문제를 모두 포함하는 국내 최대문항 수이다.
② 전체 기출제되었던 문제들을 출제기준에 맞추어 난이도가 쉬운 문항부터 어려운 문항으로 재정렬하였으며 모든 문제에 해설을 붙였다.
③ 중복되는 출제 문제는 가능한 반복적으로 해설하지 않도록 고려하였다.
④ 대학에서 관련 학과목을 수행할 때, 교육과정의 참고자료로 활용할 수 있다.

< 효과적인 학습 방법 >

1단계 : 학습경험이 부족하거나 잊은 부분의 재학습 본문과정
2단계 : 시험장에 반드시 암기하고 가야 할 최소한의 필수 요약사항 암기과정
3단계 : 응용 및 출제경향의 숙지와 개인적인 시험대비의 정리
4단계 : 실전 기출문제 풀어보기
5단계 : 공학해석 용어 및 해석과정의 숙지

모쪼록, 수험생 여러분들의 성공과 건투를 기원하며,
 도서의 출간에 동의하여 주신 도서출판 명인 대표님께 감사드린다.

기계공학박사 이상만

재료역학

1 개요
1. 힘과 모멘트 평형 007
2. 자유물체도 008

2 응력과 변형률
1. 응력 – 변형률 선도 009
2. 크리프 및 피로 011
3. 응력집중 012
4. 파손이론 012
5. 허용응력과 안전계수 013
6. 부정정 문제 015
7. 탄성변형 에너지 015
8. 열응력 015

3 비틀림
1. 비틀림모멘트, 강성, 변형에너지 023
2. 박막튜브의 비틀림 024

4 굽힘 및 전단
1. 굽힘모멘트 선도 026
2. 하중, 전단력 및 굽힘모멘트 이론 026

5 보
1. 곡률, 변형률 및 굽힘모멘트 관계 033
2. 전단류 033
3. 보의 처짐 035
4. 부정정보 041
5. 카스틸리아노 정리 043

6 응력과 변형률 해석
1. 평면응력과 평면변형률 045
2. 주응력과 최대전단응력 045

7 평면응력의 응용
1. 삼축 응력상태(Bulk modulus & Dilatation) ……………………………… 047
2. 압력용기 ……………………………………………………………………… 047
3. 보의 최대응력(굽힘응력과 전단응력 조합) ……………………………… 047

8 기둥
1. 편심하중을 받는 단주 ……………………………………………………… 049
2. 좌굴 …………………………………………………………………………… 050

재료역학 실전문제

정역학 …………………………………………………………………………………… 057
응력과 변형률 …………………………………………………………………………… 065
탄성계수간의 관계식 …………………………………………………………………… 088
조립재료, 자중, 열응력 ………………………………………………………………… 091
탄성변형 에너지 ………………………………………………………………………… 103
평면도형의 성질 ………………………………………………………………………… 110
비틀림과 동력 …………………………………………………………………………… 123
비틀림 탄성에너지 ……………………………………………………………………… 143
선도해석 (SFD, BMD) ………………………………………………………………… 145
보속의 응력 ……………………………………………………………………………… 163
정정보 …………………………………………………………………………………… 187
굽힘변형 탄성에너지 …………………………………………………………………… 208
부정정보 ………………………………………………………………………………… 211
경사면, 평면응력과 평면변형률 ……………………………………………………… 222
주응력과 최대 전단응력 ……………………………………………………………… 232
삼축응력 상태 …………………………………………………………………………… 239
압력용기 ………………………………………………………………………………… 241
기둥 ……………………………………………………………………………………… 247
스프링 …………………………………………………………………………………… 258

재료역학
(Strengh of Science)

재료역학

1 개요

1. 힘과 모멘트 평형

- 힘의 3요소
  ① 크기(N) : 선분의 길이로 표시 : l
  ② 방향($\tan\theta$) : 선분의 기울기와 화살표로 표시 : θ
  ③ 작용점(x, y) : 선분의 한 점인 좌표로 표시 : A
    - 힘의 작용선 : 작용점을 포함하는 힘 방향의 직선으로 힘이 작용하는 방향
    - 힘의 이동성 : 효과가 같을 때, 작용선 상의 임의점으로 작용점을 옮겨도 된다

- 힘의 단위
  ① 물리학(절대단위) 1 Newton : $1\,kg_m$의 물체에 $1\,m/sec^2$ 가속도가 발생하는 힘
  ② 공학(중력단위) $1\,kg_f$: $1\,kg_m$의 물체에 중력가속도를 발생하게 하는 힘
     cf. $1\,N_f$: 1N force, $1\,N_w$: 1N weight
    ▶ 1N의 표현 ⇨ $1\,N_f$의 힘 또는 $1\,N_w$의 무게를 간략하게 1N으로 사용한다.
  ③ 국제단위(SI 단위) : 힘(N), 질량(kg), 길이(m), 시간(s)을 기본단위로 한다.

- 힘의 성분
  통상 직교좌표계를 이용하여 $\vec{x}, \vec{y}, \vec{z}$로 표현한다.

- 모멘트와 우력
  ① 임의 점 또는 축을 중심으로 힘이 작용할 때, 회전시키는 크기
  ② 모멘트 = 힘 × 수직거리의 식으로 표현(CW, CCW를 포함하는 수치로 표현)
  ③ 크기와 방향성이 있는 벡터요소
  ④ 우력은 자유벡터 : 크기가 같고 방향이 반대인 평행한 한 쌍의 힘

- 힘과 모멘트의 평형
    ① 정적평형인 경우, 임의 위치에서의 힘과 모멘트는 평형
    ② 정적평형인 경우, 임의 부재에서의 힘과 모멘트는 평형
    ③ 3부재의 평형은 라미의 정리를 만족한다.
        (단, 작용점이 같은 경우) : 공점력

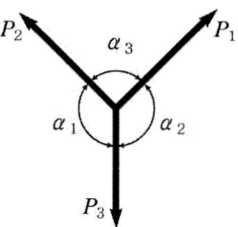

2. 자유물체도

임의 부재에 대한 평형을 모두 도시한 그림을 자유물체도(FBD)라 한다.

必修要約 (정역학)
힘의 평형, 마찰력 $\sum F = 0$, $F_f = \mu N$
모멘트의 평형 $\sum M = 0$
3힘(공점력계)의 평형, 라미의 정리 $\dfrac{\sin\alpha}{F_1} = \dfrac{\sin\beta}{F_2} = \dfrac{\sin\gamma}{F_3}$

2 응력과 변형률

1. 응력 – 변형률 선도

- 응력(Stress) : 단위면적당 내력 ⇨ $\sigma = P/A$ [Pa = N/m²]

    ① 인장응력 ⇨ $\sigma_t = \dfrac{P_t}{A}$

    ② 압축응력 ⇨ $\sigma_c = \dfrac{P_c}{A}$

    ③ 전단응력 ⇨ $\tau = \dfrac{P_s}{A}$

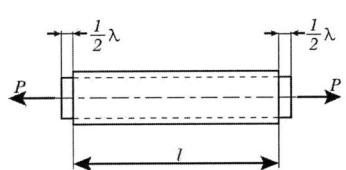

- 변형률(Strain) : ϵ (무차원수) ⇨ $\epsilon = \dfrac{\sigma}{E}$

    ① 세로변형률 ⇨ $\epsilon = \dfrac{l' - l}{l} = \dfrac{\lambda}{l}$

    ② 가로변형률 ⇨ $\epsilon' = \dfrac{d' - d}{d} = \dfrac{\delta}{d}$

    ③ 전단변형률 ⇨ $\gamma = \dfrac{\lambda_s}{l} = \tan\phi \fallingdotseq \phi\ [rad]$

    ④ 체적변형률 ⇨ $\epsilon_v = \dfrac{V' - V}{V} = \dfrac{\triangle V}{V}$

- 훅의 법칙과 탄성계수

    ⇨ $\sigma = E\epsilon$: 응력과 재료의 강성 및 변형률 간의 관계

    ▶ 강한 재료는 많이 변형하고 약한 재료는 적게 변형한다는 강성과 변형의 반비례 법칙으로 강한 재료일수록 탄성계수 값이 크다.

    ① 세로탄성계수(Young's Modulus) ⇨ $E = \dfrac{\sigma}{\epsilon}$, $\lambda = \dfrac{Pl}{AE} = \dfrac{\sigma}{E}l$

    ② 가로탄성계수(전단탄성계수) ⇨ $G = \dfrac{\tau}{\gamma}$, $\gamma = \dfrac{P_s}{AG}$

    ③ 체적탄성계수 ⇨ $K = \dfrac{\sigma_v}{\epsilon_v}$, $\sigma_v = K\epsilon_v$

- 푸아송의 비(poisson's ratio)

    ⇨ $\nu = \dfrac{\epsilon'}{\epsilon}$: 가로변형률과 세로변형률의 비

    푸아송의 비 $\left(\nu = \dfrac{1}{m}\right)$ 및 푸아송의 수 $\left(m = \dfrac{1}{\nu}\right)$

    $\nu = \dfrac{1}{m} = \dfrac{|\epsilon'|}{\epsilon} = \dfrac{l\,\delta}{d\,\lambda}$, 푸아송의 수 $m = \dfrac{1}{\nu} \geq 2$

    ▶ 푸아송의 비 ν는 1보다 작은 수이므로 역수 m은 1보다 큰 값.
      일반 금속재료에서의 $\nu = 0.3 \sim 0.35$ 정도이다.
      (단, 고무, 코르크 $\nu = 0.5$)

- 탄성계수 $[E, G, K]$간의 관계식 및 푸아송의 수 $[m]$

    ▶ $mE = 2G(m+1) = 3K(m-2),\ m = \dfrac{1}{\nu}$

    ① 가로 탄성계수(G)
    $$= \dfrac{E}{2(1+\nu)} = \dfrac{mE}{2(m+1)} = \dfrac{3KE}{9K-3E} = \dfrac{3K(m-2)}{2(m+1)}$$

    ② 체적탄성계수(K)
    $$= \dfrac{E}{3(1-2\nu)} = \dfrac{mE}{3(m-2)} = \dfrac{2G(m+1)}{3(m-2)} = \dfrac{GE}{9G-3E}$$

    ③ 세로탄성계수(E)
    $$= \dfrac{2G(m+1)}{m} = \dfrac{3K(m-2)}{m} = \dfrac{9KG}{G+3K} = 2G(1+\nu)$$

    ④ 푸아송의 수(m) $= \dfrac{2G}{E-2G} = \dfrac{6K}{3K-3E} = \dfrac{6K+2G}{3K-2G} = \dfrac{1}{\nu} \geq 2$

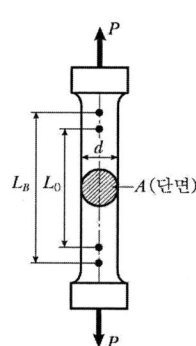

인장시험 편 : 인장을 받는 구조용 연강의
응력-변형률 선도

- 응력 - 변형률 선도
  ▶ 안전성의 지표 값으로 사용되는 안전계수는 그 값이 클수록 안전한 사용이며 작을수록 불안전한 사용인 경우가 되지만, 1.0보다 작아지면 변형의 한계인 경우가 되므로 해당변형이 발생하며, 반대로 과도하게 큰 경우는 과잉설계의 조건이 된다. 첨자 U는 극한강도 또는 인장강도이며 Y는 항복강도이다.

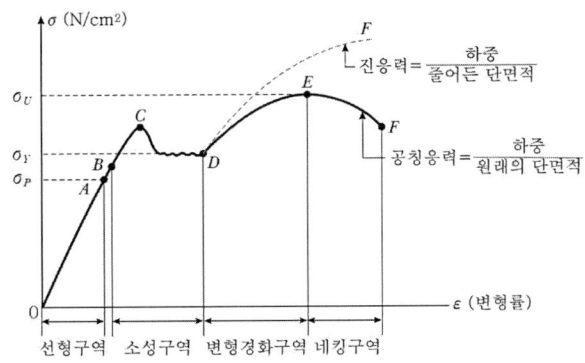

2. 크리프 및 피로

- 크리프
  금속의 재료에 고온에서 장시간 외력을 가하면 시간의 경과에 따라 서서히 그 변형이 증가하는 현상을 크리프(creep)라 한다.

- 피로
  재료가 인장과 압축을 되풀이해서 받는 부분이 있는데 이런 경우 그 응력이 인장 또는 압축 강도보다 훨씬 작다 하더라도 이것을 오랫동안 되풀이하여 작용시키면 파괴되는데, 이와 같은 현상을 피로파괴라고 한다.
  또한, 어느 응력에 대하여 되풀이 횟수가 무한대로 되는 한계가 있는데 이 같은 능력의 최대를 피로한도 또는 내구한도라고 한다.
  (S - N 곡선이 수평)

3. 응력집중(Stress concentration) ⇨ $K = \dfrac{\sigma_{max}}{\sigma_{av}}$: 형상에 대한 비

   ▶ 또 다른 안전성의 지표로 사용되는 응력집중계수는 형상에 따른 계수이지만 집중현상의 응력 최대값을 전체 단면의 평균응력으로 나누어주는 식이므로 안전계수의 반대개념이 되어 불안정한 사용이 되므로 응력집중계수가 클수록 응력이 집중된다는 의미가 된다. 단면의 형상변화가 급격히 발생하는 곳에서 응력이 국부적으로 집중되는 현상을 말한다.

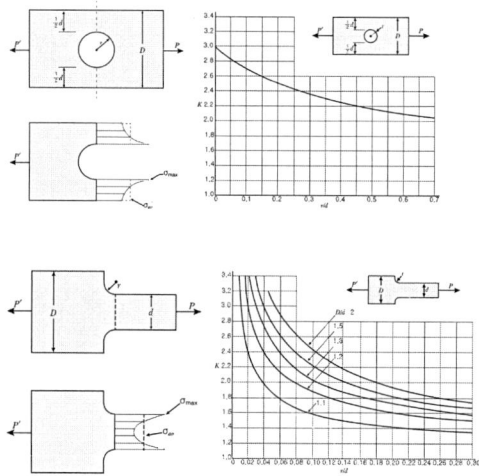

4. 파손이론

   - 연성파괴

     연성이 있는 재료는 파괴되기까지의 소성변형이 크고 파괴전에 국부적 단면수축이 생겨 그 위치에서의 파괴로 이를 연성파괴(ductile fracture)라 한다.

   - 취성파괴

     파괴될 때까지 생기는 소성변형이 작은 재료는 단면수축이 거의 일어나지 않고 돌연 파괴되면서 분리되는데 이 같은 파괴를 취성파괴(brittle fracture)라 한다.

- 피로파괴

    정적하중이 반복작용할 때, 단일 하중하의 파괴 응력보다 훨씬 작은 응력 또는 상온에서 탄성한도보다 작은 응력이 작용해도 오랫동안 반복되면 파괴되는 현상.

- 이외에 크리프에 의한 파괴가 있다.

5. 허용응력과 안전계수

- 허용응력(σ_a)

    재료에 발생하는 응력을 가능한 탄성한도 이내의 적은 값이 되도록 안전상 허용되는 최대의 사용응력이다.

- 안전계수(S)

    재료의 허용응력에 대한 파단 또는 극한응력의 비로 정의되는 무차원수이다.

    허용응력과 유사한 개념이지만 단위가 없는 숫자의 표현으로 계산되므로 수치가 증가할수록 안전하다.

- 사용응력(σ_w)

    극한강도 > 탄성한도 > 허용응력 ≥ 사용응력

必修要約 (응력과 변형률)

수직응력, Hook의 법칙 $\sigma = \dfrac{P}{A}$, $\sigma = E\epsilon$

세로변형률, 가로변형률, 프아송비 $\epsilon = \dfrac{\lambda}{l}$, $\epsilon' = \dfrac{\delta}{d}$, $\nu = \left|\dfrac{\epsilon'}{\epsilon}\right|$

수직변형량, 체적변형율] $\lambda = \dfrac{Pl}{AE}$, $\epsilon_v = \epsilon_x + \epsilon_y + \epsilon_z$

전단응력 $\tau = \dfrac{F}{A} = G\gamma = \dfrac{P_s}{A}$

안전계수 $S = \dfrac{\sigma_{max}}{\sigma_a}$

2축 변형률 $\epsilon_v = \epsilon_x(1 - 2\nu)$

탄성계수 간의 관계식 $mE = 2G(m+1) = 3K(m-2)$, $m = 1/\nu$

6. 부정정 문제

7. 탄성변형 에너지

① 수직응력에 의한 탄성에너지 (U)

$$= \frac{1}{2}P\lambda = \frac{1}{2}P\frac{Pl}{AE} = \frac{P^2Al}{2A^2E} = \frac{\sigma^2 Al}{2E} = \frac{\sigma^2 V}{2E}$$

② 최대 탄성에너지 (resilience) $u = U/V$

[단위체적(m^3)당 탄성에너지] $u = \dfrac{\sigma^2}{2E}$

③ 전단응력에 의한 탄성에너지 (U_s)

$$= \frac{1}{2}P_s\lambda_s = \frac{1}{2}P_s\frac{P_s l}{AG} = \frac{P_s^2 Al}{2A^2G} = \frac{\tau^2 Al}{2G} = \frac{\tau^2 V}{2G}$$

④ 최대 탄성에너지 (resilience) $u_s = U/V$

[단위체적(m^3)당 탄성에너지] $u_s = \dfrac{\tau^2}{2G} = \dfrac{1}{2}G\gamma^2$

8. 열응력 (Thermal stress) : σ_H

- 신축에 의한 열응력

① 열 변형량 $(\lambda_H) = l' - l = l\alpha(t_2 - t_1) = l\alpha \triangle t$

② 열 변형률 $(\epsilon_H) = \dfrac{\lambda}{l} = \alpha(t_2 - t_1)$

③ 열응력 $(\sigma_H) = E\epsilon = E\alpha(t_2 - t_1)$

- 가열 끼워맞춤 후프응력(σ_{hoop})

▶ 안지름 d를 유지하는 얇은 링을 지름이 큰 봉(d')에 가열 끼워맞춤을 하는 경우

$$\sigma_{hoop} = E\epsilon = E\frac{d'-d}{d} \quad \left(\epsilon = \frac{\delta}{d} = \frac{d'-d}{d}\right)$$

必修要約 (조립재료, 자중, 열응력)

병렬연결 응력 $\sigma_1 = \dfrac{P E_1}{A_1 E_1 + A_2 E_2 + A_3 E_3}$

자중, 자중하중 $\sigma_{자중} = \dfrac{P}{A} + \gamma l$, $W = \gamma V = \gamma A h$

열응력, 열변형률 $\sigma_H = E \epsilon_H = E \alpha \Delta t$, $\epsilon_H = \alpha \Delta t$, $\lambda_H = l \alpha \Delta T$

必修要約 (탄성변형 에너지)

탄성에너지, 단위체적당 탄성에너지 $U = \dfrac{1}{2} P \lambda$,

$u = \dfrac{\sigma^2}{2E} [N \cdot m/m^3]$

※ 참고사항 (평면도형의 성질)

단면 1차 모멘트와 도심(Geometrical moment)] : G [L^3]

▶ **합성단면의 도심** : 단면 1차 모멘트는 합성단면의 도심을 구하기 위하여 필요하다.

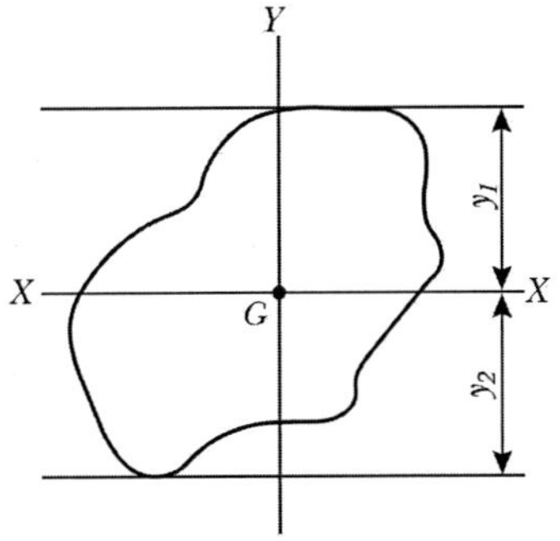

$$\overline{x} = \frac{G_y}{A} = \frac{\int_A x\,dA}{\int_A dA} = \frac{\sum A_i \overline{x_i}}{\sum A_i}$$

$$= \frac{A_1 x_1 + A_2 x_2 + \dots}{A_1 + A_2 + \dots}$$

G_y : y축에 관한 단면 1차 모멘트, $G_y = \int_A x\,dA = (A_1 + A_2 + \dots)\overline{x}$

$$\overline{y} = \frac{G_x}{A} = \frac{\int_A y\,dA}{\int_A dA} = \frac{\sum A_i \overline{y_i}}{\sum A_i} = \frac{A_1 y_1 + A_2 y_2 + \dots}{A_1 + A_2 + \dots}$$

G_x : x축에 관한 단면 1차 모멘트, $G_x = \int_A y\,dA = (A_1 + A_2 + \dots)\overline{y}$

▶ 도심을 지나는 x, y 축에 대한 단면 1차 모멘트(G_x, G_y)는 항상 0이다.

단면 2차 모멘트(관성모멘트)와 단면계수 I_x, I_y [L⁴]

▶ **단면 2차 모멘트는 단면계수를 구하기 위하여 필요하다.**

$$I_x = \int y^2 dA = A K_x^2, \quad x축에 \ 관한 \ 단면 \ 2차 \ 모멘트$$

$$I_y = \int x^2 dA = A K_y^2, \quad y축에 \ 관한 \ 단면 \ 2차 \ 모멘트$$

K_x, K_y 는 x, y 축에 대한 회전반경(관성반경)이라 호칭하며,

$K_x = \sqrt{\dfrac{I_x}{A}}$, $K_y = \sqrt{\dfrac{I_y}{A}}$ 의 관계가 성립한다.

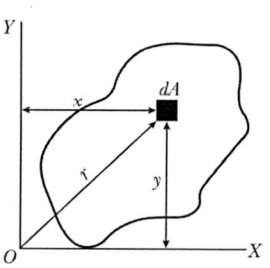

평행축의 정리 $I_x{'} = I_G + A l^2$

▶ **평행축의 정리는 평행하게 이동시킨 축에서의 단면 2차 모멘트(관성모멘트)를 구하기 위하여 필요하다.**
l 은 물체상, 또는 물체밖에 존재할 수도 있다.

$$I_x{'} = I_G + A l^2$$

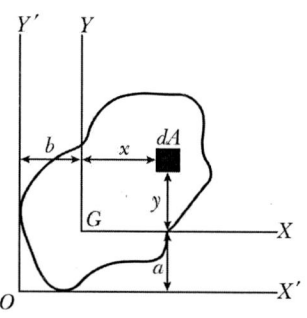

여기서, $I_G = \int y^2 dA$: 도심을 지나는 단면에 대한 단면 2차 모멘트

$I_x{'} = \int_A (y + l)^2 dA$: 도심축에서 거리 l 되는 평행 축에 대한

단면 2차 모멘트

극 단면 2차 모멘트(극 관성모멘트) $I_P = I_x + I_y$

▶ 극 단면 2차 모멘트는 중심축이 있는 단면에서의 모멘트를 구하기 위하여 필요하다.

단면 2차 극 관성모멘트라고도 하며, 다음과 같이 정의한다.

$$I_P = \int r^2 dA = \int (x^2 + y^2) dA = I_x + I_y$$

단면계수 (Modulus of section) : $Z = \dfrac{I}{y}$ [L^3]

▶ 단면계수는 서로 다른 변형이 있는 경우의 해석에서 필요하다.
단, y 는 물체 내에서 y 축 상의 가장 먼 거리이다.

상부 면에 대한 단면계수 $Z_1 = \dfrac{I_y}{y_1} = \dfrac{I_y}{e_1}$

하부 면에 대한 단면계수 $Z_2 = \dfrac{I_y}{y_2} = \dfrac{I_y}{e_2}$

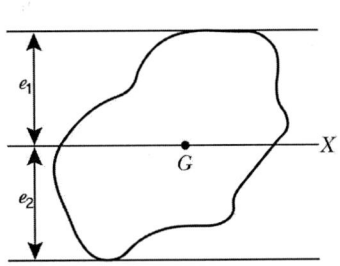

[평면도형의 기하학적 성질]

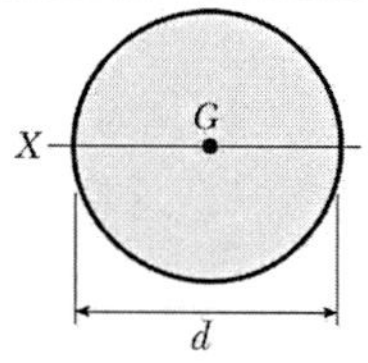 [원]	$A = \dfrac{\pi}{4}d^2$ $G_x = \dfrac{d}{2},\ G_y = \dfrac{d}{2}$	$I_x = \dfrac{\pi d^4}{64},\ I_y = \dfrac{\pi d^4}{64}\quad I_P = \dfrac{\pi d^4}{32}$ $Z_x = \dfrac{\pi d^3}{32},\ Z_y = \dfrac{\pi d^3}{32}\quad Z_P = \dfrac{\pi d^3}{16}$ $I_{하부면}{}' = \dfrac{5\pi d^4}{64}$
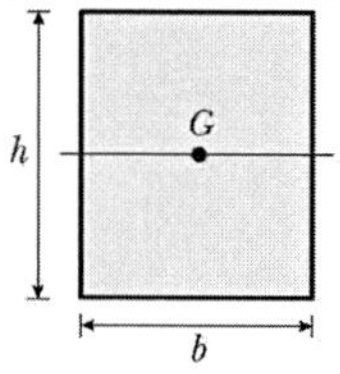 [직 4각형]	$A = bh$ $G_x = \dfrac{b}{2},\ G_y = \dfrac{h}{2}$	$I_x = \dfrac{bh^3}{12},\ I_y = \dfrac{hb^3}{12}\quad I_P = \dfrac{bh^3}{12} + \dfrac{hb^3}{12}$ $Z_x = \dfrac{bh^2}{6},\ Z_y = \dfrac{hb^2}{6}\quad Z_P = \dfrac{bh^2}{6} + \dfrac{hb^2}{6}$ $I_{하부면}{}' = \dfrac{bh^3}{3}$
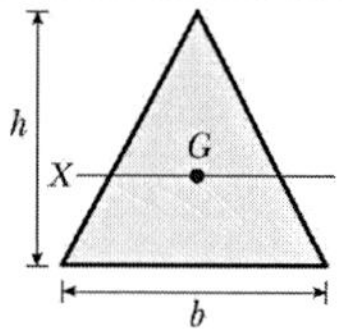 [3각형]	$A = \dfrac{bh}{2}$ $G_y = \dfrac{h}{3}$	$I_y = \dfrac{bh^3}{36}$ $I_{하부면}{}' = \dfrac{bh^3}{12}$
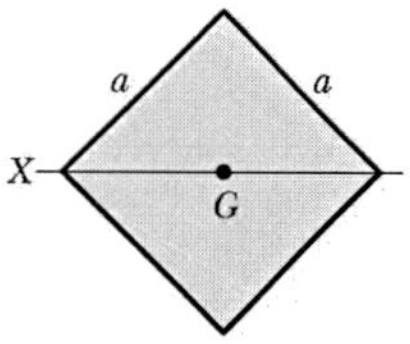 [마름모]	$A = a^2$ $G_x = \dfrac{a}{\sqrt{2}}$ $G_y = \dfrac{a}{\sqrt{2}}$	$I_x = \dfrac{a^4}{12},\ I_y = \dfrac{a^4}{12}\quad I_P = \dfrac{a^4}{6}$ $Z_G = \dfrac{I}{y} = \dfrac{a^4/12}{\sqrt{2}\,a/2} = \dfrac{\sqrt{2}}{12}a^3$ $I_{하부면}{}' = I + Al^2$ $\qquad = \dfrac{a^4}{12} + a^2\left(\dfrac{\sqrt{2}\,a}{2}\right)^2$ $\qquad = \dfrac{7a^4}{12}$

단면상승 모멘트와 주축(Product inertia moment & Principal axis)

(1) 단면상승 모멘트(I_{xy})

▶ $I_{xy} = \int xy\, dA$ 로서 정의하며, 대칭축이 있을 때 대칭축에 관한 I_{xy} = 0 으로 되고, I_{xy} = 0 이 되는 축을 주축, 주축에 관한 I_x, I_y를 주 단면 2차 모멘트라고 한다.

변환 축에 대한 단면상승 모멘트 $I_{x'y'}$는

$$I_{x'y'} = \int_A x'y'\, dA$$

(2) 상승 모멘트에 대한 평행축 정리($I_{x'y'}$)

$$x' = x+a,\ y' = y+b$$
$$I_{x'y'} = \int_A x'y'\, dA = \int_A (x+a)(y+b)\, dA = I_{xy} + A\,a\,b$$

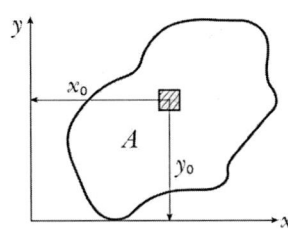

[단면상승 모멘트]

必修要約 (평면도형의 성질)

단면 1차 모멘트와 도심 $\bar{y} = \dfrac{G_x}{A} = \dfrac{\int_A y\,dA}{\int_A dA}$

단면 2차 모멘트 $I_x = \int y^2 dA = A K_x^2$

극 단면 2차 모멘트 $I_P = \int r^2 dA = I_x + I_y$

평행축의 정리 $I' = I_G + A l^2$

단면계수 $Z = \dfrac{I}{y}$

$I_{원} = \dfrac{\pi d^4}{64},\ Z_P = \dfrac{I_P}{y} = \dfrac{\pi d^3}{16},\ I_{사} = \dfrac{b h^3}{12},\ Z = \dfrac{I}{y} = \dfrac{b h^2}{6}$

회전반경 $\dfrac{1}{\rho} = \dfrac{M}{EI} = \dfrac{d^2 y}{d x^2}$

곡률반경 $K = \sqrt{\dfrac{I}{A}}$

3 비틀림

1. 비틀림 모멘트, 강성, 변형에너지

- 원형축의 비틀림
  - 축의 비틀림

    ① 전단변형률(γ) $\tan\gamma = \dfrac{r\theta}{l} \fallingdotseq \gamma$

    ② 비틀림(전단) 응력 $\tau = G\gamma = G\dfrac{r\theta}{l}$

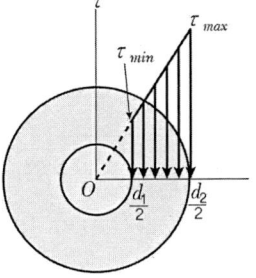

- 비틀림 모멘트 $T = \tau Z_P = \tau \dfrac{I_P}{y}$

- 원형축의 극 단면계수(Z_p)와 전단응력분포

  ① 극 단면 2차 모멘트 $I_P = \int r^2 dA = \int (x^2 + y^2) dA = I_x + I_y$

  ② 중실 원형단면 $I_P = 2I_x = 2 \times \dfrac{\pi d^4}{64} = \dfrac{\pi d^4}{32}$

  $Z_P = \dfrac{I_P}{y}$ 이므로 중실 원형단면 $Z_P = \dfrac{\pi d^4/32}{d/2} = \dfrac{\pi d^3}{16}$

  ③ 중공 원형단면

  $$I_P = \dfrac{\pi}{32}(d_2^{\,4} - d_1^{\,4}) = \dfrac{\pi d_2^{\,4}}{32}\left[1 - \left(\dfrac{d_1}{d_2}\right)^4\right] = \dfrac{\pi d_2^{\,4}}{32}(1 - x^4)$$

  $Z_P = \dfrac{I_P}{y}$ 이므로 중공 원형단면

  $$Z_P = \dfrac{\pi d^4/32\,(d_2^{\,4} - d_1^{\,4})}{d_2/2} = \dfrac{\pi}{16}\left(\dfrac{d_2^{\,4} - d_1^{\,4}}{d_2}\right) = \dfrac{\pi d_2^{\,3}}{16}\left[1 - \left(\dfrac{d_1}{d_2}\right)^4\right]$$

  $$= \dfrac{\pi d_2^{\,3}}{16}(1 - x^4) \text{ 여기서, } x(\text{내외경비}) = \dfrac{d_1}{d_2}$$

- 강성

  ① 축의 강도와 축 지름(중실 원형단면)

  $$T = \tau Z_p = \tau \dfrac{\pi d^3}{16} \text{ 에서, } \tau = \dfrac{16T}{\pi d^3} \quad \therefore d = \sqrt[3]{\dfrac{16T}{\pi \tau}}$$

축의 강도와 축 지름(중공 원형단면)

$$T = \tau Z_P = \tau \frac{\pi}{16}\left(\frac{d_2^4 - d_1^4}{d_2}\right) \text{에서},$$

$$\tau = \frac{16 T d_2}{\pi(d_2^4 - d_1^4)} = \frac{16 T}{\pi d_2^3 (1 - x^4)}$$

② 전달동력과 축 지름

    1 [kW] = 102 [kg$_f$ · m/s] = 1000 W [J/s] = 1 [kJ/s]
    1 [PS] = 75 [kg$_f$ · m/s] = 735 W = 735 [J/s]

    동력(Power) $= T \cdot \omega = \dfrac{2\pi N T}{60}$ [kg$_f$ · m/s, PS, Watt(J/s)]

$$T = 974 \frac{kW}{N} \times 10^{-1} \, [\text{kN} \cdot \text{m}], \quad d = \sqrt[3]{\frac{16 T}{\pi \tau}} = \sqrt[3]{\frac{16 \times 974}{\pi \tau}}$$

③ 비틀림 각 $\theta = \dfrac{T l}{G I_p} = \dfrac{32 T l}{G \pi d^4}$ [rad]

$$= \frac{180°}{\pi} \times \frac{T l}{G I_p} = 57.3° \times \frac{T l}{G I_p} \, [°]$$

- 바하(Bach)의 축 공식 ($\theta = 1/4 \, [°/m]$,

$$G = 8 \times 10^5 \, [\text{kg}_f / \text{cm}^2] = 78.4 \, [\text{GPa}])$$

$$d = 12 \sqrt[4]{\frac{PS}{N}} \, [\text{cm}], \quad d = 13 \sqrt[4]{\frac{kW}{N}} \, [\text{cm}]$$

- 비틀림에 의한 중실 원형단면 축에서 탄성 변형에너지 (U)

$$U = \frac{1}{2} T \theta \, (\theta = \frac{T l}{G I_p}) = \frac{T^2 l}{2 G I_p} \, [\text{kJ}]$$

- 중공 원형단면 축에서 탄성 변형에너지는

$$I_p = \frac{\pi}{32}(d_2^4 - d_1^4)$$

$$\therefore U = \frac{T^2 l}{2 G I_p} = \frac{T^2 l}{2 G \frac{\pi}{32}(d_2^4 - d_1^4)} = \frac{16 T^2 l}{G \pi (d_2^4 - d_1^4)} \, [\text{kJ}]$$

2. 박막튜브의 비틀림

必修要約 (비틀림과 동력)

비틀림 응력 $T = \tau Z_P$

비틀림 각 $\theta = \dfrac{Tl}{GI_P}$ [rad], $\theta° = \dfrac{Tl}{GI_P} \times \dfrac{180}{\pi}$ [°]

동력과의 관계 $T = 974 \dfrac{H_{kW}}{N}$ [$kN \cdot cm$]

양단고정 $T_A = \dfrac{b}{a+b} T$

必修要約 (비틀림 탄성에너지)

비틀림 탄성에너지 $U = \dfrac{1}{2} T \theta$, $u = \dfrac{U}{V} = \dfrac{1}{2} G \gamma^2 = \dfrac{\tau^2}{2G}$

4 굽힘 및 전단

1. 굽힘모멘트 선도

2. 하중, 전단력 및 굽힘모멘트 이론

▶ 축과 직각방향으로 가해지는 전단력에 의하여 굽힘변형(Deformation)이 발생하는 부재를 보(Beam)라 하며, 평형을 이루기 위하여 각 지점에서는 반력이 발생한다.

- 보의 종류와 하중

  - **보의 종류**

	단순보(Simple beam)	외팔보(Cantilerver beam)	돌출보(Overhanging beam)
정정보			
	고정보(Fixed beam)	고정받침보	연속보(Continuous beam)
부정정보	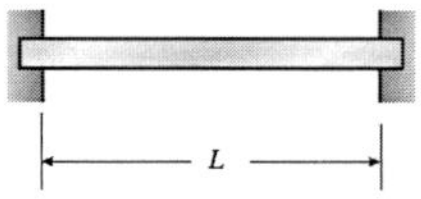	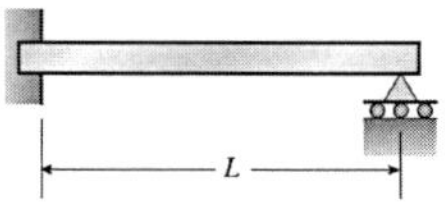	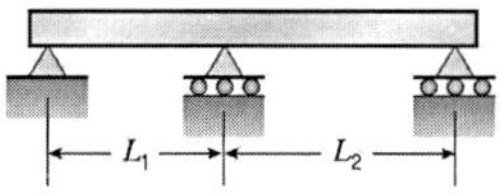

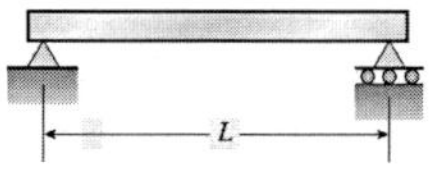

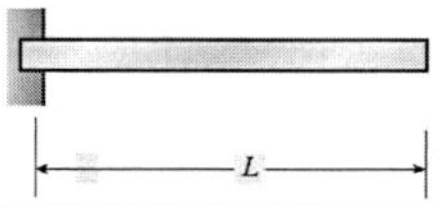

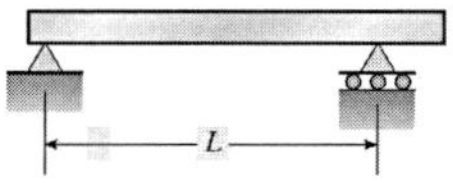

  - **지점의 종류**

회전지점	가동지점	고정지점
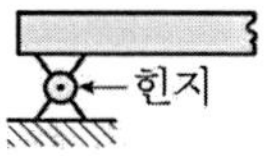 힌지	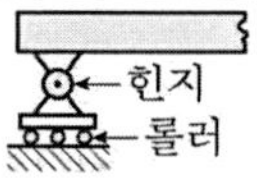 힌지 / 롤러	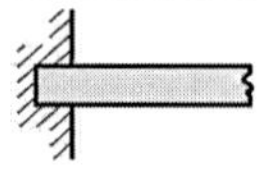

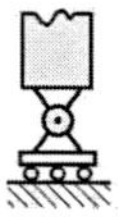

- **보에 작용하는 하중의 종류**

집중하중	등분포하중	등변분포하중	이동하중
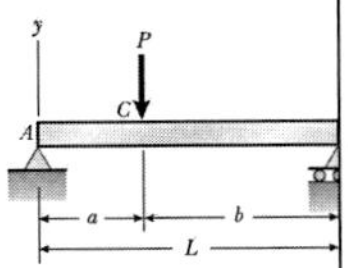	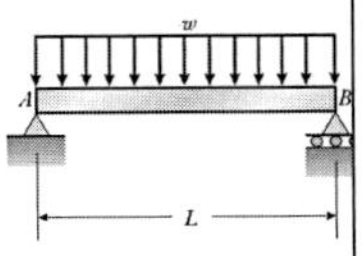	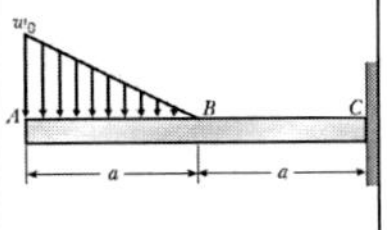	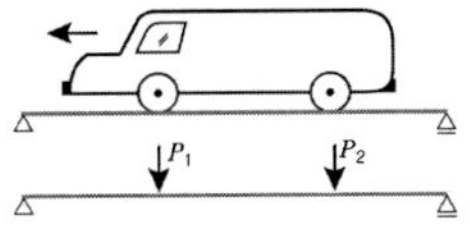 하중이 이동하면서 작용

- 반력(Reaction Force) : R
    ① 외력의 대수합은 0이다.
    ② 힘의 모멘트 대수합은 0이다.

- 보의 전단력과 굽힘 모멘트
  - 평형조건
    $$\sum F_x = 0, \ \sum F_y = 0, \ \sum M_i = 0$$
  - 보의 반력
    $\sum M_B = 0$ 으로부터
    $$R_A\, l - P_1 b_1 - P_2 b_2 - P_3 b_3 = 0$$
    $$R_A = \frac{P_1 b_1 + P_2 b_2 + P_3 b_3}{l}$$
    $\sum F_y = 0$ 으로부터
    $$R_B = P_1 + P_2 + P_3 - R_A$$

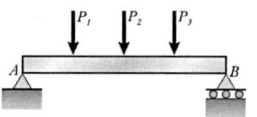
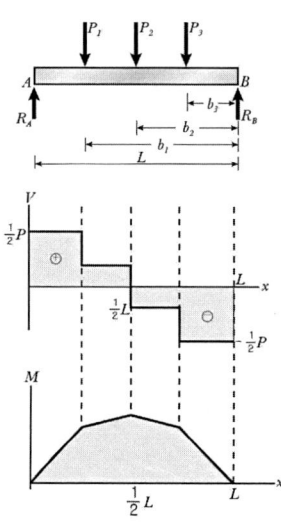

- 보의 전단력선도(SFD)와 굽힘모멘트선도(BMD)
  - 단순보
    ① 중앙 집중하중(P)
      ㉠ 반력 :
        $$R_A = \frac{P}{2}, \ R_B = \frac{P}{2}$$
      ㉡ 전단력 :
        $$F_{\overline{AC}} = \frac{P}{2} = R_A,$$
        $$F_{\overline{CB}} = -\frac{P}{2} = -R_B$$
      ㉢ 굽힘모멘트 :
        $$M_x = R_A\, x = \frac{Px}{2},$$
        $$M_{\max} = \frac{P}{2} \cdot \frac{l}{2} = \frac{Pl}{4}$$

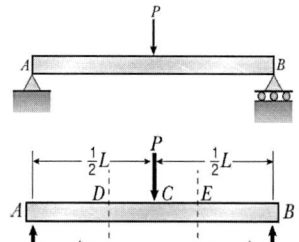
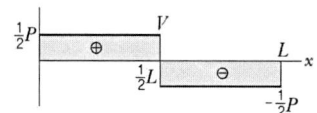
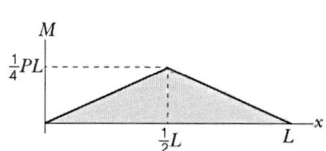

② 등분포하중(w)
　㉠ 반력 :
$$R_A = \frac{wl}{2},\ R_B = \frac{wl}{2}$$
　㉡ 전단력 :
$$F_x = R_A - wx$$
$$= \frac{wl}{2} - wx = \frac{w}{2}(l - 2x)$$
　㉢ 굽힘모멘트 :
$$M_x = R_A x - wx\frac{x}{2}$$
$$= \frac{wl}{2}x - \frac{wx^2}{2}$$
$$M_{(\max)\,x=\frac{l}{2}} = \frac{w\left(\frac{l}{2}\right)}{2}\left(l - \frac{l}{2}\right) = \frac{wl}{4}\left(\frac{l}{2}\right) = \frac{wl^2}{8}$$

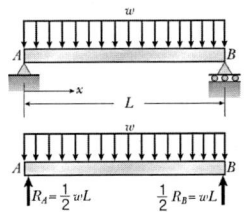
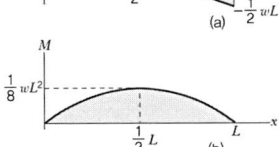

③ 등변분포하중(w_0)
　㉠ 반력 :
$$R_A = \frac{w_o l}{6},\ R_B = \frac{w_o l}{3}$$
　㉡ 전단력 :
$$F_x = R_A - \frac{w_o x^2}{2l} = \frac{w_o l}{6} - \frac{w_o x^2}{2l}$$
　㉢ 굽힘모멘트 :
$$M_x = R_A x - \frac{w_o x^2}{2l}\frac{x}{3} = \frac{w_o l}{6}x - \frac{w_o x^3}{6l}$$
$$M_{\max} = \frac{w_o l^2}{9\sqrt{3}} \quad at\ x = \frac{l}{\sqrt{3}}$$

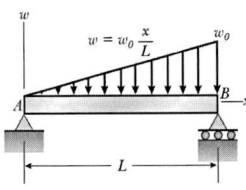

④ 등분포하중(w)이 작용하는 양단돌출보
   ㉠ 반력 :
   $$R_A = R_B = \frac{wl}{2} - wa$$
   ㉡ 전단력 :
   $$F = \frac{wl}{2} = (F_{\max} = R_C = R_D)$$

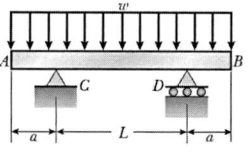

- 외팔보
  ① 집중하중(P)이 작용할 때
     ㉠ 반력 : $R_B = P$
     ㉡ 전단력 : $F_x = -P$
     ㉢ 굽힘모멘트 : $M_x = -Px$,
     $$M_{\max(x=l)} = -Pl$$

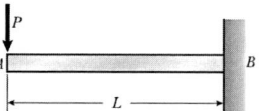

  ② 등분포하중(w)이 작용할 때
     ㉠ 반력 : $R_A = 0$, $R_B = wl$
     ㉡ 전단력 : $F_x = -wx$,
     $$F_{\max} = -wl$$
     ㉢ 굽힘모멘트 : $M_x = -\frac{wx^2}{2}$,
     $$M_{\max} = -\frac{wl^2}{2}$$

  ③ 등변분포하중(w_0)이 작용할 때
     ㉠ 반력 : $R_A = 0$, $R_B = \frac{w_o l}{2} = F_{\max}$
     ㉡ 전단력 : $F_x = -\frac{w_o x^2}{2l}$
     ㉢ 굽힘모멘트 : $M_x = -\frac{w_o x^2}{2} \frac{x}{3} = -\frac{w_o x^3}{6}$
     $$M_{\max} = -\frac{w_o l^3}{6}$$

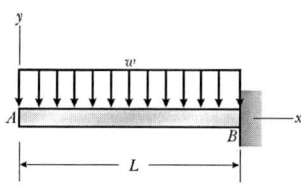

- 단순보 -

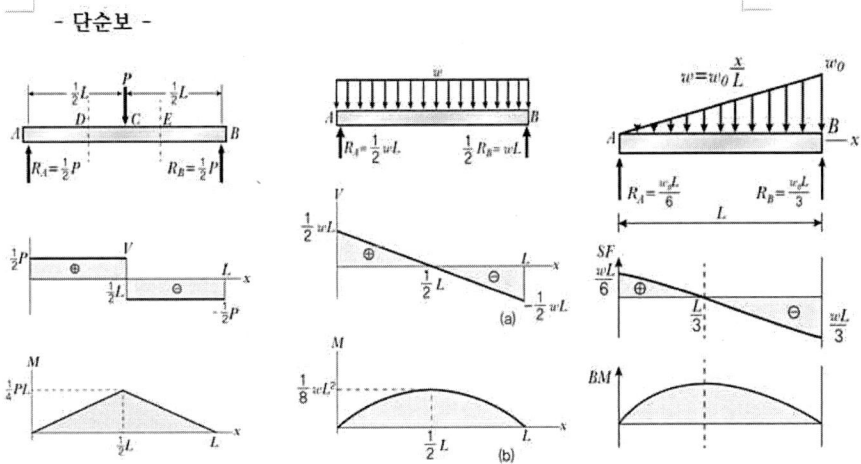

- 외팔보 -

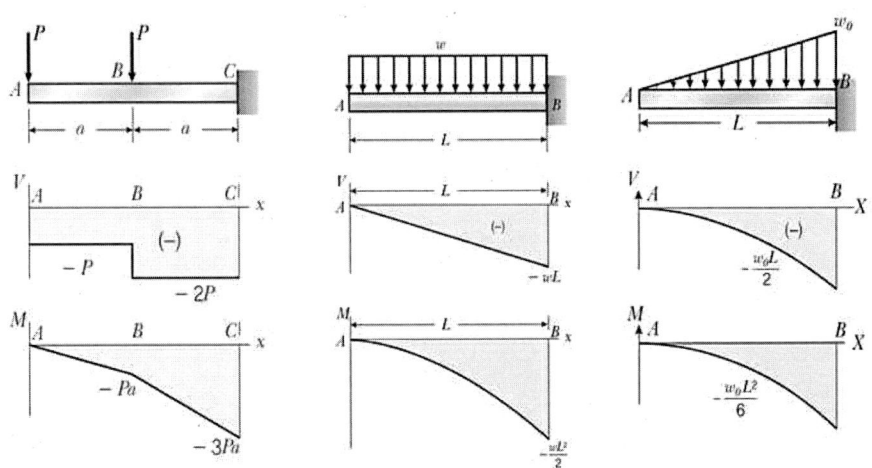

必修要約 (선도해석, SFD, BMD)

	P	w	w_0
SFD	0차	1차	2차
BMD	1차	2차	3차

❶ $\sum M_i = 0$, $\sum F_i = 0$ ⇨ R_A, R_B 반력 구하기

❷ SFD, BMD 완성 ⇨ 고정단에서 SF와 BM은 항상 최대이다.

5 보

1. 곡률, 변형률 및 굽힘모멘트 관계
2. 전단류

- 보속의 굽힘응력(σ)

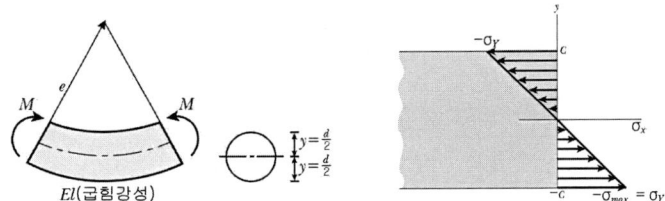

$$dM = y\,dF = \frac{Ey^2}{\rho}\,dA$$

$$\Rightarrow M = \frac{E}{\rho}\int_0^A y^2\,dA = \frac{EI}{\rho} \Rightarrow \frac{1}{\rho} = \frac{M}{EI}$$

$$\sigma = Ee = E\frac{y}{\rho} = \frac{Ey}{\rho} \Rightarrow \frac{1}{\rho} = \frac{\sigma}{Ey}$$

$$M = \sigma\frac{I}{y} = \sigma Z$$

$$M_{\max} = \sigma_{\max} Z,\ \sigma_{\max} = \frac{M_{\max}}{Z}$$

- 보속의 전단응력(τ)

$$\tau = \frac{FG_{상면}}{bI_G}\quad \tau: 전단응력,\ F: 최대전단력,$$

$$G_{상면} = \int_A y\,dA = A\overline{y}\ :\ 단면\ 1차\ 모멘트$$

b : 전단응력 단면의 폭,

I_G : 도형의 도심 축에 대한 단면 2차 모멘트

① 사각형 단면에서의 전단응력 $\tau_{\max} = \dfrac{3}{2}\dfrac{F}{A}$

② 원형 단면의 전단응력 $\tau_{\max} = \dfrac{4}{3}\dfrac{F}{A}$

- 상당 비틀림모멘트(T_e)와 상당 굽힘모멘트(M_e)
    ① 상당 비틀림모멘트 $T_e = \sqrt{M^2 + T^2}$
    ② 상당 굽힘모멘트 $M_e = \dfrac{1}{2}(M + \sqrt{M^2 + T^2}) = \dfrac{1}{2}(M + T_e)$
    ③ 축 지름의 계산 $T = \tau Z_p = \tau \dfrac{\pi d^3}{16}$, $M = \sigma Z = \tau \dfrac{\pi d^3}{32}$

必修要約 (보속의 응력)

최대 전단응력 ⇨ 보의 단면제원과 전단력으로부터

$$\tau_\text{원} = \tau_{max} = \dfrac{4}{3}\dfrac{F}{A}, \quad \tau_\text{사} = \tau_{max} = \dfrac{3}{2}\dfrac{F}{A}$$

최대 굽힘응력-1
⇨ 보의 단면제원과 SFD, BMD 선도해석으로부터 구한다.

$T = \tau Z_P \;\Rightarrow\; T_{max} = \tau_{max} Z_P$

$(Z_P = \dfrac{\pi d^3}{16})$, $(\theta = \dfrac{T l}{G I_P} \text{ radian})$

$M = \sigma Z \;\Rightarrow\; M_{max} = \sigma_{max} Z$ $(Z_\text{사} = \dfrac{b h^2}{6})$, $(Z_\text{원} = \dfrac{\pi d^3}{32})$

최대 굽힘응력 ⇨ 보의 단면제원과 처짐량 δ 로부터
⇨ δ 식으로부터 P를 구하고 최대 굽힘응력-1 적용

3. 보의 처짐

- 탄성곡선의 미분방정식
  - 처짐곡선(탄성곡선)의 미분방정식

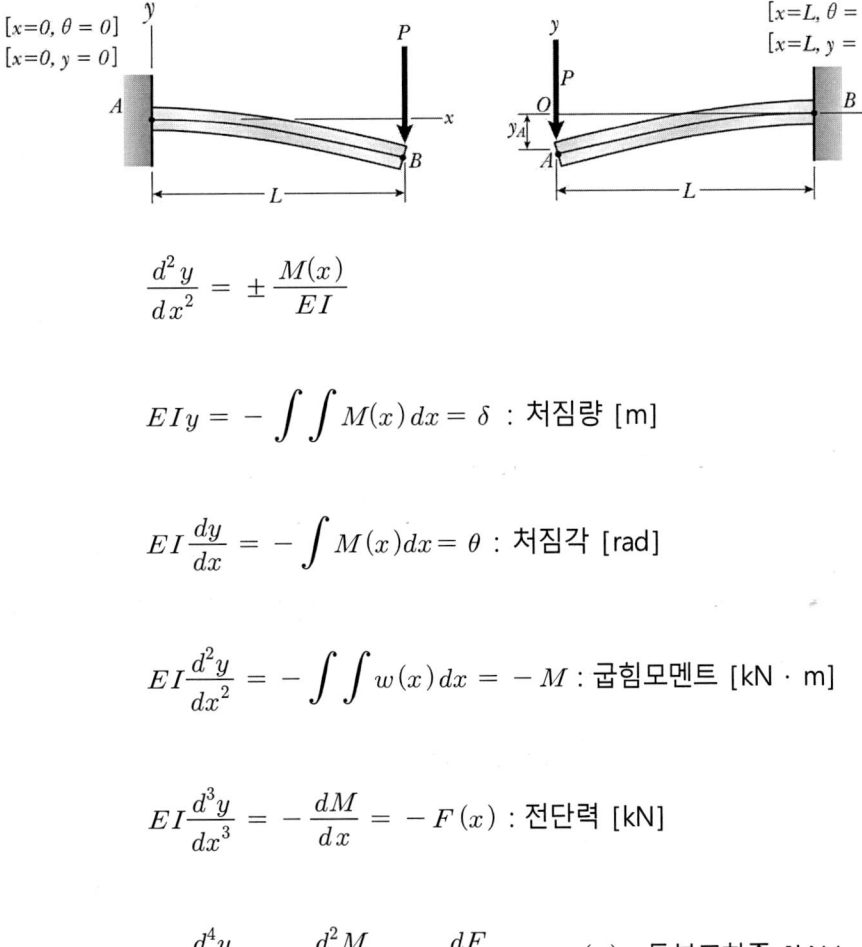

$$\frac{d^2y}{dx^2} = \pm \frac{M(x)}{EI}$$

$$EIy = -\iint M(x)\,dx = \delta \;:\; 처짐량\;[m]$$

$$EI\frac{dy}{dx} = -\int M(x)dx = \theta \;:\; 처짐각\;[rad]$$

$$EI\frac{d^2y}{dx^2} = -\iint w(x)\,dx = -M \;:\; 굽힘모멘트\;[kN\cdot m]$$

$$EI\frac{d^3y}{dx^3} = -\frac{dM}{dx} = -F(x) \;:\; 전단력\;[kN]$$

$$EI\frac{d^4y}{dx^4} = -\frac{d^2M}{dx^2} = -\frac{dF}{dx} = -w(x) \;:\; 등분포하중\;[kN/m]$$

$$\frac{d^2y}{dx^2} = -\frac{M(x)}{EI} \qquad : 탄성곡선의\ 방정식$$

$$\frac{d^2y}{dx^2} = -\frac{Px}{EI}$$

$$\frac{dy}{dx} = \theta(x) = -\frac{Px^2}{2EI} + C_1 \qquad : 처짐각$$

$< Boundary\ Condition\ 1 > \quad x \to l \quad \theta \to 0$

$$0 = -\frac{Pl^2}{2EI} + C_1 \quad \therefore C_1 = \frac{Pl^2}{2EI}$$

$$\frac{dy}{dx} = \theta(x) = -\frac{Px^2}{2EI} + \frac{Pl^2}{2EI} \qquad : 처짐각의\ 탄성방정식$$

$$x \to 0 \qquad \theta_{max} = \frac{Pl^2}{2EI}$$

$$y(x) = \delta(x) = \int \theta\, dx$$

$$= -\frac{Px^3}{6EI} + \frac{Pl^2}{2EI}x + C_2 \qquad : 처짐량$$

$< Boundary\ Condition\ 2 > \quad x \to l \quad \delta \to 0$

$$0 = -\frac{Pl^3}{6EI} + \frac{Pl^2}{2EI}l + C_2 \quad \therefore C_2 = -\frac{Pl^3}{3EI}$$

$$y(x) = \delta(x)$$

$$= -\frac{Px^3}{6EI} + \frac{Pl^2}{2EI}x - \frac{Pl^3}{3EI} \qquad : 처짐의\ 탄성방정식$$

$$x \to 0 \qquad \delta_{max} = -\frac{Pl^3}{3EI}$$

[단순보와 외팔보에 대한 처짐각 및 처짐량]

단순보의 하중상태	처짐각과 처짐량	외팔보의 하중상태	처짐각과 처짐량
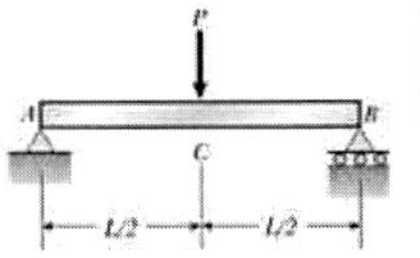 (집중하중 P, 중앙)	$\theta_A = -\theta_B = \dfrac{Pl^2}{16EI}$ $\delta_{max} = \dfrac{Pl^3}{48EI}$	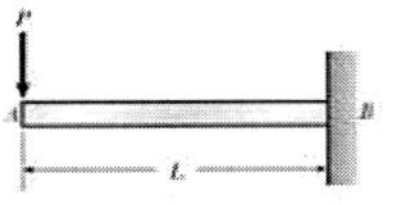 (집중하중 P, 자유단)	$\theta_A = \dfrac{Pl^2}{2EI}$ $\delta_{max} = \dfrac{Pl^3}{3EI}$
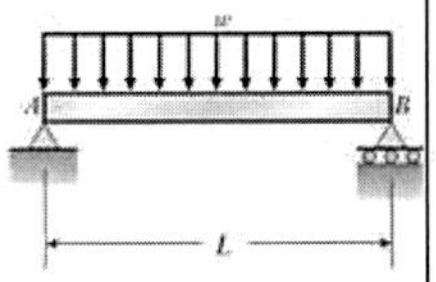 (등분포하중 w)	$\theta_A = -\theta_B = \dfrac{wl^3}{24EI}$ $\delta_{max} = \dfrac{5wl^4}{384EI}$	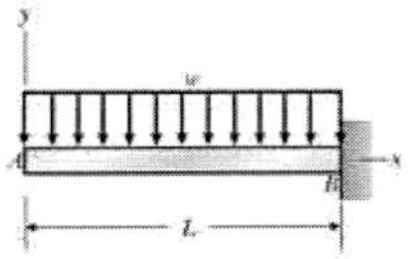 (등분포하중 w)	$\theta_A = \theta_{max} = \dfrac{wl^3}{6EI}$ $\delta_{max} = \dfrac{wl^4}{8EI}$
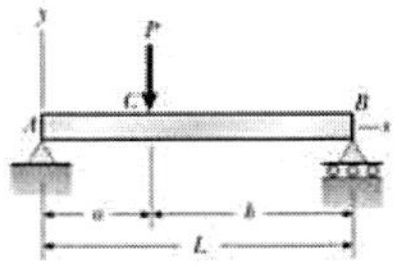 (집중하중 P, 임의위치 a, b)	$\theta_A = \dfrac{Pb}{6EIl}(l^2 - b^2)$ $-\theta_B = \dfrac{Pa}{6EIl}(l^2 - a^2)$	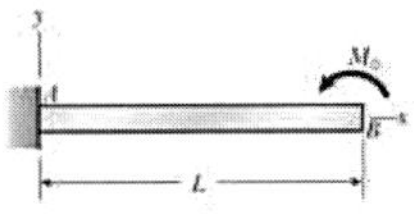 (모멘트 M_0, 자유단)	$\theta_A = \theta_{max} = \dfrac{M_0 l}{EI}$ $\delta_{max} = \dfrac{M_0 l^2}{2EI}$

- 면적모멘트법
    - 외팔보 – 집중하중(P)이 작용할 때
        - ㉠ 처짐각 :
        $$\theta = \frac{dy}{dx} = -\frac{1}{EI}[\frac{Pl \cdot l}{2} - \frac{P(l-x)(l-x)}{2}] = \frac{Pl^2}{2EI}[1 - \frac{(l-x)^2}{l^2}]$$
        - ㉡ 처짐량
        $$: \delta = -\frac{1}{EI}[P(l-x)\frac{x^2}{2} + \frac{Px^2}{2}\frac{2x}{3}] = \frac{P}{EI}(\frac{lx^2}{2} - \frac{x^3}{6}) = \frac{Px^2}{6EI}(3l-x)$$
    - 외팔보 – 등분포하중(w)이 작용할 때
        - ㉠ 처짐각 : $\theta = \frac{M}{EI} = \frac{1}{EI}\frac{l \cdot wl^2/2}{3} = \frac{wl^3}{6EI}$
        - ㉡ 처짐량 : $\delta = \frac{M}{EI} = \frac{wl^2}{6EI}\frac{3l}{4} = \frac{wl^4}{8EI}$
    - 단순보 – 등분포하중(w)이 작용할 때
        - ㉠ 처짐각 : $\theta_A = \theta_B = \frac{F_C}{EI} = \frac{R}{EI} = \frac{wl^3}{24EI}$
        - ㉡ 처짐량 : $\delta = \frac{M_C}{EI} = \frac{1}{EI}\frac{wl^3}{24}(\frac{l}{2} - \frac{3l}{16}) = \frac{5wl^4}{384EI}$

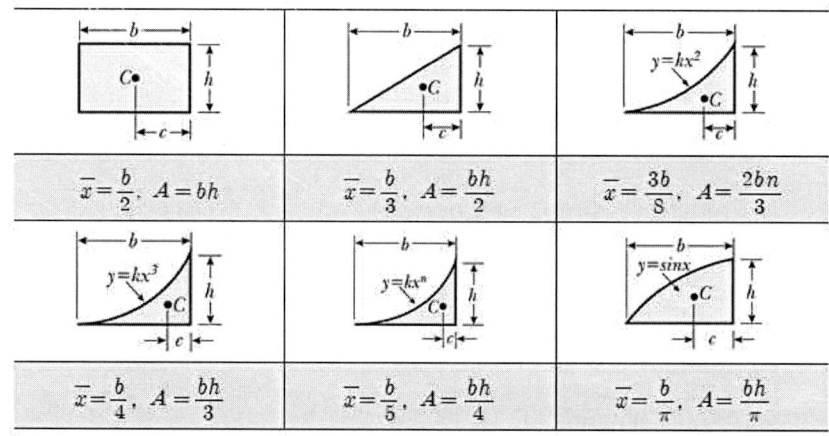

[각종단면에 대한 도심의 위치 및 단면적]

- 중첩법(Superposition of method)
    - ▶ 다수개의 하중이 작용할 때 전체 처짐은 하중을 하나씩 작용하는 경우의 처짐으로 별도로 계산한 후에, 이것들을 중첩하여 구하게 되는데 주의할 점은 처짐의 방향을 반드시 검토한다.

- 등분포하중과 집중하중에 의한 처짐방향이 같은 외팔보
    ① 집중하중(P)이 자유단에 작용하는 경우
      처짐각 $\theta_1 = \dfrac{Pl^2}{2EI}$, 처짐량 $\delta_1 = \dfrac{Pl^3}{3EI}$

    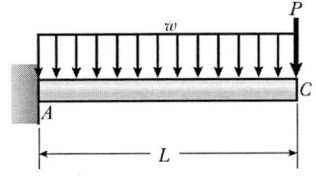

    ② 등분포하중(w)이 보 전체에 작용할 때
      처짐각 $\theta_2 = \dfrac{wl^3}{6EI}$, 처짐량 $\delta_2 = \dfrac{wl^4}{8EI}$

    ① + ②를 중첩하여 다음과 같은 결과를 얻는다.
    $$\theta_{\max} = \theta_1 + \theta_2 = \dfrac{Pl^2}{2EI} \pm \dfrac{wl^3}{6EI} = \dfrac{l^2}{6EI}(3P \pm wl)$$
    $$\delta_{\max} = \delta_1 + \delta_2 = \dfrac{Pl^3}{3EI} \pm \dfrac{wl^4}{8EI} = \dfrac{l^3}{24EI}(8P \pm 3wl)$$

- 굽힘변형 탄성에너지
    $$U = \int_0^\ell \dfrac{M^2}{2EI}\, dx$$

必修要約(정정보)

$\theta_{max} = \dfrac{Pl^2}{2EI}$ $\quad \delta_{max} = \dfrac{Pl^3}{3EI}$: 외팔보 집중하중 (P)

$\theta_{max} = \dfrac{wl^3}{6EI}$ $\quad \delta_{max} = \dfrac{wl^4}{8EI}$: 외팔보 등분포하중 (w)

$\delta_{max} = \dfrac{Pl^3}{48EI}$: 단순보 집중하중 (P)

$\delta_{max} = \dfrac{5wl^4}{384EI}$: 단순보 등분포하중 (w)

중첩원리(응용) $\delta = \delta_1 + \delta_2 = \delta_1 + \theta\, l'$ (l' : 중첩의 적용길이)

必修要約(굽힘변형 탄성에너지)

굽힘변형 탄성에너지 $U = \displaystyle\int_0^l \dfrac{M^2}{2EI}\,dx$

4. 부정정보

- 양단고정보(both ends fixed beam)
  - 한 개의 집중하중을 받는 경우

    $$R_A = \frac{Pb^2}{l^3}(3a+b), \quad R_B = \frac{Pa^2}{l^3}(3b+a)$$

    $$M_A = \frac{Pab^2}{l^2}, \quad M_B = \frac{Pa^2b}{l^2}$$

    만약 $a = b = \dfrac{l}{2}$ 이면

    $$R_A = \frac{Pa^3}{l^2} = \frac{Pb^3}{l^2} = R_B$$

    $$M_{\max} = \frac{Pl}{8} \quad (a=b=\frac{l}{2})$$

    $$\theta_{\max} = \frac{Pl^2}{64EI} \quad \left(x = \frac{l}{4}\right)$$

    $$\delta_{\max} = \frac{Pl^3}{192EI} \quad \left(a=b=\frac{l}{2}\right)$$

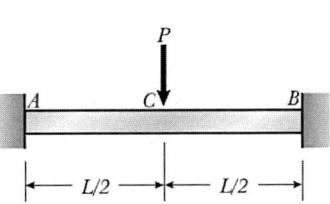

  - 등분포하중을 받는 경우

    $$R_A = R_B = \frac{wl}{2} \quad \left(x = \frac{l}{2}\right)$$

    $$M_A = M_B = \frac{wl^2}{12}$$

    $$M_{\max} = \frac{wl^2}{24} \quad (x = \frac{l}{2})$$

    $$\theta_{\max} \fallingdotseq \pm \frac{wl^3}{125EI} \quad \left(x \fallingdotseq \frac{1}{5}l\right)$$

    $$\delta_{\max} = \frac{wl^4}{384EI} \quad (x \fallingdotseq \frac{l}{2})$$

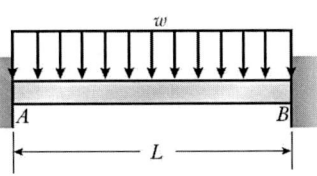

- 일단고정 타단지지보
  (one end fixed & the other supported beam)
  - 한 개의 집중하중을 받는 경우

    $$R_A = \frac{Pb}{2l^3}(3l^2 - b^2),\ R_B = \frac{Pa^2}{2l^3}(3l - a)$$

    $$\therefore M_A = -\frac{Pb(l^2 - b^2)}{2l^2} = -\frac{Pab(a+2b)}{2l^2}$$

    만약 $a = b = \dfrac{l}{2}$ 이면 $R_A = \dfrac{11}{16}P,\ R_B = \dfrac{5}{16}P$

    고정단의 반모멘트 $M_{\max} = M_A = \dfrac{3Pl}{16}$

    하중 점의 굽힘모멘트 $M_C = \dfrac{5Pl}{32}$

    $$\theta_{\max} = \frac{5Pl^2}{32EI}$$

    $$\delta_{\max} = \frac{7Pl^3}{768EI}$$

    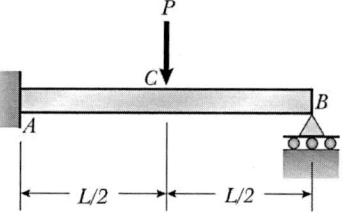

  - 등분포하중을 받는 경우

    $$R_A = \frac{5}{8}wl,\ R_B = \frac{3}{8}wl$$

    $$M_A = -\frac{wl^2}{8},\ M_{\max} = \frac{9wl^2}{128}$$

    $$\theta_{\max} = \frac{wl^3}{48EI}$$

    $$\delta_{\max} = \frac{wl^4}{185EI}$$

    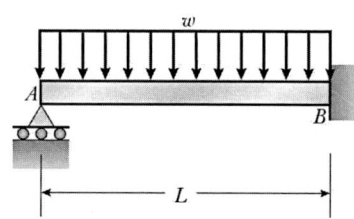

- 연속보(continuous beam)
    - 3 지점의 보
      보에 3점 이상에서 지지될 때 이를 연속보라 한다.

    - 3 모멘트의 정리 = 클라페롱 정리(Claperyron's theorem)

$$\theta_{B'} = \theta_{B''}$$

$$\theta_{B'} = \frac{M_A l_1}{6EI} + \frac{M_B l_1}{3EI} + \frac{A_1 \overline{a}}{l_2 EI}$$

$$\theta_{B''} = \frac{M_B l_2}{3EI} + \frac{M_C l_2}{6EI} + \frac{A_2 \overline{b_2}}{l_2 EI}$$

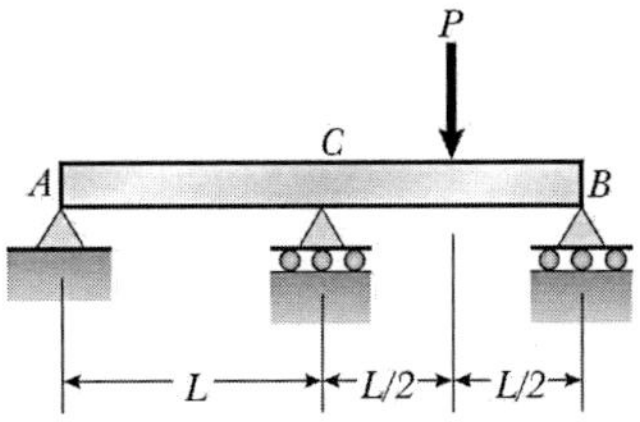

$$M_A l_1 + 2M_B(l_1 + l_2) + M_C l_2 = \frac{6A_1 \overline{a_1}}{l_1} - \frac{6A_2 \overline{b_2}}{l_2}$$

5. 카스틸리아노 정리

탄성에너지가 모멘트 함수일 때, 임의 모멘트에 대한 편도함수는 **처짐각이다.**

$$\Rightarrow 처짐각 \quad \theta = \frac{\partial U}{\partial M_i}, \quad \left(U = \int_0^\ell \frac{M^2}{2EI} dx \right)$$

탄성에너지가 하중의 함수일 때, 임의 하중에 대한 편도함수는 **처짐량이다.**

$$\Rightarrow 처짐량 \quad \delta = \frac{\partial U}{\partial P_i}$$

必修要約 (부정정보)

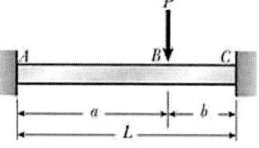

$$R_A = \frac{Pb^2}{l^2}(3a+b), \quad R_C = \frac{Pa^2}{l^2}(a+3b)$$

$$M_A = \frac{Pab^2}{l^2}, \quad M_C = \frac{Pa^2 b}{l^2}$$

양단고정보(P) 반력과 지점모멘트

$$\delta_{max} = \frac{Pl^3}{192} = \frac{1}{4} \times \frac{Pl^3}{48EI}$$

양단고정보(P) 최대처짐

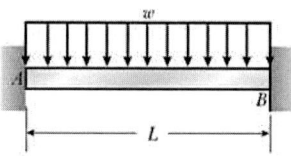

$$R_A = \frac{wl}{2} = R_B$$

$$M_{max} = \frac{wl^2}{24}$$

양단고정보(w) 반력과 최대모멘트

$$\delta_{max} = \frac{wl^4}{384} = \frac{1}{5} \times \frac{5wl^4}{384EI}$$

양단고정보(w) 최대처짐

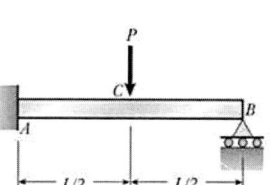

$$R_{고정단} = \frac{11}{16}P, \quad R_{지지단} = \frac{5}{16}P$$

일단고정 타단지지보(P) 반력

$$M_{고정단} = -\frac{3Pl}{16}, \quad M_{P\,위치} = \frac{5Pl}{32}$$

$$\delta_{max} = \frac{Pl^3}{48\sqrt{5}EI} \quad \delta_{중앙} = \frac{7Pl^3}{768EI}$$

일단고정 타단지지보(P) 처짐

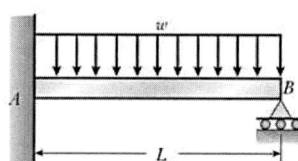

$$R_{고정단} = \frac{5}{8}wL, \quad R_{지지단} = \frac{3}{8}wL$$

일단고정 타단지지보(w) 반력

$$M_{고정단} = -\frac{wl^2}{8}, \quad M_{max} = \frac{9wl^2}{128}$$

$$\delta_{max} = \frac{wl^4}{184.6EI} \quad \delta_{중앙} = \frac{wl^4}{192EI}$$

일단고정 타단지지보(w) 처짐

6 응력과 변형률 해석

1. 평면응력과 평면변형률

- 평면응력
  - 경사각 θ 에서의 법선응력
  $$(\sigma_n) = \sigma_x \cos^2\theta + \sigma_y \sin^2\theta - 2\tau_{xy}\sin 2\theta$$
  $$= \frac{1}{2}(\sigma_x + \sigma_y) + \frac{1}{2}(\sigma_x - \sigma_y)\cos 2\theta - \tau_{xy}\sin 2\theta$$
  - 경사각 θ 에서의 전단응력 $(\tau) = \frac{1}{2}(\sigma_x - \sigma_y)\sin 2\theta + \tau_{xy}\cos 2\theta$
  - 최대주응력 $\sigma_1 = \frac{1}{2}(\sigma_x + \sigma_y) + \frac{1}{2}\sqrt{(\sigma_x - \sigma_y)^2 + 4\tau_{xy}^2} = \sigma_{n\,\max}$
  - 최소주응력 $\sigma_2 = \frac{1}{2}(\sigma_x + \sigma_y) - \frac{1}{2}\sqrt{(\sigma_x - \sigma_y)^2 + 4\tau_{xy}^2} = \sigma_{n\,\min}$

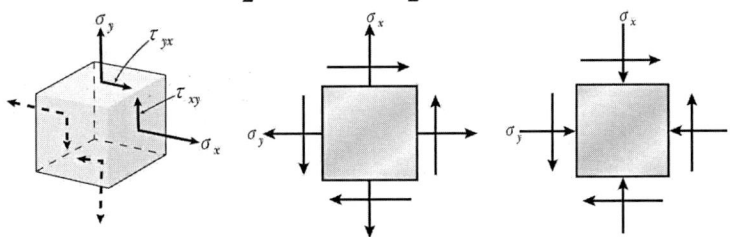

  - 최대 주변형률 $\epsilon_1 = \frac{1}{2}(\epsilon_x + \epsilon_y) + \frac{1}{2}\sqrt{(\epsilon_x - \epsilon_y)^2 + \gamma_{xy}^2}$
  - 최소 주변형률 $\epsilon_2 = \frac{1}{2}(\epsilon_x + \epsilon_y) - \frac{1}{2}\sqrt{(\epsilon_x - \epsilon_y)^2 + \gamma_{xy}^2}$
  - 최대 전단변형률 $\gamma_{\max} = \sqrt{(\epsilon_x - \epsilon_y)^2 + \gamma_{xy}^2}$

2. 주응력과 최대전단응력

- 2축, 평면의 최대법선응력 :
$$\sigma_{\max} = \frac{1}{2}(\sigma_x + \sigma_y) + \frac{1}{2}\sqrt{(\sigma_x - \sigma_y)^2 + 4\tau_{xy}^2}$$

- 2축, 평면의 최대전단응력 : $\tau_{\max} = \frac{1}{2}\sqrt{(\sigma_x - \sigma_y)^2 + 4\tau_{xy}^2}$

必修要約 (경사면, 평면응력과 평면변형률, 모어의 응력원)

경사면 법선응력 $\sigma_n = \dfrac{P\cos\theta}{A/\cos\theta} = \dfrac{P}{A}\cos^2\theta = \sigma_x \cos^2\theta$

경사면 전단응력 $\tau = \dfrac{P\sin\theta}{A/\cos\theta} = \dfrac{P}{A}\sin\theta\cos\theta = \dfrac{1}{2}\sigma_x \sin 2\theta$

공액응력은 θ 대신에 $(90°+\theta)$를 대입하여 구하며 $\sigma_n{'}$, $\tau{'}$로 표기

必修要約 (주응력과 최대 전단응력)

2축, 평면의 최대 법선응력
$$\sigma_{\max} = \frac{1}{2}(\sigma_x + \sigma_y) + \frac{1}{2}\sqrt{(\sigma_x - \sigma_y)^2 + 4\tau_{xy}^{\ 2}}$$

2축, 평면의 최대 전단응력 $\tau_{\max} = \dfrac{1}{2}\sqrt{(\sigma_x - \sigma_y)^2 + 4\tau_{xy}^{\ 2}}$

7 평면응력의 응용

1. 삼축 응력상태 (Bulk modulus & Dilatation)

2. 압력용기

- 얇은 두께의 내압 원통용기 $\left(\dfrac{t}{d} \leq \dfrac{1}{10}\right)$

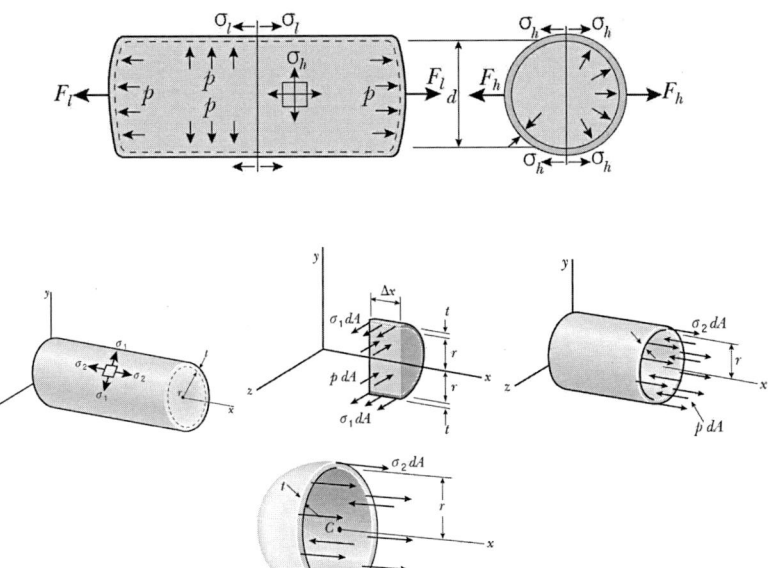

- 원주방향 응력 또는 후프응력 $(\sigma_h) = (\sigma_1) = \dfrac{pd}{2t}$
- 축방향 응력 $(\sigma_\text{축}) = (\sigma_2) = \dfrac{pd}{4t}$
- 원주방향 응력 또는 후프응력은 축방향 응력의 2배. $\sigma_1 = 2(\sigma_2)$

3. 보의 최대응력 (굽힘응력과 전단응력 조합)

必修要約 (삼축응력 상태)

삼축변형률 $\epsilon_v = \epsilon_x + \epsilon_y + \epsilon_z$, 체적변화 $\Delta V = \epsilon_v V$

必修要約 (압력용기)

내압용기 후프응력, 축 방향응력 $\sigma_{hoop} = \dfrac{pd}{2t}$, $\sigma_축 = \dfrac{pd}{4t}$

8 기둥

1. 편심하중을 받는 단주

① 세장비$(\lambda) = \dfrac{l}{k}$이 30 이하일 때, 단주(짧은기둥)라 한다.

② 단주가 편심하중을 받을 때 단면에 생기는 수직응력은 압축응력과 굽힘응력의 조합이 된다.

$$\sigma = \sigma_1 + \sigma_2 = \dfrac{P}{A} \pm \dfrac{M}{Z} = \dfrac{P}{A} \pm \dfrac{Pay}{I} = \dfrac{P}{A}\left(1 \pm \dfrac{ay}{K^2}\right)$$

$$\sigma_{\max} = \dfrac{P}{A}\left(1 + \dfrac{ay}{K^2}\right), \quad \sigma_{\min} = \dfrac{P}{A}\left(1 - \dfrac{ay}{K^2}\right)$$

③ $\sigma_{\min} = 0$으로 하는 편심거리 a를 단면의 핵 반지름이라 하며 원형단면인 경우는 $a = \dfrac{d}{8} = \dfrac{r}{4}$이고, 사각형 단면인 경우는 $x = \dfrac{b}{6}$, $y = \dfrac{h}{6}$인 마름모이다.

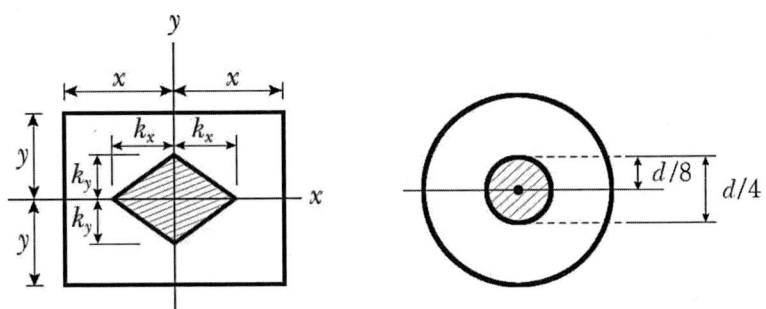

2. 좌굴

- 장주의 좌굴

    압축하중에 의하여 파괴되는 현상을 좌굴(buckling)이라 하며, 이때의 하중을 좌굴하중 또는 임계하중이라 하고, 따라서 좌굴 현상이 발생하는 최대의 응력을 좌굴응력 또는 임계응력이라 한다.

    ① 세장비 (Slenderness ratio) : λ

    $$\lambda = \frac{l}{K}$$

    ② 오일러식 (Euler's formula)

    $$P_n = n\pi^2 \frac{EI}{l^2} = n\pi^2 \frac{EAK}{l^2} = n\pi^2 \frac{EA}{\lambda^2}, \quad \sigma_n = \frac{P_n}{A} = n\pi^2 \frac{E}{\lambda^2}$$

[단말계수(n)와 좌굴길이(l_k)]

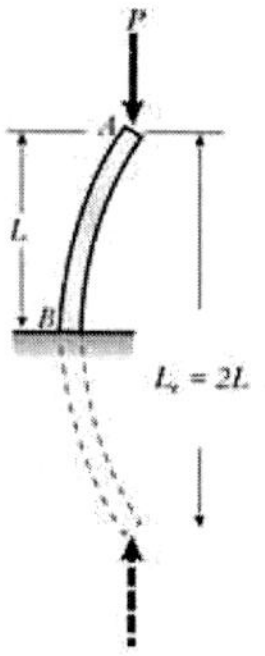 일단고정 타단자유단 $n = \dfrac{1}{4}$	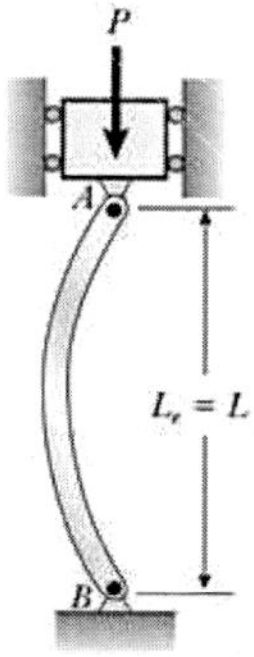 양단회전단 $n = 1$	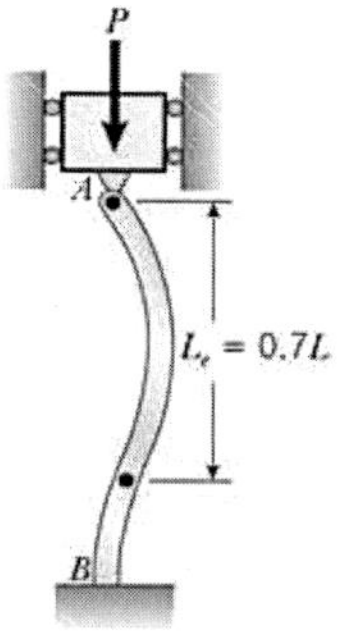 일단고정 타단회전단 $n = 2$	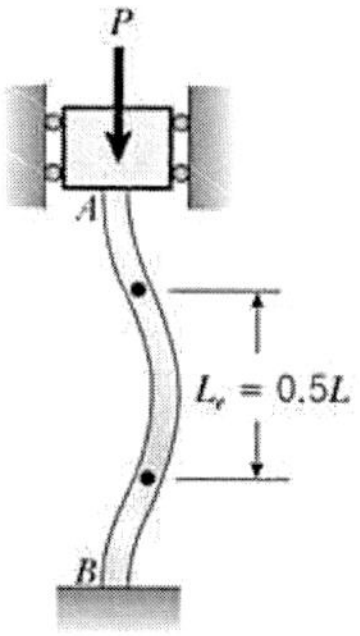 양단고정단 $n = 4$
좌굴길이 $(l_k) = 2\,l$	$l_k = l$	$l_k = 0.7\,l$	$l_k = 0.5\,l$

- 장주의 실험식
    ① 골든 - 랭킨(Gordon - Rankine) 식

    좌굴하중 $P_B = \dfrac{\sigma_c A}{1 + \dfrac{a}{n}\left(\dfrac{l}{k}\right)^2} = \dfrac{\sigma_c A}{1 + \dfrac{a}{n}(\lambda)^2}$

    좌굴응력 $\sigma_B = \dfrac{\sigma_c}{1 + \dfrac{a}{n}\left(\dfrac{l}{k}\right)^2} = \dfrac{\sigma_c}{1 + \dfrac{a}{n}(\lambda)^2}$

    [랭킨식의 정수표]

정수 \ 재료	주철	연강	경강	목재
σ_c [MPa]	548.8	333.2	480.2	49
a	1/1,600	1/7,500	1/5,000	1/750
세장비의 범위	< $80\sqrt{n}$	< $110\sqrt{n}$	< $85\sqrt{n}$	< $60\sqrt{n}$

    세장비가 표의 값 범위 내에 있으면 랭킨의 식을 적용하고 범위를 벗어나면 오일러의 식을 적용한다.

    ② 존슨(Johnson) 식

    $$\sigma_B = \dfrac{P_B}{A} = \sigma_c - \dfrac{\sigma_c^{\,2}}{4n\pi^2 E} - \left(\dfrac{l}{k}\right)^2$$

    ③ 테트마이어(Tetmajer) 식

    $$\sigma_B = \dfrac{P_B}{A} = \sigma_b\left[1 - a\left(\dfrac{l}{k}\right) + b\left(\dfrac{l}{k}\right)^2\right]$$

必修要約 (기둥)

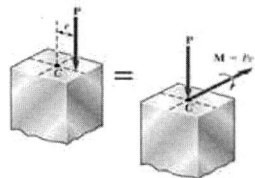

합성응력 $\sigma = \sigma_1 + \sigma_2 = \dfrac{P}{A}$ (하중응력) $+ \dfrac{M}{Z}$ (굽힘모멘트 응력)

⇨ 굽힘모멘트 응력 $\sigma_2 = \dfrac{M}{Z} = \dfrac{P \times a}{I/y} = \dfrac{Pay}{I} = \dfrac{Pae}{I} = \dfrac{Pae_{1,2}}{AK^2}$

핵 반지름(원) $\sigma_{\min} = \dfrac{P}{A}\left(1 - \dfrac{ae_2}{K^2}\right) = 0$

$1 = \dfrac{ae_2}{K^2}$ ⇨ $a = \dfrac{K^2}{e_2} = \dfrac{I}{Ae_2} = \dfrac{\pi d^4/64}{\pi d^2/4} \times \dfrac{2}{d} = \dfrac{d}{8} = \dfrac{r}{4}$

핵 반지름(사) $\sigma_{\min} = \dfrac{P}{A}\left(1 - \dfrac{ae_2}{K^2}\right) = 0$

$1 = \dfrac{6y}{h} - \dfrac{6x}{b}$ ⇨ $x = \dfrac{b}{6}$, $y = \dfrac{h}{6}$

좌굴 안전계수 $S = \dfrac{P_B}{P}$ 세장비 $\lambda = \dfrac{l}{K}$

오일러 식(좌굴하중) $P_B = n\pi^2 \dfrac{EI}{l^2} = n\pi^2 \dfrac{EAK^2}{l^2} = n\pi^2 \dfrac{EA}{\lambda^2}$

(좌굴응력) $\sigma_B = \dfrac{P_B}{A} = \dfrac{1}{A} \times n\pi^2 \dfrac{EI}{l^2} = n\pi^2 \dfrac{E}{\lambda^2}$

단말계수 $n = \dfrac{1}{4}$, 1, 2, 4 (일단고정 타단자유, 양단회전, 일단고정 타단회전, 양단고정)

必修要約 (기타)

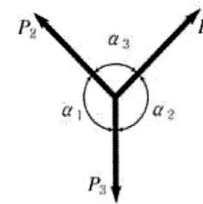

$$\frac{\sin \alpha_1}{P_1} = \frac{\sin \alpha_2}{P_2} = \frac{\sin \alpha_3}{P_3}$$

[Lami의 정리]

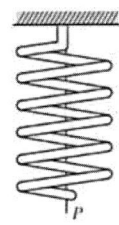

$$\delta = \frac{8 n D^3 P}{G d^4} \quad [\text{ Spring }]$$

재료역학 실전문제

정역학

001 알루미늄 봉이 그림과 같이 축 하중을 받고 있다. BC 간에 작용하고 있는 하중의 크기는?

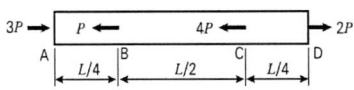

① 2P ② 3P
③ 4P ④ 8P

[풀이]

좌측으로부터 $3P - P = F_{BC} = 2P$

002 지름이 동일한 봉에 아래 그림과 같이 하중이 작용할 때 단면에 발생하는 축하중 선도는 그림과 같다. 단면 C에 작용하는 하중(F)는 얼마인가?

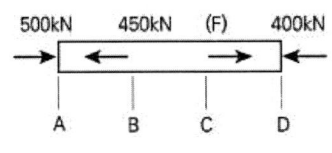

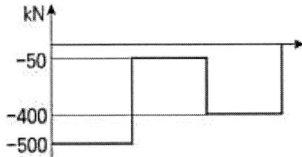

① 150 ② 250 ③ 350 ④ 450

[풀이]

$\sum F_x = 0 \Rightarrow 500 + F_c = 450 + 400$
$\Rightarrow F_c = 350\,kN$

003 그림에서 784.8 N과 평형을 유지하기 위한 힘 F_1과 F_2는?

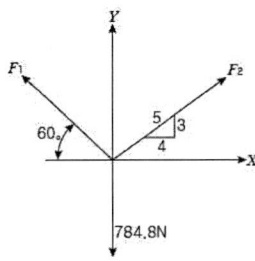

① $F_1 = 395.2\,N$, $F_2 = 632.4\,N$
② $F_1 = 790.4\,N$, $F_2 = 632.4\,N$
③ $F_1 = 790.4\,N$, $F_2 = 395.2\,N$
④ $F_1 = 632.4\,N$, $F_2 = 395.2\,N$

[풀이]

$\sum F_x = 0 \Rightarrow F_1 \cos 60° = F_2 \dfrac{4}{5}$
$\Rightarrow F_1 = 1.6 F_2$

$\sum F_y = 0$
$\Rightarrow F_1 \sin 60° + F_2 \dfrac{3}{5} = 784.8$
$\Rightarrow F_1 = 632.4\,N,\ F_2 = 395.2\,N$

004 그림과 같은 막대가 있다. 길이는 4m 이고 힘은 지면에 평행하게 200N만큼 주었을 때 O점에 작용하는 힘과 모멘트는?

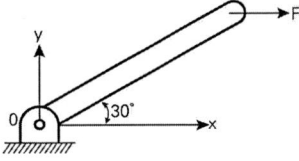

정답 001. ① 002. ③ 003. ④ 004. ②

① $F_{ox} = 0, F_{oy} = 200 N,$
  $M_z = 2000 N \cdot m$
② $F_{ox} = 200 N, F_{oy} = 0,$
  $M_z = 400 N \cdot m$
③ $F_{ox} = 200 N, F_{oy} = 200,$
  $M_z = 200 N \cdot m$
④ $F_{ox} = 0 N, F_{oy} = 0 N,$
  $M_z = 400 N \cdot m$

[풀이]

$\vec{F} = 200 \vec{i}$ 이므로
$F_{ox} = 200 N, F_{oy} = 0 N$
$M_z = F \times 수직거리 = 200 \times 4 \sin 30°$
$\qquad = 400 N \cdot m$

005 그림과 같은 막대가 있다. 그 길이는 2.5m이고 힘은 지면에 평행으로 150N 만큼 주었을 때 O 점에 작용하는 힘과 모멘트는?

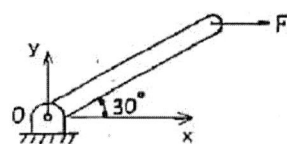

① $F_{ox} = 0 N, F_{oy} = 150 N$
  $M_z = 150 N \cdot m$
② $F_{ox} = 150 N, F_{oy} = 0 N$
  $M_z = 187.5 N \cdot m$
③ $F_{ox} = 150 N, F_{oy} = 150 N$
  $M_z = 150 N \cdot m$
④ $F_{ox} = 0 N, F_{oy} = 0 N$
  $M_z = 187.5 N \cdot m$

[풀이]

$\vec{F} = 150 \vec{i}$ 이므로
$F_{ox} = 150 N, F_{oy} = 0 N$
$M_z = F \times 수직거리 = 150 \times 2.5 \sin 30°$
$\qquad = 187.5 N \cdot m$

006 그림과 같이 1000N의 힘이 브래킷의 A에 작용하고 있다. 이 힘의 점 B에 대한 모멘트는 몇 N•m 인가?

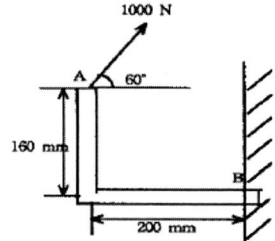

① 160 ② 200 ③ 238.6 ④ 253.2

[풀이]

$M_B = F_x \times 수직거리 + F_y \times 수직거리$
$\quad = 1000 \cos 60° \times 0.16$
$\qquad + 1000 \sin 60° \times 0.2$
$\quad = 253.2 N \cdot m$

007 그림과 같은 구조물에서 점 A에 하중 P = 50 kN 이 작용하고 A점에서 오른편으로 F = 10 kN 이 작용할 때 평형위치의 변위 x 는 몇 cm인가? (단, 스프링 탄성계수(k) = 5 kN/cm이다.)

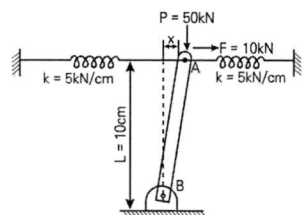

① 1 ② 1.5 ③ 2 ④ 3

[정답] 005. ② 006. ④ 007. ③

[풀이]

$M_B = 0$ 으로부터
힘 P 에 의한 x 방향 성분력은
$$P_x \times 10 = 50 \times x \Rightarrow P_x = 5x \ kN$$
전체 작용력과 스프링 변형은 서로 같으므로
$$P_x + F = 2kx$$
$$\Rightarrow 5x + 10 = 2 \times 5 \times x$$
$$\therefore x = 2 \ cm$$

008 무게가 각각 300N, 100N인 물체 A, B가 경사면 위에 놓여있다. 물체 B와 경사면과는 마찰이 없다고 할 때 미끄러지지 않을 물체 A와 경사면과의 최소 마찰계수는 얼마인가?

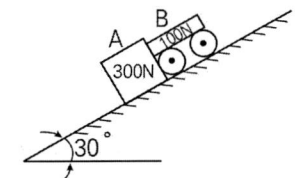

① 0.19 ② 0.58
③ 0.77 ④ 0.94

[풀이]

경사면에 대한 FBD와 문제의 조건으로부터
$$\sum F_x = 0 :$$
$$\mu \times 300 \cos 30° = 300 \sin 30°$$
$$+ 100 \sin 30°$$
$$\therefore \mu = 0.77$$

009 그림에서 블록 A를 이동시키는 데 필요한 힘 P는 몇 N 이상인가? (블록과 접촉면의 마찰계수 $\mu = 0.4$이다.)

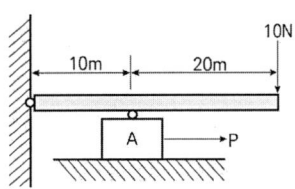

① 4   ② 8
③ 10 ④ 12

[풀이]

$M_{고정단} = 0$ 으로부터
$$10 \times 30 = R_A \times 10 \Rightarrow R_A = 30 \ N$$

A점 접촉 부분에서의 마찰력은
$$F_f = \mu N = 0.4 \times 30 = 12 \ N \leftarrow$$

∴ A 점 접촉 부분에서의 마찰력보다 커지도록 P 값을 설정하면 이동시킬 수 있다. 즉, $P = 12 \ N \rightarrow$

010 그림과 같은 구조물에서 AB 부재에 미치는 힘은 몇 kN 인가?

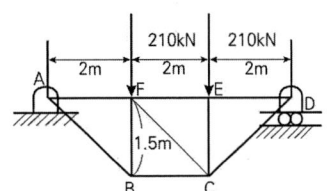

① 450 ② 350 ③ 250 ④ 150

[풀이]

B 점에 대한 $\sum F_y = 0$
$$\Rightarrow F_{BA} \frac{1.5}{\sqrt{2^2 + 1.5^2}} = 210$$
$$\Rightarrow F_{BA} = \frac{2.5}{1.5} \times 210 = 350 \ kN$$

■정답 008. ③ 009. ④ 010. ②

011 그림과 같은 벨트 구조물에서 하중 W가 작용할 때 P값은? (단, 벨트는 하중 W의 위치를 기준으로 좌우대칭이며 0°< a < 180°이다.)

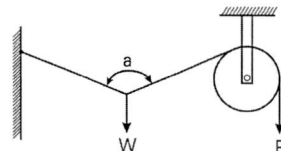

① $P = \dfrac{2W}{\cos\dfrac{\alpha}{2}}$ ② $P = \dfrac{W}{\cos\dfrac{\alpha}{2}}$

③ $P = \dfrac{W}{2\cos\alpha}$ ④ $P = \dfrac{W}{2\cos\dfrac{\alpha}{2}}$

[풀이]

$\sum F_y = 0 \Rightarrow W - 2P\cos\dfrac{\alpha}{2} = 0$

$\Rightarrow P = \dfrac{W}{2\cos\dfrac{\alpha}{2}}$

012 반원 부재에 그림과 같이 $0.5R$ 지점에 하중 P가 작용할 때 지지점 B에서의 반력은?

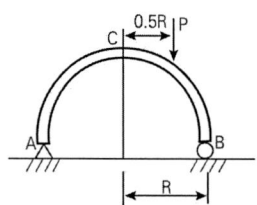

① $\dfrac{P}{4}$ ② $\dfrac{P}{2}$ ③ $\dfrac{3P}{4}$ ④ P

[풀이]

$\sum M_A = 0$

$\Rightarrow P \times \dfrac{3R}{2} - R_B \times 2R = 0$

$\Rightarrow R_B = \dfrac{P \times \dfrac{3R}{2}}{2R} = \dfrac{3P}{4}$

013 그림과 같이 하중 P가 작용할 때 스프링 변위 δ는? (단, 스프링상수는 k)

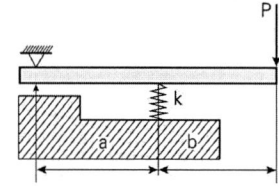

① $\delta = \dfrac{(a+b)}{bk}P$

② $\delta = \dfrac{(a+b)}{ak}P$

③ $\delta = \dfrac{ak}{(a+b)}P$

④ $\delta = \dfrac{bk}{(a+b)}P$

[풀이]

- **차원해석**
- **변형 = 스프링복원력**

$\Rightarrow \sum M = 0$

$\Rightarrow P(a+b) = k\delta \cdot a$

$\Rightarrow \delta = \dfrac{(a+b)}{ak}P$

014 그림과 같은 구조물에 수직하중이 100 N이 작용하고 있을 때, AC 및 BC 강선에 발생하는 힘은 몇 N 인가?

정답 011. ④ 012. ③ 013. ② 014. ④

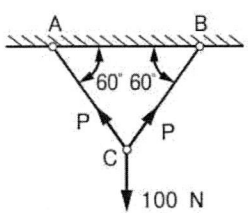

① 50　② 100　③ 80　④ 57.7

[풀이]

평형점 C에서 100N과 반대 방향으로 수직선을 그어보면,
$2P\sin 60° = 100$ 이 성립하므로
$P = 57.7\,N$이다.

015 그림과 같이 강선이 천정에 매달려 100 kN의 무게를 지탱하고 있을 때, AC 강선이 받고 있는 힘은 약 몇 kN 인가?

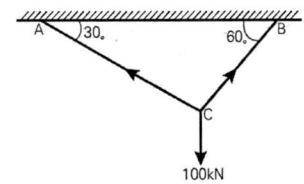

① 30　② 40　③ 50　④ 60

[풀이]

$$\frac{T_{AC}}{\sin 150°} = 100$$

$\Rightarrow T_{AC} = 100\sin 150° = 50$

016 무게 100N인 물체가 두 개의 줄 AC, BC에 의해서 동일 평면상에서 평형을 이루고 있다. 줄 BC에 걸리는 장력은 몇 N인가?

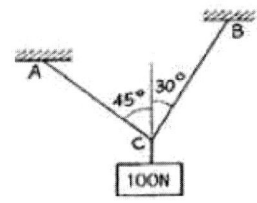

① 51.8　② 62.5　③ 73.2　④ 89.3

[풀이]

Lami의 정리
$$\frac{\sin 75°}{100} = \frac{\sin 135°}{T_{BC}}$$

$\Rightarrow T_{BC} = 73.2\,N$

017 그림과 같은 구조물에 1000 N의 물체가 매달려 있을 때 두 개의 강선 AB와 AC에 작용하는 힘의 크기는 약 몇 N인가?

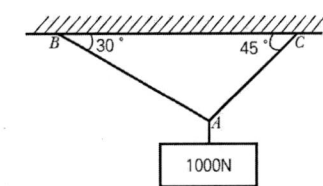

① AB = 732, AC = 897
② AB = 707, AC = 500
③ AB = 500, AC = 707
④ AB = 897, AC = 732

[풀이]

Lami의 정리
$$\frac{\sin 105°}{1000} = \frac{\sin 135°}{F_{AB}} = \frac{\sin 120°}{F_{AC}}$$

$\Rightarrow F_{AB} = 732,\ F_{AC} = 897$

정답 015. ③　016. ③　017. ①

018 그림과 같은 평면 트러스에서 절점 A에 단일하중 P = 80kN이 작용할 때, 부재 AB에 발생하는 부재력의 크기 및 방향을 구하면?

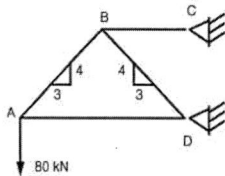

① 60 kN, 압축 ② 100 kN, 압축
③ 60 kN, 인장 ④ 100 kN, 인장

[풀이]

$F_{AB} = 80 \times 5/4 = 100\,kN$ **인장하중**

019 그림과 같은 트러스 구조물의 AC, BC 부재가 핀 C에서 수직하중 P = 1000 N의 하중을 받고 있을 때 AC 부재의 인장력은 약 몇 N인가?

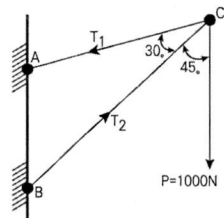

① 141 ② 707 ③ 1414 ④ 1732

[풀이]

Lami 의 정리는 응용사항이 더 중요하다.

$$\frac{\sin\alpha}{T_1} = \frac{\sin\beta}{T_2} = \frac{\sin\gamma}{F}$$

$$\Rightarrow \frac{\sin 45°}{T_1} = \frac{\sin 285°}{T_2} = \frac{\sin 30°}{1000}$$

$$\Rightarrow T_1 = 1414.2\,N$$

020 그림과 같은 트러스에서 부재 AB가 받고 있는 힘의 크기는 약 몇 N 정도인가?

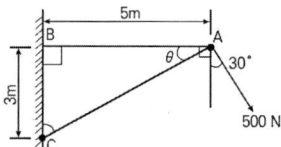

① 781 ② 894 ③ 972 ④ 1081

[풀이]

$Tan\,\theta = \dfrac{3}{5} \Rightarrow \theta = Tan^{-1}\dfrac{3}{5}$

라미의 정리로부터

$$\frac{\sin 30.96°}{500} = \frac{\sin(120-30.96)°}{F_{AB}}$$

$$\therefore\ F_{AB} = 971.8\,N$$

021 그림과 같이 W=200N의 강구가 판 사이에 끼어 있을 때, 접촉점 A에서의 반력 R_A는 약 몇 N인가? (단, 접촉점에서의 마찰은 무시한다.)

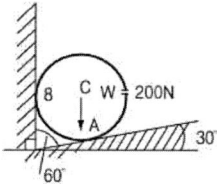

① 231 ② 323 ③ 415 ④ 502

[풀이]

구의 중심점에 대한 공점력계로부터 W, F_B 및 R_A에 관한 평형은 3힘의 평형이 되므로 Lami 의 정리를 활용할 수 있다.

$$\frac{\sin 120°}{W} = \frac{\sin 150°}{F_B} = \frac{\sin 90°}{R_A}$$

$$\Rightarrow \frac{\sin 120°}{200} = \frac{\sin 90°}{R_A}$$

$$\therefore\ R_A = 231\,N$$

022 그림과 같은 정삼각형 트러스의 B점에 수직으로, C점에 수평으로 하중이 작용하고 있을 때, 부재 AB에 작용하는 하중은?

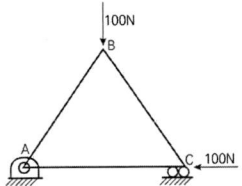

① $\dfrac{100}{\sqrt{3}} N$ ② $\dfrac{100}{3} N$

③ $100\sqrt{3} \, N$ ④ $50 \, N$

풀이

A 절점에 대한 자유물체도(FBD)를 이용하면 Lami의 정리를 적용할 수 있다.

$$\dfrac{\sin 90°}{F_{AB}} = \dfrac{\sin 120°}{R_A}$$

$$F_{AB} = R_A \times \dfrac{\sin 90°}{\sin 120°} = 50 \times \dfrac{1}{(\sqrt{3}/2)}$$

$$= \dfrac{100}{\sqrt{3}} \, N$$

023 무게가 100 N의 강철구가 그림과 같이 매끄러운 경사면과 유연한 케이블에 의해 매달려 있다. 케이블에 작용하는 응력은 몇 MPa 인지 구하시오. (단, 케이블 단면적은 $2 \, cm^2$ 이다.)

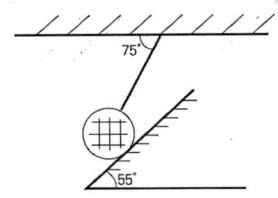

① 0.436 ② 5.12
③ 4.36   ④ 51.2

풀이

강철구의 무게중심에서 수직선과 수평선을 그려보면 강철구의 무게중심에서 공점력이 형성되며 장력, 구의 무게 및 수직반력의 3힘 성분이 평형을 이루고 있으므로 라미의 정리를 적용할 수 있다.

$$\dfrac{\sin \alpha}{F} = \dfrac{\sin \beta}{T} = \dfrac{\sin \gamma}{N}$$

$$\Rightarrow \dfrac{\sin 70°}{100} = \dfrac{\sin 125°}{T} = \dfrac{\sin 165°}{N}$$

∴ 케이블 장력

$$T = 100 \times \dfrac{\sin 125°}{\sin 70°} = 87.15 \, N$$

$$\sigma = \dfrac{T}{A} = \dfrac{87.17}{2 \times 10^{-4}} \times 10^{-6}$$
$$= 0.436 \, MPa$$

024 강체로 된 봉 CD가 그림과 같이 같은 단면적과 재료가 같은 케이블 ①, ②와 C점에서 힌지로 지지되어 있다. 힘 P에 의해 케이블 ①에 발생하는 응력 (σ)은 어떻게 표현되는가? (단, A는 케이블의 단면적이며 자중은 무시하고, a는 각 지점 간의 거리이고 케이블 ①, ②의 길이 ℓ 은 같다.)

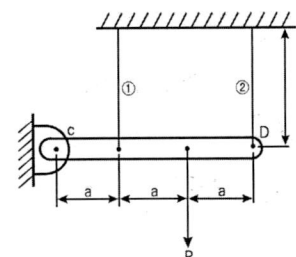

정답 022. ② 023. ① 024. ④

① $\dfrac{2P}{3A}$ ② $\dfrac{P}{3A}$
③ $\dfrac{4P}{5A}$ ④ $\dfrac{P}{5A}$

[풀이]

①, ② 케이블 반력을 각각 R_1, R_2 라 하면
$\sum M_C = 0$ 이므로
$R_1 \times a + R_2 \times 3a = P \times 2a$
⇨ $R_1 + 3R_2 = 2P$ ········ ①

①, ② 케이블 변형량을 각각 λ_1, λ_2 라 하면 선형적인 변형이 되므로
$a : \lambda_1 = 3a : \lambda_2$
⇨ $a : \dfrac{R_1 l}{AE} = 3a : \dfrac{R_2 l}{AE}$
⇨ $R_2 = 3R_1$ ········ ②

②를 ①식에 대입하고 정리하여
$2P = 10R_1$ ⇨ $P = 5R_1$
∴ $\sigma_1 = \dfrac{R_1}{A} = \dfrac{P}{5A}$

025 그림에서 W_1 과 W_2가 어느 한쪽도 내려가지 않게 하기 위한 W_1, W_2 의 크기의 비는 어느 것인가? (단, 경사면의 마찰은 무시한다.)

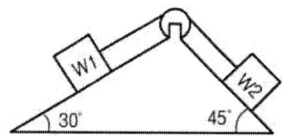

① $W_1 : W_2 = \sin 30° : \sin 45°$
② $W_1 : W_2 = \sin 45° : \sin 30°$
③ $W_1 : W_2 = \cos 45° : \cos 30°$
④ $W_1 : W_2 = \cos 30° : \cos 45°$

[풀이]

$\sum F_y = 0$
⇨ $W_1 \sin 30° = W_2 \sin 45°$
∴ $W_1 : W_2 = \sin 45° : \sin 30°$

정답) 025. ②

응력과 변형률

026 탄성(elasticity)에 대한 설명으로 옳은 것은?

① 물체의 변형율을 표시하는 것
② 물체에 작용하는 외력의 크기
③ 물체에 영구변형을 일어나게 하는 성질
④ 물체에 가해진 외력이 제거되는 동시에 원형으로 되돌아가려는 성질

[풀이]

⇨ 탄성변형 하중은 영구변형이 발생하지 않는 하중이며, 영구변형이 발생하기 시작하는 항복 하중과 대비된다.

027 힘에 의한 재료의 변형이 그 힘의 제거(除去)와 동시에 원형(原形)으로 복귀하는 재료의 성질은?

① 소성(plasticity)
② 탄성(elasticity)
③ 연성(ductility)
④ 취성(brittleness)

[풀이]

탄성변형은 영구소성변형이 발생하지 않는 변형
(원형유지)

CF. 영구 소성변형이 발생하기 시작하는 하중은 항복하중이라 함.
  소성 : 영구변형
  연성 : 유연성, 일반적으로 탄성영역이 크면, 연성이 우수함
  취성 : 깨지기 쉬운 성질 ⟺ 인성

028 다음 중 응력에 대한 일반적인 설명으로 틀린 것은?

① 내력의 세기(intensity)를 응력으로 나타낼 수 있다.
② 압력도 일종의 응력이다.
③ 마찰력에 의해 발생되는 응력은 전단응력이다.
④ 인장시험 도중 하중을 제거하여 응력이 0이 되면 변형률도 0이 된다.

[풀이]

⇨ 항복하중 이상의 하중을 가하면 영구변형이 발생한다.

029 강재의 인장시험 후 얻어진 응력-변형률 선도로부터 구할 수 없는 것은?

① 안전계수   ② 탄성계수
③ 인장강도   ④ 비례한도

[풀이]

안전계수는 선도에서 구한 한계조건에 대한 2차적인 비교값

030 다음 중 피로한도와 가장 관계가 깊은 하중은?

① 충격하중   ② 정하중
③ 반복하중   ④ 수직하중

[풀이]

영구변형이 발생하기 시작하는 한도를 반복 피로한도라 한다.

정답 026. ④ 027. ② 028. ④ 029. ① 030. ③

031 단면의 형상이 일정한 재료에 노치(notch) 부분을 만들어 인장 할 때 응력의 분포상태는?

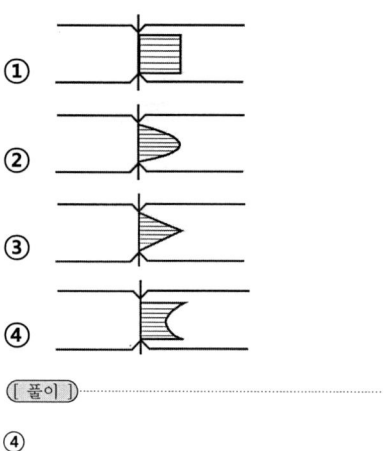

〔풀이〕

④

032 공칭응력(nominal stress : σ_n)과 진 응력(true stress : σ_t) 사이의 관계식으로 옳은 것은? [단, ϵ_n은 공칭 변형률(nominal strain), ϵ_t는 진 변형률(true strain)이다.]

① $\sigma_t = \sigma_n(1 + \epsilon_t)$
② $\sigma_t = \sigma_n(1 + \epsilon_n)$
③ $\sigma_t = \ln(1 + \sigma_n)$
④ $\sigma_t = \ln(\sigma_n + \epsilon_t)$

〔풀이〕

진응력은 공칭응력보다 공칭변형을 고려한 만큼 크다.

033 진 변형(ϵ_T)과 진 응력(σ_T)을 공칭 응력(σ_n)과 공칭 변형률(ϵ_n)로 나타낼 때 옳은 것은?

① $\sigma_T = \ln(1 + \sigma_n)$, $\epsilon_T = \ln(1 + \epsilon_n)$
② $\sigma_T = \ln(1 + \sigma_n)$, $\epsilon_T = \ln(\frac{\sigma_T}{\sigma_n})$
③ $\sigma_T = \sigma_n(1 + \epsilon_n)$, $\epsilon_T = \ln(1 + \epsilon_n)$
④ $\sigma_T = \ln(1 + \epsilon_n)$, $\epsilon_T = \epsilon_n(1 + \sigma_n)$

〔풀이〕

공칭응력과 공칭변형율은 변형전의 단면적을 적용하여

$$\sigma_n = \frac{P}{A_0}, \quad \epsilon_n = \frac{\lambda}{l_0} = \frac{l - l_0}{l_0}$$

진응력과 진 변형율은 변형단면적을 적용

$$\sigma_T = \frac{P}{A}, \quad \epsilon_T \text{ 라 하면}$$

표점거리 간의 체적은 동일하므로 진응력은

$$\sigma_T = \frac{P}{A} = \frac{P}{A_0} \times \frac{A_0}{A} = \frac{P}{A_0} \times \frac{l}{l_0}$$
$$= \frac{P}{A_0} \times \frac{l_0 + l - l_0}{l_0} = \sigma_n(1 + \epsilon_n)$$

진 변형율은

$$\epsilon_T = \int_{l_0}^{l} \frac{dl}{l} = [\ln l]_{l_0}^{l} = \ln l - \ln l_0$$
$$= \ln \frac{l}{l_0}$$
$$= \ln \frac{l_0 + l - l_0}{l_0} = \ln(1 + \epsilon_n)$$

034 공학적 변형률(engineering strain) e와 진 변형률(true strain) ε 사이의 관계식으로 옳은 것은?

〔정답〕 031. ④ 032. ② 033. ③ 034. ①

① $\varepsilon = \ln(e+1)$
② $\varepsilon = e \times \ln(e)$
③ $\varepsilon = \ln(e)$
④ $\varepsilon = 3e$

(풀이)

변형 전 길이를 l_0 라 하면,
공학적 변형률은 변형 전 길이를 적용
$$e = \frac{\lambda}{l_0} = \frac{l-l_0}{l_0}$$
진 변형율은 변형 후 길이를 적용하여
$$\epsilon = \int_{l_0}^{l} \frac{dl}{l} = [\ln l]_{l_0}^{l}$$
$$= \ln l - \ln l_0 = \ln \frac{l}{l_0}$$
$$= \ln \frac{l-l_0+l_0}{l_0} = \ln(e+1)$$

035 금속재료의 인장시험 결과 얻어지는 극한응력을 옳게 설명 한 것은?

① 응력이 변형률과 비례하는 범위 중에서 응력의 최대값
② 항복이 발생하기 시작하는 응력값
③ 공칭 응력-변형률 선도에서 응력의 최대값
④ 재료의 파단점에서의 응력값

(풀이)

공칭 $\sigma - \epsilon$ 선도의 최대응력값을 극한응력 이라 호칭한다.

036 다음 금속재료의 거동에 대한 일반적인 설명으로 틀린 것은 어느 것인가?

① 재료에 가해지는 응력이 일정하더라도 오랜 시간이 경과하면 변형률이 증가할 수 있다.
② 재료의 거동이 탄성한도로 국한된다고 하더라도 반복하중이 작용하면 재료의 강도가 저하될 수 있다.
③ 일반적으로 크리프는 고온보다 저온 상태에서 더 잘 발생한다.
④ 응력 - 변형률 곡선에서 하중을 가할때와 제거할 때의 경로가 다르게 되는 현상을 히스테리시스라 한다.

(풀이)

크리프(Creep)는 고온의 분위기에서 변형이 점차 증가하여 응력이 증가하는 현상이며, Ti 등을 첨가하여 고온강도를 증가시키는 방법 등을 적용하여 방지시킨다.

037 재료의 인장시험에 관련된 다음의 설명 중 틀린 것은?

① 인성계수(modulus of loughness)는 시편이 끊어질 때까지 단위 체적의 재료가 흡수한 에너지를 뜻한다.
② 레질리언스 계수(modulus of resilience)는 비례한도까지 단위 체적의 재료가 흡수한 에너지를 뜻한다.
③ 내킹(necking)이 발생하기 전까지는 시편의 단면적이 균일하게 감소한다.
④ 극한 인장응력(ultimate tensile stress)은 인장시험에서 항복이 발생하는 응력값을 뜻한다.

정답 035. ③ 036. ③ 037. ④

[풀이]

항복이 발생하는 값은 항복응력이다.

038 단면적이 2cm² 이고 길이가 4m인 환봉에 10 kN의 축 방향 하중을 가하였다. 이때 환봉에 발생한 응력은?

① 5000 N/m²
② 2500 N/m²
③ 5×10^7 N/m²
④ 5×10^5 N/m²

[풀이]

$$\sigma = \frac{P}{A} = \frac{10 \times 3^3}{2 \times 10^{-4}} = 5 \times 10^7 \ N/m^2$$

039 지름 10mm의 균일한 원형 단면 막대기에 길이 방향으로 7850N의 인장하중이 걸리고 있다. 하중이 전단 면에 고루 걸린다고 보면 하중 방향에 수직인 단면에 생기는 응력은?

① 785 MPa
② 78.5 MPa
③ 100 MPa
④ 1000 MPa

[풀이]

$$\sigma = \frac{P}{A} = \frac{P}{\frac{\pi}{4}d^2}$$

$$= \frac{7850}{\frac{\pi}{4} \times 0.01^2} \times 10^{-6}$$

$$= 100 \ MPa$$

040 안지름이 25mm, 바깥지름이 30mm인 중공 강철관에 10kN의 축 인장하중을 가할 때 인장응력은 몇 MPa인가?

① 14.2 ② 20.3 ③ 46.3 ④ 145.5

[풀이]

$$\sigma = \frac{P}{A} = \frac{P}{\frac{\pi}{4}(d_2^2 - d_1^2)}$$

$$= \frac{10 \times 10^3}{\frac{\pi}{4}(0.03^2 - 0.025^2)} \times 10^{-6}$$

$$= 46.3 \ MPa$$

041 그림과 같은 사각단면 보에서 100 kN의 인장력이 작용하고 있다. 이때 부재에 걸리는 인장응력은 약 얼마인가?

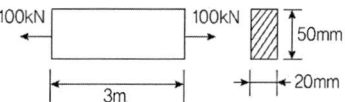

① 100 Pa   ② 100 kPa
③ 100 MPa   ④ 100 GPa

[풀이]

$$\sigma = \frac{P}{A} = \frac{100 \times 10^3}{0.02 \times 0.05} = 100 \ MPa$$

042 그림과 같은 직사각형 단면의 보에 P=4 kN의 하중이 10° 경사진 방향으로 작용한다. A점에서의 길이 방향의 수직응력을 구하면 몇 MPa인가?

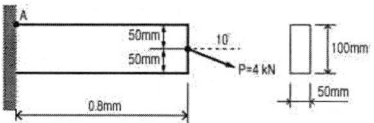

정답 038. ③ 039. ③ 040. ③ 041. ③ 042. ③

① 5.89(압축)   ② 6.67(압축)
③ 0.79(인장)   ④ 7.46(인장)

풀이

하중의 축 방향 성분은
$P_{축} = P\cos 10° = 4\cos 10° = 3.94\,kN$

$\sigma = \dfrac{P_{축}}{A} = \dfrac{3.94 \times 10^3}{0.05 \times 0.1} \times 10^{-6}$
$ = 0.788\,MPa$ **(인장)**

043 지름 100mm의 원에 내접하는 정사각형 단면을 가진 강봉이 10 kN의 인장력을 받고 있다. 단면에 작용하는 인장응력은 약 몇 MPa인가?

① 2   ② 3.1   ③ 4   ④ 6.3

풀이

내접 정사각형 한 변의 길이를 a라 하면
$a^2 + a^2 = 100 \quad \therefore a = 70.71\,mm$

$\sigma = \dfrac{P}{A} = \dfrac{10 \times 10^3}{(70.71 \times 10^{-3})^2}$
$ = 2\,MPa$

044 그림과 같은 단붙이 봉에 인장하중 P가 작용할 때, 축 지름의 비 $d_1 : d_2 = 4 : 3$으로 하면 d_1 부분에 발생하는 응력 σ_1과 d_2 부분에 발생하는 응력 σ_2의 비는?

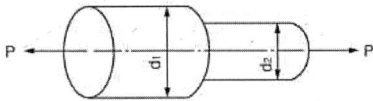

① $\sigma_1 : \sigma_2 = 9 : 16$
② $\sigma_1 : \sigma_2 = 16 : 9$
③ $\sigma_1 : \sigma_2 = 4 : 9$
④ $\sigma_1 : \sigma_2 = 9 : 4$

풀이

지름의 비 4 : 3 ⇨ 면적의 비 16 : 9

$\sigma_1 : \sigma_2 = \dfrac{P}{A_1} : \dfrac{P}{A_2}$
$ = \dfrac{1}{16} : \dfrac{1}{9} = 9 : 16$

045 그림과 같은 단붙이 봉에 인장하중 P가 작용할 때, 축의 지름을 $d_1 : d_2 = 3 : 2$로 하면 d_1 부문에 발생하는 응력 σ_1과 d_2 부분에 발생하는 응력 σ_2의 비는?

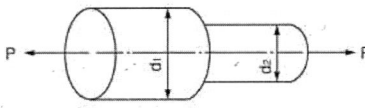

① $\sigma_1 : \sigma_2 = 3 : 2$
② $\sigma_1 : \sigma_2 = 2 : 3$
③ $\sigma_1 : \sigma_2 = 9 : 4$
④ $\sigma_1 : \sigma_2 = 4 : 9$

풀이

지름의 비 3 : 2 ⇨ 면적의 비 9 : 4

$\sigma_1 : \sigma_2 = \dfrac{P}{A_1} : \dfrac{P}{A_2}$
$ = \dfrac{1}{9} : \dfrac{1}{4} = 4 : 9$

정답 043. ① 044. ① 045. ④

046 연강 1cm³의 무게는 0.0785N이다. 길이 15m 둥근 봉을 매달 때 상단 고정부에 발생하는 인장응력은 몇 kPa인가?

① 0.118　② 1177.5
③ 117.8　④ 11890

[풀이]

$\gamma = 0.0785\ N/cm^3 = 78500\ N/m^3$

⇨ **15m의 무게** $\gamma_{15m} = 78500 \times 15$

$\therefore \sigma = \gamma \ell = 78500 \times 15 \times 10^{-3}$
$= 1177.5\ kPa$

047 상단이 고정된 원추 형체의 단위체적에 대한 중량을 γ라 하고 원추 밑면의 지름이 d, 높이가 ℓ일 때 이 재료의 최대 인장응력을 나타낸 식은? (단, 자중만을 고려한다.)

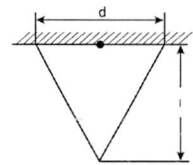

① $\sigma_{max} = \gamma \ell$

② $\sigma_{max} = \frac{1}{2}\gamma \ell$

③ $\sigma_{max} = \frac{1}{3}\gamma \ell$

④ $\sigma_{max} = \frac{1}{4}\gamma \ell$

[풀이]
자중만을 고려 시
원추봉의 최대 인장응력은 균일단면 봉의 $\frac{1}{3}$ **이다.**　$\therefore \sigma_{max} = \frac{1}{3}\gamma \ell$

048 지름 D인 두께가 얇은 링(ring)을 수평면 내에서 회전시킬 때, 링에 생기는 인장응력을 나타내는 식은? (단, 링의 단위길이에 대한 무게를 W, 링의 원주 속도를 V, 링의 단면적을 A, 중력 가속도를 g로 한다.)

① $\dfrac{WV^2}{DAg}$　② $\dfrac{WV^2}{Ag}$

③ $\dfrac{WDV^2}{Ag}$　④ $\dfrac{WV^2}{Dg}$

[풀이]

②

049 선형 탄성재질의 정사각형 단면 봉에 500 kN의 압축력이 작용할 때 80MPa의 압축응력이 생기도록 하려면 한 변의 길이를 몇 cm로 해야 하는가?

① 5.9　② 3.9　③ 7.9　④ 9.9

[풀이]

$\sigma_c = \dfrac{P_c}{A} = \dfrac{P_c}{a^2}$

$\therefore a = \sqrt{\dfrac{P_c}{\sigma_c}} = \sqrt{\dfrac{500 \times 10^3}{80 \times 10^6}} \times 10^2$

$\fallingdotseq 7.9\ cm$

050 바깥지름 50cm, 안지름 40cm의 중공 원통에 500 kN의 압축하중이 작용했을 때 발생하는 압축응력은 약 몇 MPa인가?

① 5.6　② 7.1　③ 8.4　④ 10.8

[풀이]

$$\sigma_c = \frac{P_c}{A} = \frac{P_c}{\frac{\pi}{4}(d_2^2 - d_1^2)}$$

$$= \frac{500 \times 10^3}{\frac{\pi}{4}(0.5^2 - 0.4^2)} \times 10^{-6}$$

$$= 7.07 \, MPa$$

051 같은 전단력이 작용할 때 원형 단면보의 지름을 3배로 하면 최대 전단응력은 몇 배가 되는가?

① 9배 ② 3배 ③ 1/3배 ④ 1/9배

[풀이]

$$\tau = \frac{F}{A} = \frac{P_s}{A} = \frac{P_s}{\frac{\pi d^2}{4}}$$

$$\Rightarrow \tau \propto \frac{1}{d^2} = \frac{1}{3^2} = \frac{1}{9}$$

052 지름 10mm인 환봉에 1 kN 의 전단력이 작용할 때 이 환봉에 걸리는 전단응력은 약 몇 MPa인가?

① 6.36 ② 12.73
③ 24.56 ④ 32.22

[풀이]

$$\tau = \frac{F}{A} = \frac{P_s}{A} = \frac{P_s}{\frac{\pi d^2}{4}}$$

$$= \frac{4 \times 1 \times 10^3}{\pi \times 0.01^2} \times 10^{-6} = 12.73 \, MPa$$

053 두께 1.0 mm의 강판에 한 변의 길이가 25mm인 정사각형 구멍을 펀칭하려 한다. 강판의 전단 파괴응력이 250MPa일 때 필요한 압축력은 몇 kN 인가?

① 6.25 ② 12.5
③ 25.0 ④ 156.2

[풀이]

$$\tau = \frac{F_c}{A} = 250 \, MPa$$

$$\Rightarrow F_c = \tau A$$

$$= 250 \times 10^6 \times 0.025 \times 0.01 \times 4 \times 10^{-3}$$

$$= 25 \, kN$$

054 인장강도 400 MPa의 연강 봉에, 축 방향으로 30 kN의 인장하중을 줄 때 안전율을 5라 하면 지름은 약 몇 cm로 해야 하는가?

① 0.22 ② 2.99 ③ 2.19 ④ 4.37

[풀이]

$$\sigma_a = \frac{400 \times 10^6}{5} = 80 \times 10^6$$

$$\sigma_a = \frac{P}{A} = \frac{P}{\frac{\pi}{4}d^2}$$

$$\Rightarrow d^2 = \frac{30 \times 10^3}{80 \times 10^6} \times \frac{4}{\pi}$$

$$\Rightarrow d = 0.0219 \, m = 2.19 \, cm$$

055 최대 사용강도 400MPa의 연강 보에 30kN의 축 방향 인장하중이 가해질 경우, 강봉의 최소지름은 몇 cm까지 가능한가? (단, 안전율은 5이다.)

정답 051. ④ 052. ② 053. ③ 054. ③ 055. ③

① 2.69　② 2.99
③ 2.19　④ 3.02

풀이

$\sigma_a = 80 MPa$

$\sigma_a = \dfrac{P}{A} \Rightarrow 80 \times 10^6 = \dfrac{30 \times 10^3}{\pi/4 \times d^2}$

$\Rightarrow d = \sqrt{\dfrac{4 \times 30 \times 10^3}{\pi \times 80 \times 10^6}} \times 100$

$= 2.19 \, cm$

056 길이 3m이고, 지름이 16mm인 원형 단면봉에 30 kN의 축 하중을 작용시켰을 때 탄성 신장량 2.2 mm가 생겼다. 이 재료의 탄성계수는 약 몇 GPa 인가?

① 203　② 20.3
③ 136　④ 13.7

풀이

$\sigma = E\epsilon$

$\Rightarrow E = \dfrac{\sigma}{\epsilon} = \dfrac{\frac{P}{A}}{\frac{\lambda}{l}} = \dfrac{Pl}{A\lambda} = \dfrac{4Pl}{\pi d^2 \lambda}$

$= \dfrac{4 \times 30 \times 10^3 \times 3}{\pi (0.016)^2 \times 0.0022} \times 10^{-9}$

$\fallingdotseq 203.5 \, GPa$

057 그림과 같이 정 3각형 형태의 트러스가 길이 L인 두 개의 봉으로 조립되어 절점 A에서 수직하중 P를 받고 있다. 이 두 봉의 탄성계수는 E, 단면적은 A로 일정하다면 A점의 수직 변위 δ는?

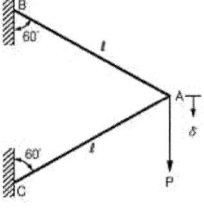

① $\delta = \dfrac{Pl}{2AE}$　② $\delta = \dfrac{Pl}{AE}$

③ $\delta = \dfrac{2Pl}{AE}$　④ $\delta = \dfrac{3Pl}{AE}$

풀이

$\lambda = \delta = \dfrac{Pl}{AE}$ 이며,

상부 봉은 인장, 하부 봉은 압축하중으로 작용하지만 변형의 방향은 같다.

$\therefore \delta = \delta_1 + \delta_2 = \dfrac{P_{인장} \, l}{AE} + \dfrac{P_{압축} \, l}{AE}$

$= \dfrac{2Pl}{AE}$

058 단면적이 1cm², 탄성계수가 200GPa, 길이가 10m인 케이블이 장력을 받아 길이가 1mm만큼 늘어났다. 장력의 크기는 몇 N인가?

① 1000　② 2000
③ 3000　④ 4000

풀이

$\lambda = \dfrac{Pl}{AE}$

$\Rightarrow P = \dfrac{AE\lambda}{l}$

$= \dfrac{1 \times 10^{-4} \times 200 \times 10^9 \times 1 \times 10^{-3}}{10}$

$= 2000 \, N$

정답 056. ① 057. ③ 058. ②

059 그림과 같이 노치가 있는 둥근 봉이 인장력 P=10 kN을 받고 있다. 노치의 응력 집중계수가 α=2.5라면, 노치부의 최대응력은 몇 MPa인가?

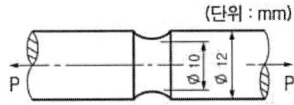

① 3180 ② 51 ③ 221 ④ 318

[풀이]

응력집중계수 $\alpha = \dfrac{\sigma_{max}}{\sigma_{nominal}}$

$\Rightarrow \sigma_{max} = \alpha \sigma_{nominal} = \alpha \sigma$
$= 2.5 \times \dfrac{10 \times 10^3}{\pi/4 \times 0.01^2} \times 10^{-6}$
$= 318.47 \, MPa$

060 지름이 25mm이고 길이가 6m인 강 봉의 양쪽 단에 100 kN의 인장력이 작용하여 6mm가 늘어났다. 이때의 응력과 변형률은? (단, 재료는 선형 탄성거동을 한다.)

① 203.7 MPa, 0.01
② 203.7 kPa, 0.01
③ 203.7 MPa, 0.001
④ 203.7 kPa, 0.001

[풀이]

$\sigma = \dfrac{P}{A} = \dfrac{P}{\dfrac{\pi}{4}d^2}$
$= \dfrac{100 \times 10^3}{\dfrac{\pi}{4} \times 0.025^2} \times 10^{-6}$
$= 203.72 \, MPa$

$\epsilon = \dfrac{\lambda}{l} = \dfrac{0.006}{6} = 0.001$

061 길이 3m의 부재가 하중을 받아 1.2mm 늘어났다. 이때 선형 탄성거동을 갖는 부재의 변형률은?

① 3.6×10⁻⁴ ② 3.6×10⁻³
③ 4×10⁻⁴   ④ 4×10⁻³

[풀이]

$\epsilon = \dfrac{\lambda}{l} = \dfrac{1.2}{3000} = 4 \times 10^{-4}$

062 그림과 같은 직육면체 블록은 전단탄성계수 500MPa이고, 상하면에 강체 평판이 부착되어 있다. 아래쪽 평판은 바닥면에 고정되어 있으며, 위쪽 평판은 수평방향 힘 P가 작용한다. 힘 P에 의해서 위쪽 평판이 수평방향으로 0.8mm 이동되었다면 가해진 힘 P는 약 몇 kN 인가?

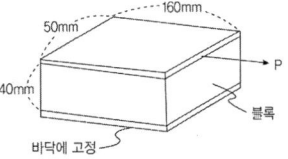

① 60 ② 80 ③ 100 ④ 120

[풀이]

전단변형률 $\gamma = \dfrac{\lambda_s}{L} = \dfrac{0.8}{40} = 0.02$

전단응력
$\tau = G\gamma = (500 \times 10^6) \times 0.02$
$= 10 \, MPa$

정답 059. ④ 060. ③ 061. ③ 062. ②

전단응력

$$\tau = \frac{P_s}{A}$$
$$\Rightarrow P_s = A\tau$$
$$= (0.05 \times 0.16) \times (10 \times 10^6)$$
$$= 80\ kN$$

063 폭 90mm, 두께 18mm 강판에 세로(종)방향으로 50kN 전단력이 작용할 때, 전단 탄성계수가 G=80GPa이면 전단변형률은?

① 1.9×10⁻⁴　② 2.6×10⁻⁴
③ 3.8×10⁻⁴　④ 4.8×10⁻⁴

[풀이]

전단응력

$$\tau = \frac{P_s}{A} = \frac{50 \times 10^3}{90 \times 18 \times 10^{-6}}$$
$$= 30.9\ MPa$$

$$\tau = G\gamma$$
$$\Rightarrow \gamma = \frac{\tau}{G} = \frac{30.9 \times 10^6}{80 \times 10^9}$$
$$= 3.86 \times 10^{-4}$$

064 다음과 같이 3개의 링크를 핀을 이용하여 연결하였다. 2000 N의 하중 P가 작용할 경우, 핀에 작용되는 전단응력은 약 몇 MPa인가? (단, 핀의 직경은 1cm이다.)

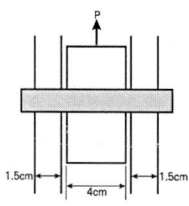

① 12.73　② 13.24
③ 15.63　④ 16.56

[풀이]

전단 면이 2개이므로

$$\tau = \frac{F}{2A} = \frac{2000}{2 \times \pi/4 \times 0.01^2} \times 10^{-6}$$
$$\fallingdotseq 12.74$$

065 볼트에 7200 N의 인장하중을 작용시키면 머리부에 생기는 전단응력은 몇 MPa인가?

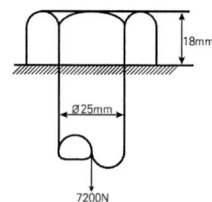

① 2.55　② 3.1　③ 5.1　④ 6.25

[풀이]

$$\tau = \frac{F}{A} = \frac{F}{\pi d h}$$
$$= \frac{7200}{\pi \times 0.025 \times 0.0018} \times 10^{-6}$$
$$\fallingdotseq 5.1\ MPa$$

066 그림과 같은 볼트에 축 하중 Q가 작용할 때 볼트 머리부의 높이 H는 볼트 지름의 몇 배가 되어야 하는가? (단, 볼트 머리부의 전단응력은 볼트 축에 작용하는 인장응력의 1/2 배까지 허용한다.)

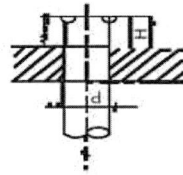

① 1/4배   ② 3/5배
③ 3/8배   ④ 1/2배

풀이

$\sigma = \dfrac{Q}{A} = \dfrac{Q}{\dfrac{\pi}{4}d^2}$, $\tau = \dfrac{Q}{A} = \dfrac{Q}{\pi dH}$

$\tau = \dfrac{1}{2}\sigma \Rightarrow \dfrac{Q}{\pi dH} = \dfrac{1}{2}\dfrac{Q}{\dfrac{\pi}{4}d^2}$

$\Rightarrow \pi dH = 2 \times \dfrac{\pi}{4}d^2 \Rightarrow \therefore H = \dfrac{1}{2}d$

067 다음 그림에서 2kN의 힘을 전달하는 키(15×10×60mm)가 있다. 이 키(key)에 생기는 전단응력은 몇 MPa인가?

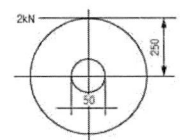

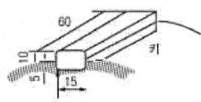

① 6.67   ② 4.44   ③ 2.22   ④ 1.12

풀이

$\tau = \dfrac{P_s}{A} = \dfrac{2 \times 10^3}{60 \times 15 \times 10^{-6}} = 2.22\ MPa$

068 두께 10mm의 강판에 지름 23mm의 구멍을 만드는데 필요한 하중은 약 몇 kN 인가? (단, 강판의 전단응력 τ = 750MPa이다.)

① 243   ② 352   ③ 473   ④ 542

풀이

$\tau = \dfrac{F}{A} = \dfrac{P_s}{A} = \dfrac{P_s}{\pi d t}$

$\Rightarrow P_s = \pi d t\ \tau$
$\quad\quad = \pi \times 0.023 \times 0.01 \times 750$
$\quad\quad\quad\quad \times 10^6 \times 10^{-3}$
$\quad\quad \fallingdotseq 542\ kN$

069 지름 d=3cm의 환봉이 P=25kN의 전단하중을 받아서 0.00075의 전단변형률을 발생시켰다. 이때 재료의 전단탄성계수는 약 몇 GPa인가?

① 87.7   ② 97.7   ③ 47.2   ④ 57.2

풀이

$\tau = \dfrac{P_s}{A} = \dfrac{4 \times 25 \times 10^3}{\pi \times 0.03^2} = 35.4\ MPa$

$\tau = G\gamma$

$\Rightarrow G = \dfrac{\tau}{\gamma} = \dfrac{35.4 \times 10^6}{0.00075}$
$\quad\quad = 47.2\ GPa$

070 전단 탄성계수가 80GPa인 강봉(steel bar)에 전단응력이 1kPa로 발생했다면 이 부재에 발생한 전단변형률은?

① 12.5 × 10^{-3} ② 12.5 × 10^{-6}
③ 12.5 × 10^{-9} ④ 12.5 × 10^{-12}

■정답 067. ③   068. ④   069. ③   070. ③

【풀이】

$\tau = G\gamma$

$\Rightarrow \gamma = \dfrac{\tau}{G} = \dfrac{10^3}{80 \times 10^9}$

$\qquad = 12.5 \times 10^{-9}$

071 그림과 같이 순수전단을 받는 요소에서 발생하는 전단응력 $\tau = 70\ MPa$, 재료의 세로 탄성계수는 200GPa, 포아송의 비는 0.25일 때 전단변형률은 약 몇 rad인가?

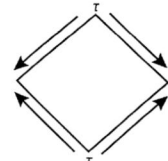

① 8.75×10^{-4} ② 8.75×10^{-3}
③ 4.38×10^{-4} ④ 4.38×10^{-3}

【풀이】

순수전단 면이란 수직 응력은 없으며 전단응력만 발생하는 단면이다.

$\tau = G\gamma$, $\mu = \dfrac{\epsilon'}{\epsilon}$ $\Rightarrow \gamma = \dfrac{\tau}{G}$

$\Rightarrow \gamma = 0.25 \times \dfrac{70}{20,000}$

$\qquad = 8.75 \times 10^{-4}\ rad$

072 균일 단면을 가지는 수직 강봉 하단에 하중 P가 작용하고 있다. 이때 봉의 전 신장량은 얼마인가? (단, 강봉의 단면적은 A, 길이는 L, 비중량은 γ, 그리고 탄성계수는 E이다.)

① $\delta = \dfrac{L}{E}\left(2\gamma L + \dfrac{P}{A}\right)$

② $\delta = \dfrac{L}{AE}\left(\dfrac{\gamma L}{2} + 2P\right)$

③ $\delta = \dfrac{L}{AE}(\gamma LA + P)$

④ $\delta = \dfrac{L}{AE}\left(\dfrac{\gamma LA}{2} + P\right)$

【풀이】

자중에 의한 신장량 $\delta_1 = \dfrac{\gamma L^2}{2E}$

하중에 의한 신장량 $\delta_2 = \dfrac{PL}{AE}$

전체 신장량

$\therefore \dfrac{\gamma L^2}{2E} + \dfrac{PL}{AE} = \dfrac{L}{AE}\left(\dfrac{\gamma LA}{2} + P\right)$

073 길이가 2m인 환봉에 인장하중을 가하여 변화된 길이가 0.14 cm일 때 변형률은?

① 70×10^{-6} ② 700×10^{-6}
③ 70×10^{-3} ④ 700×10^{-3}

【풀이】

$\epsilon = \dfrac{\lambda}{l} = \dfrac{1.4}{2000} = 700 \times 10^{-6}$

074 길이 L=2.4m, 지름 d=3mm인 강선에 인장하중 P=850N이 작용할 때 강선의 신장량은 몇 cm인가? (단, 강선의 탄성계수 E=210GPa이다.)

① 0.117   ② 0.127
③ 0.137   ④ 0.147

■정답 071. ① 072. ④ 073. ② 074. ③

[풀이]

$$\delta = \lambda = \frac{PL}{AE}$$
$$= \frac{850 \times 2.4}{\pi/4 \times 0.003^2 \times 210 \times 10^9} \times 100$$
$$= 0.1375\,cm$$

075 그림과 같은 원형 단면을 가진 연강 봉재가 200 kN의 인장하중을 받아 늘어났을 때, 늘어난 전체 길이는 몇 cm인가? (단, 탄성계수 E = 200GPa이다.)

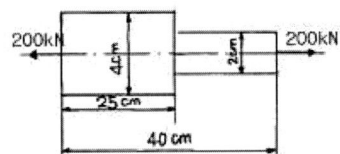

① 40.068 ② 40.059
③ 40.040 ④ 40.031

[풀이]

직렬 연결 상태이므로

$$\delta_{total} = \delta_1 + \delta_2 = \frac{Pl_1}{A_1 E} + \frac{Pl_2}{A_2 E}$$
$$= \left(\frac{4 \times 200 \times 10^3 \times 0.25}{\pi \times 0.04^2 \times 200 \times 10^9} \right.$$
$$\left. + \frac{4 \times 200 \times 10^3 \times 0.15}{\pi \times 0.02^2 \times 200 \times 10^9} \right) \times 100$$
$$= 40.068\,cm$$

076 길이가 L이고 단면적이 A인 봉의 상단은 고정되어 있고 하단에는 P의 하중이 작용하고 있을 때 자중이 W이고 탄성계수가 E라면 신장량은?

① $\dfrac{l}{AE}\left(P + \dfrac{W}{2}\right)$

② $\dfrac{1}{E}\left(\dfrac{Pl}{A} + \dfrac{W}{2A}\right)$

③ $\dfrac{Pl}{AE}\left(1 + \dfrac{W}{2}\right)$

④ $\dfrac{1}{E}\left(\dfrac{Pl}{A} + \dfrac{W}{2}\right)$

[풀이]

하중에 의한 신장량 $\lambda_1 = \dfrac{Pl}{AE}$

자중에 의한 신장량 $\lambda_2 = \dfrac{Wl}{2AE}$

전체 신장량

$$\frac{l}{AE}\left(P + \frac{W}{2}\right)$$

077 지름 20mm, 길이 1000mm의 연강 봉이 50 kN의 인장하중을 받을 때 발생하는 신장량은 약 몇 mm인가? (단, 탄성계수 E = 210GPa이다.)

① 7.58   ② 0.758
③ 0.0758 ④ 0.00758

[풀이]

$$\lambda = \frac{Pl}{AE} = \frac{50 \times 10^3 \times 1000}{\pi/4 \times 0.02^2 \times 210 \times 10^9}$$
$$= 0.758\,mm$$

078 길이 5m의 봉이 상단에서 고정되어 세로로 매달려 있다. 봉이 10cm × 10cm의 균일 단면을 가지며 단위 길이당 중량이 800N/m일 때 봉의 하단, 즉 자유단에서 늘어난 길이는 몇 mm인가? (단, 탄성계수 E = 200GPa이다.)

정답 075. ① 076. ① 077. ② 078. ②

① 0 ② 5×10⁻³
③ 10×10⁻³ ④ 20×10⁻³

[풀이]

자중에 의한 신장량

$$\lambda = \frac{WL^2}{2AE} = \frac{800 \times 5^2}{2 \times 0.1 \times 0.1 \times 200 \times 10^9} \times 10^3$$

$$= 5 \times 10^{-3} mm$$

079 지름 20mm, 길이 1000mm의 연강봉이 30kN의 인장하중을 받을 때 발생하는 신장량의 크기는 약 몇 mm인가? (단, 탄성계수 E=210GPa이다.)

① 0.455 ② 4.55
③ 0.0455 ④ 0.00455

[풀이]

$$\lambda = \frac{Pl}{AE} = \frac{30 \times 10^3 \times 1000}{\pi/4 \times 0.02^2 \times 210 \times 10^9}$$
$$= 0.455 mm$$

080 단면의 면적이 500mm²인 강봉이 그림과 같은 힘을 받을 때 강봉의 변형량은 몇 mm인가? (단, 탄성계수는 E = 200 GPa이다.)

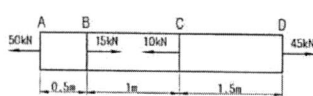

① 1.125 ② 1.025
③ 1.55 ④ 0.675

[풀이]

$$\lambda_{인장} = \frac{P_{AB}\ell_{AB} + P_{BD}(\ell_{BC}+\ell_{CD})}{AE}$$

$$= \frac{50 \times 10^3 \times 0.5 + 45 \times 10^3 \times 2.5}{500 \times 10^{-6} \times 200 \times 10^9}$$

$$= 0.001375 m = 1.375 mm$$

$$\lambda_{압축} = -\frac{P_{BC}\ell_{BC}}{AE}$$

$$= -\frac{35 \times 10^3 \times 1}{500 \times 10^{-6} \times 200 \times 10^9}$$

$$= -0.00035 m = -0.35 mm$$

$$\therefore \lambda = \lambda_{인장} - \lambda_{압축} = 1.025 mm$$

081 길이 15m, 봉의 지름 10mm인 강봉에 P = 8 kN을 적용시킬 때 이 봉의 길이 방향 변형량은 몇 cm인가? (단, 이 재료의 세로 탄성계수는 210GPa이다.)

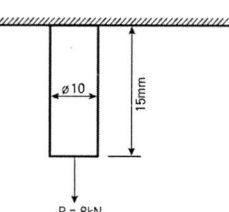

① 0.52 ② 0.64
③ 0.73 ④ 0.85

[풀이]

$$\lambda = \frac{Pl}{AE} = \frac{8 \times 10^3 \times 1500}{\pi/4 \times 1^2 \times 210}$$
$$= 0.727 cm$$

082 길이 1.5m 단면적 10cm²의 강재봉을 50 kN의 힘으로 인장 했을 때 0.36mm 늘어났다. 이 강재의 탄성계수 E는 몇 GPa 인가?

정답 079. ① 080. ② 081. ③ 082. ④

① 31   ② 81   ③ 105   ④ 208

[풀이]

$\lambda = \dfrac{Pl}{AE}$

$\Rightarrow E = \dfrac{Pl}{A\lambda}$

$= \dfrac{50 \times 10^3 \times 1.5}{10 \times 10^{-4} \times 0.36 \times 10^{-3}}$

$= 208.3 \, GPa$

083 길이 15m, 지름 10mm의 강봉에 8 kN의 인장하중을 걸었더니 탄성변형이 생겼다. 이때 늘어난 길이는 약 몇 mm 인가? (단, 이 강재의 세로 탄성계수는 210GPa이다.)

① 1.46   ② 14.6   ③ 0.73   ④ 7.3

[풀이]

문제의 의미에서

$\lambda = \dfrac{PL}{AE} = \dfrac{8 \times 10^3 \times 15}{\dfrac{\pi \times 0.01^2}{4} \times 210 \times 10^9}$

$\approx 7.28 \, mm$

084 그림과 같이 지름이 d_1, d_2, 길이가 L_1, L_2, 탄성계수가 E_1, E_2인 부재에 10kN, 30kN의 하중이 작용할 경우 총변형량은 약 몇 mm인가?

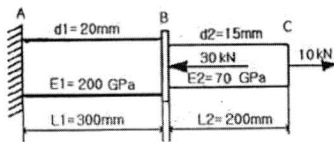

① - 0.066   ② 0.066
③ 0.257   ④ - 0.257

[풀이]

$\lambda_{인장} = \dfrac{P_1 \ell_1}{A_1 E_1} + \dfrac{P_1 \ell_2}{A_2 E_2}$

$= \dfrac{10 \times 10^3 \times 0.3}{\pi/4 \times 0.02^2 \times 200 \times 10^9}$

$\quad + \dfrac{10 \times 10^3 \times 0.2}{\pi/4 \times 0.015^2 \times 70 \times 10^9}$

$= 0.0478 + 0.1618 = 0.2096 \, mm$

$\lambda_{압축} = - \dfrac{P_2 \ell_1}{A_1 E_1}$

$= - \dfrac{30 \times 10^3 \times 0.3}{\pi/4 \times 0.02^2 \times 200 \times 10^9}$

$= - 0.1433 \, mm$

$\therefore \lambda = \lambda_{인장} - \lambda_{압축} = 0.0663 \, mm$

085 단면적이 4cm² 인 강봉에 그림과 같이 하중을 작용할 때 이 봉은 약 몇 cm 늘어나는지 구하시오. (단, 탄성계수 E = 210GPa이다.)

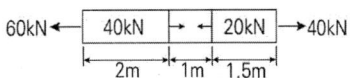

① 0.0028   ② 0.24
③ 0.80   ④ 0.015

[풀이]

좌측으로부터 ℓ_1, ℓ_2, ℓ_3 **라 하면**

$\lambda_{인장} = \dfrac{P_1 \ell_1 + P_2 (\ell_2 + \ell_3)}{AE}$

$= \dfrac{60 \times 10^3 \times 2 + 40 \times 10^3 \times 2.5}{4 \times 10^{-4} \times 210 \times 10^9}$

$= 0.002619 \, m = 0.2619 \, cm$

정답 083. ④   084. ②   085. ②

$$\lambda_{압축} = -\frac{Q\ell_2}{AE}$$

$$= -\frac{20 \times 10^3 \times 1}{4 \times 10^{-4} \times 210 \times 10^9}$$

$$= -0.000238m = -0.0238cm$$

$$\therefore \lambda = \lambda_{인장} - \lambda_{압축} = 0.2381cm$$

086 길이가 $\ell + 2a$인 균일 단면 봉의 양단에 인장력 P가 작용하고, 양 단에서의 거리가 a인 단면에 Q의 축 하중이 가하여 인장 될 때 봉에 일어나는 변형량은 약 몇 cm인가? (단, ℓ = 60cm, a = 30cm, P = 10 kN, Q = 5 kN, 단면적 A = 4cm², 탄성계수는 210GPa이다.)

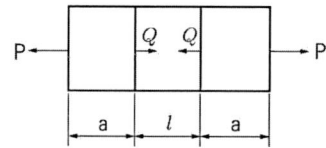

① 0.0107   ② 0.0207
③ 0.0307   ④ 0.0407

(풀이)

$$\lambda_{인장} = \frac{P(\ell + 2a)}{AE}$$

$$= \frac{10 \times 10^3 \times (0.6 + 0.6)}{4 \times 10^{-4} \times 210 \times 10^9}$$

$$= 0.000142m = 0.0142cm$$

$$\lambda_{압축} = \frac{Q\ell}{AE}$$

$$= \frac{5 \times 10^3 \times 0.6}{4 \times 10^{-4} \times 210 \times 10^9}$$

$$= 0.0000357m = 0.00357cm$$

$$\therefore \lambda = \lambda_{인장} - \lambda_{압축} = 0.0107cm$$

087 양단이 고정된 막대의 한 점(B점)에 그림과 같이 축 방향 하중 P가 작용하고 있다. 막대의 단면적이 A이고 탄성계수가 E일 때, 하중 작용점(B점)의 변위 발생량은?

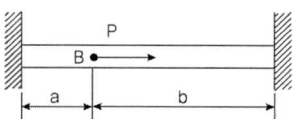

① $\dfrac{abP}{AE(a+b)}$ ② $\dfrac{abP}{2AE(a+b)}$
③ $\dfrac{abP}{AE(b-a)}$ ④ $\dfrac{abP}{2AE(b-a)}$

(풀이)

작용력(a 구간)

$$P_{a\,구간} = \left(\frac{b}{a+b}\right)P$$

변형량(a 구간)

$$\lambda_{a\,구간} = \frac{P_{a\,구간} \times a}{AE}$$

$$= \left(\frac{b}{a+b}\right)P \times \frac{a}{AE}$$

$$= \frac{abP}{AE(a+b)}$$

088 그림과 같은 정사각형 판이 변형되어, 네 변이 직선을 유지한 채 A, B 점이 모두 수평방향 우측으로 1mm만큼 이동되었다. D점의 전단변형률 γ_{xy} 는?

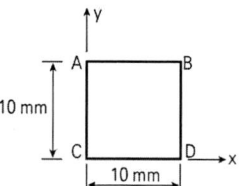

① 0.01   ② 0.05   ③ 0.1   ④ 0.15

정답 086. ① 087. ① 088. ③

[풀이]

전단변형률

$$\gamma = \frac{\lambda_s}{l} = \frac{1}{10} = 0.1$$

089 지름이 22mm인 막대에 25 kN의 전단하중이 작용할 때 0.00075rad의 전단변형율이 생겼다. 이 재료의 전단탄성계수는 몇 GPa 인가?

① 87.7 ② 114 ③ 33 ④ 29.3

[풀이]

$$\tau = G\gamma = \frac{P_s}{A}$$

$$\Rightarrow G = \frac{P_s}{A\gamma}$$

$$= \frac{25 \times 10^3}{\pi/4 \times 0.022^2 \times 0.00075} \times 10^{-9}$$

$$= 87.733 \; GPa$$

090 지름 d = 3cm의 재료가 P = 25 kN의 전단하중을 받아서 0.00075의 전단변형률을 발생시켰다. 이때 재료의 전단탄성계수는 몇 GPa인가?

① 87.7 ② 97.7 ③ 47.2 ④ 57.2

[풀이]

$$\tau = G\gamma = \frac{P_s}{A}$$

$$\Rightarrow G = \frac{P_s}{A\gamma}$$

$$= \frac{25 \times 10^3}{\pi/4 \times 0.03^2 \times 0.00075} \times 10^{-9}$$

$$= 47.18 \; GPa$$

091 바깥지름 80mm, 안지름 60mm인 중공축에 4 kN·m의 토크가 작용하고 있다. 최대 전단변형률은 얼마인가?
(단, 축 재료 전단탄성계수는 27GPa)

① 0.00122 ② 0.00216
③ 0.00324 ④ 0.00410

[풀이]

$$T = \tau Z_P$$

$$\Rightarrow \tau = \frac{T}{Z_P} = G\gamma$$

$$= \frac{T}{\frac{\pi(d_2^4 - d_1^4)}{16 d_2}}$$

$$= \frac{4 \times 10^3}{\frac{\pi(0.08^4 - 0.06^4)}{16 \times 0.08}}$$

$$= 58.2 \; MPa$$

$$\tau = G\gamma$$

$$\Rightarrow \gamma = \frac{\tau}{G} = \frac{58.2 \times 10^6}{2.7 \times 10^9} = 0.00216$$

092 다음 중 포아송 비(Poisson's ratio)에 관한 설명으로 틀린 것은?

① 포아송 비는 인장시험에서 인장축에 수직인 방향으로의 수축과 관계 있다.
② 탄성계수와 전단탄성계수를 알면 포아송 비를 구할 수 있다.
③ 탄성 변형시 체적이 변하지 않는 재료 포아송 비는 0.25이다.
④ 실존하는 재료의 포아송 비는 0부터 0.5 사이의 범위에 있다.

[풀이]

③

정답 089. ① 090. ③ 091. ② 092. ③

093 지름 2cm, 길이 20cm인 연강 봉이 인장하중을 받을 때 길이는 0.016 cm 만큼 늘어나고 지름은 0.0004 cm 만큼 줄었다. 이 연강봉의 포아송 비는?

① 0.25　② 0.3
③ 0.33　④ 4

[풀이]

$$\nu = \left|\frac{\epsilon'}{\epsilon}\right| = \left|\frac{\frac{\delta}{d}}{\frac{\lambda}{l}}\right| = \left|\frac{l\delta}{d\lambda}\right|$$

$$= \left|\frac{20 \times (-0.0004)}{2 \times 0.016}\right| = 0.25$$

094 다음과 같은 부재에 축 하중 P = 15kN이 가해졌을 때, x 방향의 길이는 0.003 mm 증가하고, z 방향의 길이는 0.0002 mm 감소하였다면 이 선형 탄성 재료의 포아송 비는?

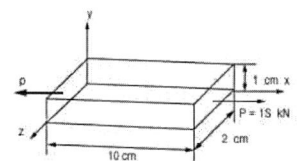

① 0.28　② 0.30　③ 0.33　④ 0.35

[풀이]

$$\nu = \left|\frac{\epsilon'}{\epsilon}\right| = \left|\frac{\frac{\delta}{d}}{\frac{\lambda}{l}}\right| = \left|\frac{l\delta}{d\lambda}\right|$$

$$= \left|\frac{10 \times (-0.0002)}{2 \times 0.003}\right| = 0.333$$

095 길이 500mm, 지름 16mm의 균일한 강 봉의 양 끝에 12 kN의 축 방향 하중이 작용하여 길이는 300μm가 증가하고 지름은 2.4μm가 감소하였다. 이 선형 탄성 거동하는 봉 재료의 프와송 비는?

① 0.22　② 0.25
③ 0.29　④ 0.32

[풀이]

$$\nu = \left|\frac{\epsilon'}{\epsilon}\right| = \left|\frac{\frac{\delta}{d}}{\frac{\lambda}{l}}\right| = \left|\frac{l\delta}{d\lambda}\right|$$

$$= \left|\frac{500 \times (-2.4)}{16 \times 300}\right| = 0.25$$

096 지름 20cm, 길이 40cm인 콘크리트 원통에 압축하중 20 kN이 작용하여 지름이 0.0006cm만큼 늘어나고 길이는 0.0057cm만큼 줄었을 때, 푸아송 비는 약 얼마인가?

① 0.18　② 0.24
③ 0.21　④ 0.27

[풀이]

$$\nu = \left|\frac{\epsilon'}{\epsilon}\right| = \left|\frac{\frac{\delta}{d}}{\frac{\lambda}{l}}\right| = \left|\frac{l\delta}{d\lambda}\right|$$

$$= \left|\frac{40 \times 0.0006}{20 \times (-0.0057)}\right| = 0.2105$$

097 길이가 2m인 환봉에 인장하중을 가하였더니 길이 변화량이 0.14cm였다. 이 때의 변화율은?

[정답] 093. ①　094. ③　095. ②　096. ③　097. ②

① 70×10^{-6} ② 700×10^{-6}
③ 70   ④ 700

[풀이]

$$\epsilon = \frac{\lambda}{l} = \frac{0.00014}{2} = 700 \times 10^{-6}$$

098 5cm×4cm 블록이 x 축을 따라 0.05 cm만큼 인장되었다. y 방향으로 수축되는 변형률(ϵ_y)은? (단, 포아송 비(ν)는 0.3이다.)

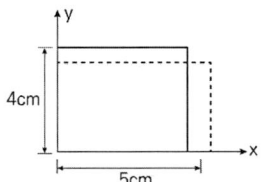

① 0.00015   ② 0.0015
③ 0.003   ④ 0.03

[풀이]

$$\nu = \frac{\epsilon'}{\epsilon} = \frac{\epsilon_y}{\epsilon_x}$$

$$\Rightarrow \epsilon_y = \nu \epsilon_x = \nu \frac{\lambda}{l} = 0.3 \frac{0.05}{5} = 0.003$$

099 포아송의 비 0.3, 길이 3m인 원형 단면의 막대에 축 방향의 하중이 가해진다. 이 막대의 표면에 원주 방향으로 부착된 스트레인 게이지가 -1.5×10^{-4}의 변형률을 나타낼 때, 이 막대의 길이 변화로 옳은 것은?

① 0.135 mm 압축
② 0.135 mm 인장
③ 1.5 mm 압축
④ 1.5 mm 인장

[풀이]

원주방향으로 줄어들고 축방향으로는 늘어난다.

$$\nu = \left|\frac{\epsilon'}{\epsilon}\right|$$

$$\Rightarrow \epsilon = \frac{|\epsilon'|}{\nu} = \frac{|-1.5 \times 10^{-4}|}{0.3} = 0.0005$$

$$\epsilon = \frac{\lambda}{l}$$

$$\Rightarrow \lambda = l\epsilon = 3000 \times 0.0005 = 1.5\,mm\,(인장)$$

100 지름 30mm의 환봉 시험편에서 표점거리를 10mm로 하고 스트레인 게이지를 부착하여 신장을 측정한 결과 인장하중 25 kN에서 신장 0.0418mm 가 측정되었으며 이때의 지름은 29.97mm이었다. 이 재료의 포아송 비(ν)는?

① 0.239   ② 0.287
③ 0.0239   ④ 0.0287

[풀이]

$$\epsilon = \frac{\lambda}{l},\quad \epsilon' = \frac{\delta}{d}$$

$$\nu = \left|\frac{\epsilon'}{\epsilon}\right| = \left|\frac{\delta/d}{\lambda/l}\right|$$

$$= \left|\frac{(29.97-30)/30}{0.0418/10}\right|$$

$$= 0.239$$

[정답] 098. ③ 099. ④ 100. ①

101 지름이 d 인 연강 환봉에 인장하중 P 가 주어졌다면 지름 감소량(δ)은?

① $\delta = \dfrac{P\nu}{\pi Ed}$ ② $\delta = \dfrac{P\nu}{2\pi Ed}$

③ $\delta = \dfrac{Pn u}{4\pi Ed}$ ④ $\delta = \dfrac{4P\nu}{\pi Ed}$

[풀이]

$\epsilon = \dfrac{\lambda}{l}, \; \epsilon' = \dfrac{\delta}{d}, \; \sigma = \dfrac{P}{A} = E\epsilon$

$\nu = \dfrac{\epsilon'}{\epsilon} \Rightarrow \epsilon' = \nu\epsilon = \nu\dfrac{\sigma}{E} = \nu\dfrac{P}{AE}$

$\therefore \delta = \nu\dfrac{Pd}{AE} = \nu\dfrac{Pd}{\dfrac{\pi d^2}{4}E} = \dfrac{4P\nu}{\pi Ed}$

102 직경이 2cm인 원통형 막대에 2 kN의 인장하중이 작용하여 균일하게 신장되었을 때, 변형 후 직경의 감소량은 약 몇 mm인가? (단, 탄성계수 30 GPa이고, 포아송 비는 0.3이다.)

① 0.0128   ② 0.00128
③ 0.064   ④ 0.0064

[풀이]

$\sigma = \dfrac{P}{A} = E\epsilon$

$\Rightarrow \dfrac{2000}{\pi/4 \times 0.02^2} = 30 \times 10^9 \epsilon$

$\Rightarrow \epsilon = 0.000212$

$\nu = -0.3 = \dfrac{\epsilon'}{\epsilon} \Rightarrow \epsilon' = -0.000064$

$\therefore \delta = d\epsilon' = -20 \times 0.000064 = -0.00128 mm$

103 지름 약 4cm의 둥근 강봉에 60kN의 인장하중을 작용시키면 지름은 약 몇 mm만큼 감소하는가? (단, 탄성계수 E = 200GPa, 포아송 비 $\nu = 0.33$으로 한다.)

① 0.00513   ② 0.00315
③ 0.00596   ④ 0.000596

[풀이]

101항의 결과를 참조하여,

$\delta = \dfrac{4P\nu}{\pi Ed}$

$= \dfrac{4 \times 60 \times 10^3 \times 0.33}{\pi \times 200 \times 10^9 \times 0.04} \times 10^3$

$= 0.003153\, mm$

104 다음 막대의 z 방향으로 80 kN의 인장력이 작용할 때 x 방향의 변형량은 몇 μm 인가? (단, 탄성계수 E = 200GPa, 포아송 비 $\nu = 0.32$, 막대 크기 x = 100 mm, y = 50mm, z = 1.5 m이다.)

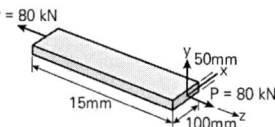

① 2.56 ② 25.6 ③ -2.56 ④ 25.6

[풀이]

$\dfrac{P_z}{A_{xy}} = \dfrac{80 \times 10^3}{0.05 \times 0.1}$

$= \sigma_z = E\epsilon_z = 200 \times 10^9 \epsilon_z$

$\Rightarrow \epsilon_z = 0.00008$

$\nu = -0.32 = \dfrac{\epsilon_x{'}}{\epsilon_z} \Rightarrow \epsilon_x{'} = -0.32\epsilon_z$

$\lambda_x = 100 \times 10^3 \times (-0.32\epsilon_z)$

$= 100 \times 10^3 \times (-0.32 \times 0.00008)$

$= -2.56\,\mu m$

정답 101. ④ 102. ② 103. ② 104. ③

105 그림과 같이 정삼각형 형태의 트러스가 길이 150cm인 2개의 봉으로 조립되어 절점 B에서 수직하중 P = 15000N을 받고 있다. 이 두 봉은 같은 단면적과 같은 재료를 사용하였다면 B점의 수직변위 δ_y는? (단, 탄성계수 E = 210 GPa, 단면적 A = 1.56cm²이다.)

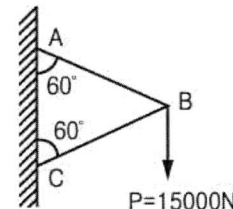

① 0.00137 mm ② 0.137 mm
③ 0.0137 mm ④ 1.37 mm

[풀이]

057번의 결과를 참조하여,
B 점의 수직 변위는

$$\delta = \delta_1 + \delta_2 = \frac{P_{인장}\, l}{AE} + \frac{P_{압축}\, l}{AE}$$

$$= \frac{2Pl}{AE}$$

$$\frac{2Pl}{AE} = \frac{2 \times 15000 \times 1.5}{1.56 \times 10^{-4} \times 210 \times 10^9} \times 10^3$$

$$= 1.374\ mm$$

106 원형 봉에 축 방향 인장하중 P = 88 kN이 작용할 때, 직경의 감소량은 약 몇 mm인가? (단, 봉은 길이 L= 2m, 직경 d = 40mm, 세로 탄성계수는 70 GPa, 포아송 비 μ = 0.3이다.)

① 0.006 ② 0.012
③ 0.018 ④ 0.036

[풀이]

$$\sigma = \frac{P}{A} = E\epsilon$$

$$\Rightarrow \frac{88 \times 10^3}{\pi/4 \times 0.04^2} = 70 \times 10^9\, \epsilon$$

$$\Rightarrow \epsilon = 0.001$$

$$\nu = \mu = 0.3 = \frac{\epsilon'}{\epsilon} \Rightarrow \epsilon' = 0.0003$$

$$\therefore \delta = d\epsilon' = 40 \times 0.0003$$

$$= 0.012\ mm$$

107 어떤 직육면체에서 x 방향으로 40MPa의 압축응력이 작용하고 y 방향과 z 방향으로 각각 10MPa씩 압축응력이 작용한다. 이 재료의 세로 탄성계수는 100GPa, 푸아송 비는 0.25, x 방향 길이는 200mm일 때 x 방향 길이의 변화량은?

① - 0.07 mm ② 0.07 mm
③ - 0.085 mm ④ 0.085 mm

[풀이]

- x, y, z 방향 모두 압축하중
- σ_x에 의한 변형량은

$$\sigma_x = E\epsilon = E\frac{-\lambda_x}{l_x}$$

$$\Rightarrow \lambda_x = -\frac{\sigma_x l_x}{E} \quad \text{……①}$$

- σ_y와 σ_z에 의한 λ_x의 변형량은

$$\lambda_x = -2\frac{\sigma l_x}{mE} \quad (\sigma = \sigma_y = \sigma_z)\text{……②}$$

- ①과 ②를 합하면

$$\lambda_x = -\frac{\sigma_x l_x}{E} - 2\frac{\sigma l_x}{mE}$$

$$= -\frac{l_x}{E}(\sigma_x - 2\nu\sigma)$$

$$= -\frac{200}{100000}(40 - 2 \times 0.25 \times 10)$$

$$= -0.07\ mm$$

정답 105. ④ 106. ② 107. ①

108 포아송 비 0.3, 탄성계수 200GPa인 재질로 만든 단면적 4cm²인 균일봉이 40kN의 압축하중을 받으면 봉의 단면적 변화량은 얼마인가?

① 0.012cm²증가
② 0.024cm²증가
③ 0.0012cm²증가
④ 0.0024cm²증가

[풀이]

$\sigma = E\epsilon = \dfrac{P}{A}$

$\Rightarrow \epsilon = \dfrac{P}{AE} = \dfrac{40 \times 10^3}{4 \times 10^{-4} \times 200 \times 10^9}$
$= 0.0005$

$\therefore \triangle A = 2\nu\epsilon A$
$= 2 \times 0.3 \times 0.0005 \times 4$
$= 0.0012\ cm^2$ 증가

109 직경이 2cm인 원통형 막대에 2kN의 인장하중이 작용하여 균일하게 신장되었을 때, 단면적의 감소량은 약 몇 cm²인가? (단, 탄성계수는 30GPa이고, 포아송 비는 0.3이다.)

① 0.004
② 0.0004
③ 0.002
④ 0.0002

[풀이]

$\sigma = E\epsilon = \dfrac{P}{A}$

$\Rightarrow \epsilon = \dfrac{P}{AE} = \dfrac{2 \times 10^3}{\pi/4 \times 0.02^2 \times 30 \times 10^9}$
$= 0.000212$

$\therefore \triangle A = 2\nu\epsilon A$
$= 2 \times 0.3 \times 0.000212 \times \pi/4 \times 2^2$
$= 0.000399\ cm^2$

110 축 방향 단면적 A인 임의의 재료를 인장하여 균일한 인장응력이 작용하고 있다. 인장방향 변형률이 ϵ, 포아송의 비를 ν 라 하면 단면적의 변화량은 약 얼마인지 구하시오.

① $3\nu\epsilon\triangle A$
② $4\nu\epsilon\triangle A$
③ $\nu\epsilon\triangle A$
④ $2\nu\epsilon\triangle A$

[풀이]

④ $\triangle A = 2\nu\epsilon A\ [cm^2]$

111 직경 20mm인 구리합금 봉에 30 kN의 축 방향 인장하중이 작용할 때 체적변형률은 대략 얼마인가? (단, $E = 100\ GPa$, $\mu = 0.3$)

① 0.38
② 0.038
③ 0.0038
④ 0.00038

[풀이]

조건으로부터

$A = \dfrac{\pi}{4} \times 0.02^2\ m^2$, $P = 30 \times 10^3\ N$

$\sigma_x = E\epsilon_x = \dfrac{P}{A} \Rightarrow \epsilon_x = 0.000955$

$\Rightarrow \epsilon_v = \epsilon_x + \epsilon_y + \epsilon_z$
$= \epsilon_x(1-2\mu)$
$= 0.000955(1 - 2 \times 0.3)$
$= 0.00038$

112 직육면체가 일반적인 3축 응력 σ_x, σ_y, σ_z를 받고 있을 때 체적변형률 ϵ_v는 대략 어떻게 표현되는가?

■ 정답 108. ③ 109. ② 110. ④ 111. ④ 112. ②

① $\epsilon_v \simeq \frac{1}{3}(\epsilon_x + \epsilon_y + \epsilon_z)$

② $\epsilon_v \simeq \epsilon_x + \epsilon_y + \epsilon_z$

③ $\epsilon_v \simeq \epsilon_x \epsilon_y + \epsilon_y \epsilon_z + \epsilon_z \epsilon_x$

④ $\epsilon_v \simeq \frac{1}{3}(\epsilon_x \epsilon_y + \epsilon_y \epsilon_z + \epsilon_z \epsilon_x)$

(풀이)

$\epsilon_v = \epsilon_x + \epsilon_y + \epsilon_z$

113 허용 인장강도가 400MPa인 연강 봉에 30 kN의 축 방향 인장하중이 가해질 경우, 이 강봉의 지름은 약 몇 cm인가? (단, 안전율은 5이다.)

① 2.69 ② 2.93
③ 2.19 ④ 3.33

(풀이)

$S = \dfrac{\sigma_{max}}{\sigma_a}$

⇨ $\sigma_a = \dfrac{\sigma_{max}}{S} = \dfrac{400}{5} = 80\,MPa$

$\sigma = \dfrac{P}{A}$

⇨ $A = \dfrac{\pi d^2}{4} = \dfrac{P}{\sigma_a} = \dfrac{30 \times 10^3}{80 \times 10^6}$

∴ $d = \sqrt{\dfrac{4}{\pi} \times \dfrac{30 \times 10^3}{80 \times 10^6}} \times 10^2$

≒ $2.19\,cm$

114 표점 길이가 400mm, 지름이 24mm인 강재 시편에 10kN의 인장력을 작용하였더니 변형률이 0.0001이었다. 탄성계수는 약 몇 GPa인가? (단, 시편은 선형 탄성거동을 한다고 가정한다.)

① 2.21 ② 22.1 ③ 221 ④ 2210

(풀이)

$\sigma = E\epsilon = \dfrac{P}{A}$

⇨ $E = \dfrac{P}{A\epsilon} = \dfrac{10 \times 10^3}{\pi/4 \times 0.024^2 \times 0.0001}$
$= 221.16\,GPa$

115 지름 12mm, 표점거리 200mm의 연강재 시험편에 대한 인장시험을 수행하였다. 시험편의 표점거리가 250mm로 늘어났을 때, 이 연강재의 신장율[%]은?

① 10% ② 20% ③ 25% ④ 50%

(풀이)

신장률

$x = \dfrac{(250-200)}{200} \times 100 = 25\,\%$

정답 113. ③ 114. ③ 115. ③

탄성계수 간의 관계식

116 어떤 재료의 탄성계수 E와 전단탄성계수 G를 알아보았더니 E=210GPa, G=83GPa을 얻었다. 재료의 포아송 비는?

① 0.265   ② 0.115
③ 1.0   ④ 0.435

[풀이]

$mE = 2G(m+1), \quad m = \dfrac{1}{\nu}$

$\Rightarrow G = \dfrac{mE}{2(m+1)} = \dfrac{E}{2(1+\nu)}$

$\Rightarrow \nu = \dfrac{E}{2G} - 1$

$= \dfrac{210}{2 \times 83} - 1 = 0.265$

117 탄성계수 E=200GPa, 포아송 비 $\nu = 0.3$일 때 전단 탄성계수 G 값은 몇 GPa 인가?

① 66   ② 77   ③ 88   ④ 99

[풀이]

$mE = 2G(m+1), \quad m = \dfrac{1}{\nu}$

$\Rightarrow G = \dfrac{mE}{2(m+1)} = \dfrac{E}{2(1+\nu)}$

$= \dfrac{200}{2(1+0.3)} = 76.92 \, GPa$

118 재료시험에서 연강 재료의 세로 탄성계수가 210GPa로 나타났을 때 포아송 비(ν)가 0.303이면 이 재료의 전단탄성계수 G는 몇 GPa인가?

① 8.05   ② 10.51
③ 35.21   ④ 80.58

[풀이]

$mE = 2G(m+1), \quad m = \dfrac{1}{\nu}$

$\Rightarrow G = \dfrac{mE}{2(m+1)} = \dfrac{E}{2(1+\nu)}$

$= \dfrac{210}{2(1+0.303)} = 80.58 \, GPa$

119 탄성계수 E, 전단탄성계수 G, 프와송 비 μ 사이의 관계식 중 옳은 것은?

① $G = \dfrac{2E}{(1+\mu)}$

② $G = \dfrac{E}{(1+2\mu)}$

③ $G = \dfrac{E}{(2+\mu)}$

④ $G = \dfrac{E}{2(1+\mu)}$

[풀이]

$mE = 2G(m+1), \quad m = \dfrac{1}{\mu}$

$\Rightarrow G = \dfrac{mE}{2(m+1)} = \dfrac{E}{2(1+\mu)}$

120 어떤 탄성재료의 탄성계수 E와 전단 탄성계수 G 사이에 성립하는 관계식으로 맞는 것은? (단, ν는 재료의 포아송(poisson) 비이다.)

① $E = 2(1+\nu)G$
② $G = 2(1+\nu)E$

■정답 116. ① 117. ② 118. ④ 119. ④ 120. ①

③ $E = \dfrac{2G}{(1+\nu)}$

④ $G = \dfrac{2E}{(1+\nu)}$

[풀이]

$mE = 2G(m+1), \ m = \dfrac{1}{\nu}$

$\Rightarrow E = 2(1+\nu)G$

121 탄성계수(영계수) E, 전단탄성계수 G, 체적탄성계수 K 사이에 성립되는 관계식은?

① $E = \dfrac{9KG}{2K+G}$

② $E = \dfrac{3K-2G}{6K+2G}$

③ $K = \dfrac{EG}{3(3G-E)}$

④ $K = \dfrac{9EG}{3E+G}$

[풀이]

$mE = 2G(m+1) = 3K(m-2),$
$m = 1/\nu$

1항과 2항 수식에서

$m = \dfrac{2G}{E-2G}$ ······ ①

1항과 3항 수식에서

$E = 3K\left(1 - \dfrac{2}{m}\right)$ ··· ②

①식을 ②식에 대입하고 정리하면

$K = \dfrac{EG}{3(3G-E)}$

122 탄성계수(E)가 200GPa인 강의 전단 탄성계수(G)는? (단, 포아송 비는 0.3이다.)

① 66.7 GPa ② 76.9 GPa
③ 100 GPa   ④ 267 GPa

[풀이]

$mE = 2G(m+1), \ m = \dfrac{1}{\nu}$

$\Rightarrow G = \dfrac{E}{2(1+\nu)} = \dfrac{200}{2(1+0.3)}$
$= 76.92 \, GPa$

123 포와송 비를 ν, 전단 탄성계수를 G 라 할 때, 탄성계수 E를 나타내는 식은?

① $\dfrac{2G(1-\nu)}{\nu}$ ② $2G(1-\nu)$

③ $\dfrac{2G(1+\nu)}{\nu}$ ④ $2G(1+\nu)$

[풀이]

$mE = 2G(m+1), \ m = \dfrac{1}{\nu}$

$\Rightarrow E = 2G(1+\nu)$

124 포아송(Poission) 비가 0.3인 재료에서 탄성계수(E)와 전단탄성계수(G)의 비(E/G)는?

① 0.15 ② 1.5
③ 2.6   ④ 3.2

[풀이]

[정답] 121. ③ 122. ② 123. ④ 124. ③

$$mE = 2G(m+1), \quad m = \frac{1}{\nu}$$
$$\Rightarrow \frac{E}{\nu} = 2G\left(\frac{1}{\nu}+1\right)$$
$$\Rightarrow \frac{E}{0.3} = 2G\left(\frac{1}{0.3}+1\right)$$
$$\therefore \frac{E}{G} = 2 \times 0.3\left(\frac{1}{0.3}+1\right) = 2.6$$

125 다음 중 체적계수(bulk modulus)를 나타낸 식은? (단, E는 탄성계수, G는 전단탄성계수, ν는 포아송 비이다.)

① $\dfrac{E}{3(1-2\nu)}$ ② $\dfrac{E}{2(1+\nu)}$

③ $\dfrac{G}{2(1+\nu)}$ ④ $\dfrac{(1-2\nu)(1+\nu)}{E}$

[풀이]

$$mE = 3K(m-2), \quad m = 1/\nu$$
$$\Rightarrow K = \frac{mE}{3(m-2)} = \frac{E}{3(1-2\nu)}$$

126 지름 50mm의 알루미늄 봉에 100 kN의 인장하중이 작용할 때 300mm의 표점거리에서 0.219 mm의 신장이 측정되고, 지름은 0.01215 mm만큼 감소되었다. 이 재료의 전단탄성계수 G는 약 몇 GPa 인가? (단, 알루미늄 재료는 탄성거동 범위 내에 있다.)

① 21.2 ② 26.2
③ 31.2 ④ 36.2

[풀이]

$$P = 100 \times 10^{-3} N, \quad \ell = 0.3m,$$
$$\lambda = 0.219 \times 10^{-3} m, \quad d = 0.05m,$$
$$\delta = -0.01215 \times 10^{-3} m$$
$$\nu = \frac{\epsilon'}{\epsilon} = \frac{\delta/d}{\lambda/\ell} = \frac{0.01215/0.05}{0.219 \times 10^{-3}/0.3}$$
$$\fallingdotseq 0.33, \quad m = 3$$
$$\sigma = \frac{P}{A} = E\epsilon$$
$$\Rightarrow E = \frac{P}{A}\frac{\ell}{\lambda}$$
$$= \frac{100 \times 10^3}{\pi/4 \times 0.05^2} \cdot \frac{0.3}{0.219 \times 10^{-3}}$$
$$= 69.8 GPa$$
$$mE = 2G(m+1) \Rightarrow G = 26.2 GPa$$

정답) 125. ① 126. ②

조립재료, 자중, 열응력

127 직경 10cm, 길이 3m인 양단의 고정된 2개의 원형기둥에 가해줄 수 있는 최대 하중은? (단, $E = 200000\ MPa$, $\sigma_r = 280\ MPa$)

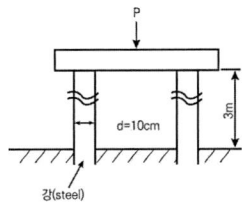

① 2800 kN ② 4400 kN
③ 7800 kN ④ 8770 kN

【풀이】

각 원형기둥에 작용하는 하중은 $\dfrac{P}{2}$ 이므로

$$\sigma = \dfrac{\frac{P}{2}}{A} = \dfrac{P}{2A}$$
$$\Rightarrow P = 2\sigma A$$
$$= 2 \times 280 \times 10^6 \times \dfrac{\pi \times 0.1^2}{4} \times 10^{-3}$$
$$= 4400\ kN$$

128 탄성계수가 E_1, E_2인 두 부재 ①, ②가 그림과 같이 합성된 구조물로 압축하중 P를 받고 있다.
①, ②에 발생하는 응력의 비는?

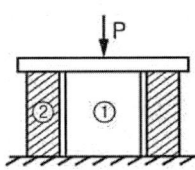

① $\sigma_1/\sigma_2 = E_2/E_1$
② $\sigma_1/\sigma_2 = E_1/E_2$
③ $\sigma_1/\sigma_2 = E_2/(E_1+E_2)$
④ $\sigma_1/\sigma_2 = E_1/(E_1+E_2)$

【풀이】

$\sigma = E\epsilon$ 에서 ϵ 이 같으므로
$$\dfrac{\sigma_1}{\sigma_2} = \dfrac{E_1}{E_2}$$

129 그림과 같이 지름 d인 강철봉이 안지름 d, 바깥지름 D인 동관에 끼워져서 두 강체평판 사이에서 압축되고 있다. 강철봉 및 동관에 생기는 응력을 각각 σ_s, σ_c라고 하면 응력비 (σ_s/σ_c) 값은?
(단, 강철(E_s) 및 동(E_c)의 탄성계수는 $E_s = 200\ GPa$, $E_c = 120\ GPa$이다.)

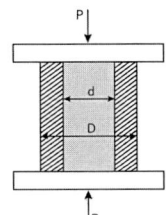

① $\dfrac{3}{5}$ ② $\dfrac{4}{5}$ ③ $\dfrac{5}{4}$ ④ $\dfrac{5}{3}$

【풀이】

$\sigma = E\epsilon$ 에서 ϵ 이 같으므로
$$\dfrac{\sigma_s}{\sigma_c} = \dfrac{E_s}{E_c} = \dfrac{200}{120} = \dfrac{5}{3}$$

즉, 병렬연결에서는 강한재료가 하중을 더 크게 부담한다.

정답 127. ② 128. ② 129. ④

130 지름 10cm인 연강봉(탄성계수 E_s = 210GPa)이 외경 11cm, 내경 10cm인 구리관(탄성계수 E_c=150GPa) 사이에 끼워져 있다. 양단에서 강체 평판으로 10kN의 압축하중을 가할 때 연강봉과 구리관에 생기는 응력 비 σ_s/σ_c의 값은?

① 5/6 ② 5/7 ③ 6/5 ④ 7/5

[풀이]

$\sigma = E\epsilon$ 에서 ϵ 이 같으므로

$$\frac{\sigma_s}{\sigma_c} = \frac{E_s}{E_c} = \frac{210}{150} = \frac{7}{5}$$

131 그림과 같이 지름과 재질이 다른 3개의 원통을 끼워 조합된 구조물을 만들어 강판 사이에 P의 압축하중을 작용시키면 ①번 림의 재료에 발생되는 응력 σ_1은?

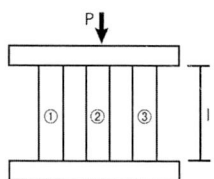

① $\sigma_1 = \dfrac{PA_1}{A_1E_1 + A_2E_2 + A_3E_3}$

② $\sigma_1 = \dfrac{Pl}{A_1E_1 + A_2E_2 + A_3E_3}$

③ $\sigma_1 = \dfrac{PE_1}{A_1E_1 + A_2E_2 + A_3E_3}$

④ $\sigma_1 = \dfrac{PE_2}{A_1E_1 + A_2E_2 + A_3E_3}$

[풀이]

병렬조합인 경우는 강한재료가 더 부담한다.

③ $\sigma_1 = \dfrac{PE_1}{A_1E_1 + A_2E_2 + A_3E_3}$

132 단면적이 각각 A_1, A_2, A_3이고, 탄성계수가 각각 E_1, E_2, E_3인 길이 ℓ인 재료가 강성판 사이에서 인장하중 P를 받아 탄성변형 했을 때 1, 3 내부에 생기는 수직응력은? (단, 2개의 강성판은 항상 수평을 유지한다.)

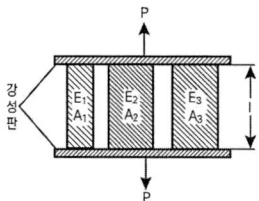

① $\sigma_1 = \dfrac{PE_1}{A_1E_1 + A_2E_2 + A_3E_3}$

$\sigma_3 = \dfrac{PE_3}{A_1E_1 + A_2E_2 + A_3E_3}$

② $\sigma_1 = \dfrac{PE_2E_3}{E_1(A_1E_1 + A_2E_2 + A_3E_3)}$

$\sigma_3 = \dfrac{PE_1E_2}{E_3(A_1E_1 + A_2E_2 + A_3E_3)}$

③ $\sigma_1 = \dfrac{PE_1}{A_3A_2E_1 + A_3A_1E_2 + A_1A_2E_3}$

$\sigma_3 = \dfrac{PE_3}{A_3A_2E_1 + A_3A_1E_2 + A_1A_2E_3}$

④ $\sigma_1 = \dfrac{PE_2E_3}{A_3A_2E_1 + A_3A_1E_2 + A_1A_2E_3}$

$\sigma_3 = \dfrac{PE_1E_2}{A_3A_2E_1 + A_3A_1E_2 + A_1A_2E_3}$

[풀이]

병렬조합인 경우는 강한재료가 하중을 더 많이 부담한다.

$\sigma_1 = \dfrac{PE_1}{A_1E_1 + A_2E_2 + A_3E_3}$

$\sigma_3 = \dfrac{PE_3}{A_1E_1 + A_2E_2 + A_3E_3}$

[정답] 130. ④ 131. ③ 132. ①

133 그림과 같은 복합 막대가 각각 단면적 $A_{AB}=100mm^2$, $A_{BC}=200mm^2$을 갖는 두 부분 AB와 BC로 되어있다. 막대가 100kN의 인장하중을 받을 때 총신장량을 구하면 몇 mm인가? (단, 재료의 탄성계수(E)는 200GPa이다.)

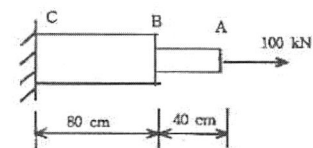

① 2 ② 4 ③ 6 ④ 8

[풀이]

$$\lambda = \lambda_1 + \lambda_2 = \frac{Pl}{A_1 E} + \frac{Pl}{A_2 E}$$

$$= \frac{100 \times 10^3 \times 0.4}{100 \times 10^{-6} \times 200 \times 10^9}$$

$$+ \frac{100 \times 10^3 \times 0.8}{200 \times 10^{-6} \times 200 \times 10^9}$$

$$= 0.004\,m = 4\,mm$$

134 그림과 같이 길이가 동일한 2개의 기둥 상단에 중심 압축하중 2500 N이 작용할 경우, 전체 수축량은 약 몇 mm인가? (단, 단면적 $A_1 = 1000mm^2$, $A_2 = 2000mm^2$, 길이 L = 300mm, 재료의 탄성계수 E = 90GPa이다.)

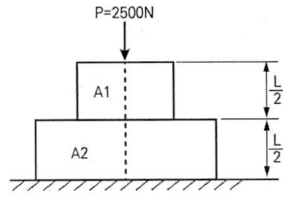

① 0.625 ② 0.0625
③ 0.00625 ④ 0.000625

[풀이]

$$\lambda = \lambda_1 + \lambda_2 = \frac{Pl}{A_1 E} + \frac{Pl}{A_2 E}$$

$$= \frac{2500 \times 0.15}{1000 \times 10^{-6} \times 90 \times 10^9}$$

$$+ \frac{2500 \times 0.15}{2000 \times 10^{-6} \times 90 \times 10^9}$$

$$= 0.00000625\,m = 0.00625\,mm$$

135 그림과 같이 서로 다른 2개의 봉에 의하여 AB 봉이 수평으로 있다. AB 봉을 수평으로 유지하기 위한 하중 P의 작용점 위치 x의 값은? (단, A 단에 연결된 봉의 세로 탄성계수는 210GPa, 길이는 3m, 단면적은 2cm²이고, B 단에 연결된 봉의 세로 탄성계수는 70GPa, 길이는 1.5 m, 단면적은 4cm²이며, 봉의 자중은 무시한다.)

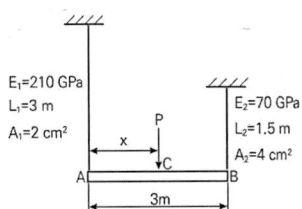

① 144.6 cm ② 171.4 cm
③ 191.5 cm ④ 213.2 cm

[풀이]

2개의 봉은 병렬연결이므로
$\lambda_1 = \lambda_2 = \lambda$ 이며

각 봉의 하중은
$$P_1 = \frac{A_1 E_1 \lambda}{l_1}, \quad P_2 = \frac{A_2 E_2 \lambda}{l_2} \quad \cdots\cdots ①$$

정답 133. ② 134. ③ 135. ②

문제의 수평조건에서
$P_1 x = P_2 (3-x)$
$\Rightarrow (P_1 + P_2) x = 3 P_2$

① 식을 적용하면
$\left(\dfrac{A_1 E_1}{l_1} + \dfrac{A_2 E_2}{l_2} \right) x \lambda = 3 \dfrac{A_2 E_2}{l_2} \lambda$

$\Rightarrow \left(\dfrac{2 \times 210}{3} + \dfrac{4 \times 70}{1.5} \right) x = \dfrac{3 \times 4 \times 70}{1.5}$

$\therefore x = 1.714\, m = 171.4\, cm$

136 길이 L인 봉 AB가 그 양단에 고정된 두 개의 연직강선에 의하여 그림과 같이 수평으로 매달려 있다. 봉 AB의 자중은 무시하고, 봉이 수평을 유지하기 위한 연직하중 P의 작용점까지의 거리 x는? (단, 강선들은 단면적은 같지만 A단의 강선은 탄성계수 E_1, 길이 l_1이고, B단의 강선은 탄성계수 E_2, 길이 l_2이다.)

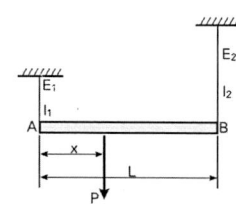

① $x = \dfrac{E_1 l_2 L}{E_1 l_2 + E_2 l_1}$

② $x = \dfrac{2 E_1 l_2 L}{E_1 l_2 + E_2 l_1}$

③ $x = \dfrac{2 E_2 l_1 L}{E_1 l_2 + E_2 l_1}$

④ $x = \dfrac{E_2 l_1 L}{E_1 l_2 + E_2 l_1}$

[풀이]

• $\sum M_A = 0 \Rightarrow P_2 L = P x$

$\Rightarrow x = \dfrac{P_2}{P} L$

$\Rightarrow x = \dfrac{P_2}{P_1 + P_2} L$ ……①

• 문제의 의미에서 $\lambda = \lambda_1 = \lambda_2$

$\sigma_1 = \dfrac{P_1}{A} = E_1 \epsilon_1 = E_1 \dfrac{\lambda}{l_1}$

$\Rightarrow P_1 = E_1 \dfrac{A \lambda}{l_1}$

$\sigma_2 = \dfrac{P_2}{A} = E_2 \epsilon_2 = E_2 \dfrac{\lambda}{l_2}$

$\Rightarrow P_2 = E_2 \dfrac{A \lambda}{l_2}$

• ①식에 대입하면

$x = \dfrac{P_2}{P_1 + P_2} L = \dfrac{E_2 / l_2}{E_1 / l_1 + E_2 / l_2} L$

$= \dfrac{E_2 l_1 L}{E_1 l_2 + E_2 l_1}$

137 그림과 같이 재료와 단면적이 같고 길이가 서로 다른 강봉에 지지되어 있는 보에 하중을 가해 수평으로 유지하기 위한 비 a/b는?

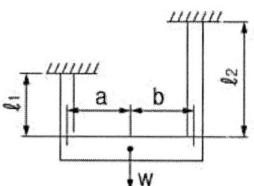

① $\dfrac{l_1}{l_2}$ ② $\dfrac{l_2}{l_1}$

③ $\dfrac{l_1}{(l_1 + l_2)}$ ④ $\dfrac{l_2}{(l_1 + l_2)}$

정답) 136. ④   137. ①

[풀이]

$$a\ell_2 = b\ell_1 \Rightarrow \therefore \frac{a}{b} = \frac{\ell_1}{\ell_2}$$

138 그림과 같이 두 가지 재료로 된 봉이 하중 P를 받으면서 강체로 된 보를 수평으로 유지시키고 있다. 강 봉에 작용하는 응력이 150MPa일 때, Al 봉에 작용하는 응력은 몇 MPa인가? (단, 강과 Al 의 탄성계수 비는 Es/Ea = 3)

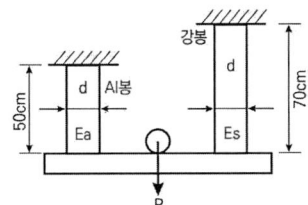

① 70　② 270　③ 555　④ 875

[풀이]

$$\lambda_{Al} = \frac{P_{Al}\, l_{Al}}{AE_{Al}}$$

$$= \left(\frac{P_{Al} \times 0.5}{\pi d^2/4 \times 1} = \frac{P_s \times 0.7}{\pi d^2/4 \times 3} \right)$$

$$= \frac{P_s\, l_s}{AE_s} = \lambda_s$$

$$\Rightarrow P_{Al} = \frac{0.7}{1.5} P_s$$

$$\sigma_s = \frac{P_s}{A} = 150\,MPa$$

$$\therefore \sigma_{Al} = \frac{P_{Al}}{A} = 70\,MPa$$

139 그림과 같은 하중을 받고 있는 수직 봉의 자중을 고려한 총신장량은? (단, 하중 = P, 막대 단면적 = A, 비중량 = γ, 탄성계수 = E이다.)

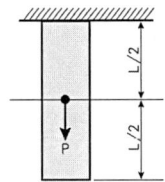

① $\dfrac{L}{E}\left(\gamma L + \dfrac{P}{A}\right)$

② $\dfrac{L}{2E}\left(\gamma L + \dfrac{P}{A}\right)$

③ $\dfrac{L^2}{2E}\left(\gamma L + \dfrac{P}{A}\right)$

④ $\dfrac{L^2}{E}\left(\gamma L + \dfrac{P}{A}\right)$

[풀이]

하중의 작용위치가 L/2 이므로 하중 P에 의한 변형은 상단 L/2 에만 관련되어 신장하며, 자중 γL 에 의한 변형은 전체길이 L 에 작용함.

140 그림과 같은 원형단면 봉에 하중 P 가 작용할 때 이 봉의 신장량은? (단, 봉의 단면적은 A, 길이는 L, 세로탄성계수는 E이고, 자중 W를 고려해야 한다.)

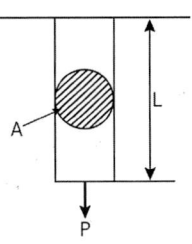

정답 138. ①　139. ②　140. ①

① $\dfrac{PL}{AE} + \dfrac{WL}{2AE}$

② $\dfrac{2PL}{AE} + \dfrac{2WL}{AE}$

③ $\dfrac{PL}{2AE} + \dfrac{WL}{AE}$

④ $\dfrac{PL}{AE} + \dfrac{WL}{AE}$

[풀이]

$\sigma_{자중} = \dfrac{P}{A} + \gamma l$

$\Rightarrow \lambda = \dfrac{Pl}{AE} + \dfrac{\gamma l^2}{2E} = \dfrac{Pl}{AE} + \dfrac{Wl}{2AE}$

141 그림과 같이 원형 단면을 갖는 연강봉이 100 kN의 인장하중을 받을 때 이 봉의 신장량은? (단, 탄성계수 E는 200 GPa이다.)

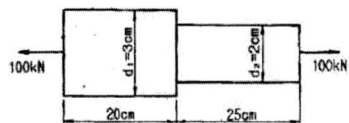

① 0.054 cm   ② 0.162 cm
③ 0.236 cm   ④ 0.302 cm

[풀이]

$\lambda = \lambda_1 + \lambda_2 = \dfrac{Pl}{A_1 E} + \dfrac{Pl}{A_2 E}$

$= \dfrac{100 \times 10^3 \times 0.2}{\pi/4 \times 0.03^2 \times 200 \times 10^9}$

$\quad + \dfrac{100 \times 10^3 \times 0.25}{\pi/4 \times 0.02^2 \times 200 \times 10^9}$

$= 0.000539632\,m ≒ 0.054\,cm$

142 그림에서 윗면의 지름이 d, ℓ 인 원추형의 상단을 고정할 때 이 재료에 발생하는 신장량 δ의 값은? (단, 단위체적당 중량을 γ, 탄성계수를 E라 함.)

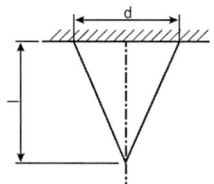

① $\delta = \gamma \ell^2 / 2E$
② $\delta = \gamma \ell^2 / 3E$
③ $\delta = \gamma \ell^2 / 6E$
④ $\delta = \gamma \ell^2 / 8E$

[풀이]

자중만을 고려시
원추봉의 신장량은 균일단면봉의 $\dfrac{1}{3}$ 이다.

$\therefore \delta = \dfrac{\gamma \ell^2}{2E} \times \dfrac{1}{3} = \dfrac{\gamma \ell^2}{6E}$

143 그림과 같이 벽돌을 쌓아 올릴 때 최하단 벽돌의 안전계수를 20으로 하면 벽돌의 높이 h를 얼마만큼 높이 쌓을 수 있는가? (단, 벽돌 비중량은 $16 kN/m^3$ 파괴 압축응력 $11\,MPa$ 로 한다.)

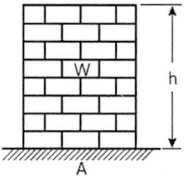

① 34.3 m   ② 25.5 m
③ 45.0 m   ④ 23.8 m

정답 141. ① 142. ③ 143. ①

[풀이]

$$S = \frac{\sigma_U}{\sigma_a} \Rightarrow 20 = \frac{11\,MPa}{\sigma_a}$$
$$\Rightarrow \sigma_a = 0.55\,MPa$$

$$W = \gamma V = \gamma A h = 16 \times 10^{-3} A h$$

$$\sigma_a = \frac{W_{자중}}{A} = \frac{16 \times 10^{-3} A h}{A} = 0.55$$
$$\Rightarrow h = 34.3\,m$$

144 직경 20mm인 와이어로프에 매달린 1000 N의 중량물(W)이 낙하하고 있을 때, A점에서 갑자기 정지시키면 와이어로프에 생기는 최대응력은 약 몇 GPa 인가? (단, 와이어로프의 탄성계수 E = 20GPa이다.)

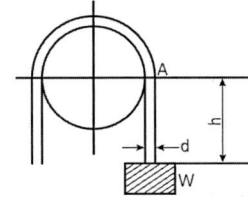

① 0.93　　② 1.13
③ 0.36　　④ 1.93

[풀이]

갑자기 정지시키므로 충격응력을 적용하여
$$\sigma = \frac{W}{A}\left(1 + \sqrt{1 + \frac{2h}{\lambda_0}}\right)$$
$$= \frac{W}{A}\left(1 + \sqrt{1 + \frac{2AE}{W}}\right)$$
$$= \frac{1000}{\pi/4 \times 0.02^2}$$
$$\times \left(1 + \sqrt{1 + \frac{2 \times \pi/4 \times 0.02^2 \times 20 \times 10^9}{1000}}\right)$$
$$\times 10^{-9} = 0.36\,GPa$$

145 열응력에 대한 다음 설명 중 틀린 것은?
① 재료 선팽창계수와 관계있다.
② 세로 탄성계수와 관계있다.
③ 재료의 비중과 관계있다.
④ 온도차와 관계있다.

[풀이]

$$\sigma_H = E\epsilon = E\alpha(t_2 - t_1)$$

146 다음과 같은 부재의 온도를 △T만큼 증가시켰을 때, 부재 내에 발생하는 응력은? (단, 단면적 A, 탄성계수는 E, 열팽창계수는 α 이다.)

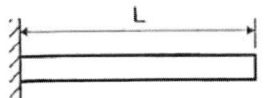

① 0　　② $\alpha \Delta T$
③ $E\alpha \Delta T$　　④ $\Delta T L / AE$

[풀이]

외팔보이므로 ①

147 길이가 L 이고 직경이 d 인 강봉을 벽 사이에 고정하고 온도를 ΔT 만큼 상승시켰다. 이때 벽에 작용하는 힘은 어떻게 표현되나? (단, 강봉의 탄성계수는 E 이고, 선팽창계수는 α 이다.)

① $\dfrac{\pi E\alpha \Delta T d^2 L}{16}$

② $\dfrac{\pi E\alpha \Delta T d^2}{2}$

③ $\dfrac{\pi E\alpha \Delta T d^2 L}{8}$

④ $\dfrac{\pi E\alpha \Delta T d^2}{4}$

정답 144. ③　145. ③　146. ①　147. ④

[풀이]

$$\sigma_H = \frac{P}{A} = E\alpha\Delta T$$

$$\Rightarrow P = E\alpha\Delta T \cdot A = \frac{\pi E\alpha\Delta T d^2}{4}$$

148 다음과 같이 양단을 고정한 길이 L, 단면적 A의 막대를 ΔT 만큼 온도를 올렸을 때 막대에 생기는 응력 σ는? (단, 막대의 탄성계수를 E, 선팽창계수를 α라 한다.)

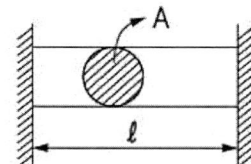

① $\sigma = -E\alpha\Delta T$
② $\sigma = -E\alpha 2\Delta TA$
③ $\sigma = -E\alpha 2\Delta TAl$
④ $\sigma = -E\alpha\Delta TAl^2$

[풀이]

①

149 철도용 레일의 양단을 고정한 후 온도가 30℃에서 15℃로 내려가면 발생하는 열응력은 몇 MPa인가? (단, 레일 재료의 열팽창계수 α = 0.000012/℃이고, 균일한 온도 변화를 가지며, 탄성계수 E = 210GPa이다.)

① 50.4 ② 37.8 ③ 31.2 ④ 28.0

[풀이]

$$\sigma_H = E\epsilon = E\alpha(t_2 - t_1)$$
$$= 210 \times 10^3 \times 0.000012 \times 15$$
$$= 37.8\ MPa$$

150 그림과 같이 강봉에서 A, B가 고정되어 있고 25℃에서 내부응력은 0인 상태이다. 온도가 -40℃로 내려갔을 때 AC 부분에서 발생하는 응력은 약 몇 MPa인가? (단, 그림에서 A_1은 AC 부분에서의 단면적이고 A_2는 BC 부분에서의 단면적이다. 그리고 강봉의 탄성계수는 200GPa, 열팽창계수는 12×10^{-6}/℃이다.)

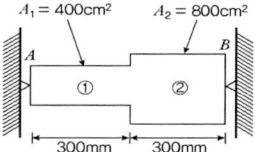

① 416 ② 350 ③ 208 ④ 154

[풀이]

$$\sigma_H = E\epsilon = E\alpha(t_2 - t_1)$$

$$\Rightarrow \sigma_H = \frac{E\alpha(t_2 - t_1)(L_1 + L_2)}{L_1 + \left(\frac{A_1}{A_2}\right)L_2}$$

$$= \frac{200 \times 10^9 \times 65 \times 12 \times 10^{-6}(0.6)}{0.3 + 0.3 \times \left(\frac{0.4 \times 10^{-6}}{0.8 \times 10^{-6}}\right)}$$

$$= 208,000,000\ Pa = 208\ MPa$$

151 길이 10m의 열차 레일이 0℃일 때 3mm의 간격을 두고 가설되었다. 온도가 10℃로 상승하면 응력은 얼마나 생기는가? (단, 열팽창계수 α = 1.2×10⁻⁵/℃이고 탄성계수 E=210GPa이다.)

정답 148. ① 149. ② 150. ③ 151. ③

① 25.2 MPa 인장
② 36.5 MPa 인장
③ 25.2 MPa 압축
④ 36.5 MPa 압축

[풀이]

$\sigma_H = E\epsilon = E\alpha(t_2 - t_1)$
$= 210 \times 10^3 \times 0.000012 \times 10$
$= 25.2\ MPa$ 압축

152 봉의 온도가 25℃일 때 양쪽의 강성지점들에 끼워 맞추어져 있다. 봉의 온도가 100℃일 때 AC 부분의 응력은 몇 MPa인가? (단, 봉 재료의 E = 200 GPa, $\alpha = 12 \times 10^{-6}/℃$, $L_1 = L_2 = 0.5\ m$, $A_1 = 1000\ mm^2$, $A_2 = 500\ mm^2$)

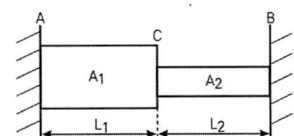

① 120 ② 150 ③ 220 ④ 250

[풀이]

$\sigma_H = \dfrac{E\alpha(L_1 + L_2) \times (t_2 - t_1)}{L_1 + \left(\dfrac{A_1}{A_2}\right)L_2}$

$= \dfrac{200 \times 10^9 \times 12 \times 10^{-6} \times (0.5 + 0.5) \times (100 - 25)}{0.5 + \left(\dfrac{1000 \times 10^{-6}}{500 \times 10^{-6}}\right) \times 0.5}$

$= 120\ MPa$

153 한 변의 길이가 10mm인 정사각형 단면의 막대가 있다. 온도를 60℃ 상승시켜서 길이가 늘어나지 않게 하기 위해 8kN의 힘이 필요할 때 막대의 선팽창계수(α)는 약 몇 ℃$^{-1}$인가? (단, 탄성계수 E = 200GPa이다.)

① $\dfrac{5}{3} \times 10^{-6}$ ② $\dfrac{10}{3} \times 10^{-6}$

③ $\dfrac{15}{3} \times 10^{-6}$ ④ $\dfrac{20}{3} \times 10^{-6}$

[풀이]

$\lambda_H = \lambda_{하중}$
$\Rightarrow \lambda_H = l\alpha\Delta t = 0.01 \times \alpha \times 60$

$\lambda_{하중} = \dfrac{Pl}{AE}$

$= \dfrac{8 \times 10^3 \times 0.01}{0.01^2 \times 200 \times 10^9}$

$\alpha = \dfrac{8 \times 10^3 \times 0.01}{0.01^2 \times 200 \times 10^9 \times 0.01 \times 60}$

$\fallingdotseq \dfrac{20}{3} \times 10^{-6}$

154 한가지 재료(탄성계수 E)로 된 그림과 같은 원형 단면의 봉이 온도 t에서 t_0로 강하 되었을 때, ① 부분과 ② 부분의 응력비로 맞는 것은? (단, $d_1 = 1.41\ d_2$이고, 선팽창계수는 α 이다.)

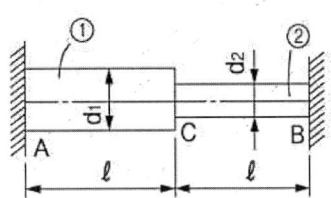

[정답] 152. ① 153. ④ 154. ③

① $\dfrac{\sigma_1}{\sigma_2} = 1$ ② $\dfrac{\sigma_1}{\sigma_2} = \dfrac{1}{4}$

③ $\dfrac{\sigma_1}{\sigma_2} = \dfrac{1}{2}$ ④ $\dfrac{\sigma_1}{\sigma_2} = 2$

[풀이]

150번 항의 결과를 참조하여,

$$\dfrac{\sigma_{H_1}}{\sigma_{H_2}} = \dfrac{\sigma_1}{\sigma_2} \propto \left(\dfrac{d_1^2}{d_2^2}\right)$$

$$= \left(\dfrac{d_1^2}{(1.41 d_1)^2}\right) = \dfrac{1}{2}$$

155 단면적이 5cm², 길이가 60cm인 연강 봉을 천장에 매달고 20℃에서 0℃로 냉각시킬 때 길이의 변화를 없게 하려면 봉의 끝에 몇 kN의 추를 달아 주어야 하는가? (단, E=200 GPa, $\alpha = 12 \times 10^{-6}$/℃, 봉의 자중은 무시)

① 60   ② 36   ③ 30   ④ 24

[풀이]

$\lambda_H = l \alpha \Delta t$
$\quad = 0.6 \times 12 \times 10^{-6} \times (-20)$

$\lambda_{하중} = \dfrac{Pl}{AE} = \dfrac{P \times 10^3 \times 0.6}{5 \times 10^{-4} \times 200 \times 10^9}$

⇒ $-\lambda_H = \lambda_{하중}$ 이므로 $P = 24\ kN$

156 단면적이 7cm²이고, 길이가 10m인 환봉의 온도를 10℃ 올렸더니 길이가 1 mm 증가했다. 이 환봉의 열팽창계수는?

① 10^{-2}/℃   ② 10^{-3}/℃
③ 10^{-4}/℃   ④ 10^{-5}/℃

[풀이]

$\lambda_H = l \alpha \Delta T$

⇒ $\alpha = \dfrac{\lambda_H}{l \Delta T} = \dfrac{0.001}{10 \times 10}$
$\qquad = 10^{-5}$/℃

157 그림과 같이 길이가 1m, 단면적이 1 cm²인 막대의 B점이 벽에서 0.5 mm만큼 떨어져 있다. 온도가 50℃만큼 상승하였을 때 B점이 벽에 닿지 않기 위한 외력 P의 최소값은? (단, 재료의 탄성계수는 E=200GPa, 선형 열팽창계수는 $\alpha = 1.5 \times 10^{-5}$/℃이다.)

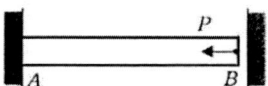

① 5 kN   ② 10 kN
③ 15 kN   ④ 20 kN

[풀이]

$\lambda_H = l \alpha \Delta t$
$\quad = 1 \times 1.5 \times 10^{-5} \times 50$

$\lambda_{하중} = -\dfrac{Pl}{AE}$

$\quad = -\dfrac{P \times 10^3 \times 1}{1 \times 10^{-4} \times 200 \times 10^9}$

∴ $\lambda_H - \lambda_{하중} = 0.0005$
를 만족하는 P의 최소값은

$P = 5\ kN$

정답 155. ④ 156. ④ 157. ①

158 그림과 같이 초기온도 20℃, 초기길이 19.95cm, 지름 5cm인 봉을 간격이 20cm인 두 벽면 사이에 넣고 봉 온도를 220℃로 가열했을 때 봉에 발생되는 응력은 몇 MPa인가? (단, 탄성계수 E = 210GPa이고, 균일단면을 갖는 봉의 선팽창계수 = 1.2×10^{-5}/℃ 이다.)

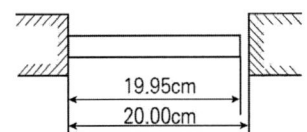

① 0   ② 25.2   ③ 257   ④ 504

【풀이】

$\sigma_H = E \alpha \Delta T$
$= 210 \times 10^3 \times 1.2 \times 10^{-5} \times 200$
$= 504 \, MPa$

159 강재 나사 봉을 기온이 27℃일 때에 24MPa의 인장응력을 발생시켜 놓고 양단을 고정하였다. 기온이 7℃로 되었을 때의 응력은 약 몇 MPa인가? (단, 탄성계수 E = 210GPa, 선팽창계수 $\alpha = 11.3 \times 10^{-6}$/℃ 이다.)

① 47.46   ② 23.46
③ 71.46   ④ 65.46

【풀이】

전체응력
$\sigma_t = \sigma + \sigma_H = \sigma + E \alpha \Delta T$
$= 24 + 210 \times 10^3 \times 11.3 \times 10^{-6}$
$\times (27 - 7)$
$= 71.46 \, MPa$

160 지름 20mm, 길이 50mm의 구리 막대의 양단을 고정하고 막대를 가열하여 40℃ 상승했을 때 고정단을 누르는 힘은 약 몇 kN 인가? (단, 구리의 선팽창계수 $\alpha = 0.16 \times 10^{-4}$/℃, 세로 탄성계수는 110GPa이다.)

① 52   ② 30   ③ 25   ④ 22

【풀이】

$\sigma_H = E \epsilon = E \alpha (t_2 - t_1) = \dfrac{P}{A}$
$\Rightarrow P = A E \alpha (t_2 - t_1)$
$= \dfrac{\pi \times 0.02^2}{4} \times 110 \times 10^9$
$\times 0.16 \times 10^{-4} \times 40$
$= 22105.6 \, N = 22.1 \, kN$

161 단면적이 10cm²인 봉을 30℃에서 수직으로 매달고 10℃로 냉각하였을 때 원래의 길이를 유지하려면 봉의 하단에 몇 kN의 하중을 가하면 되는가? (단, 탄성계수 E = 200GPa, 선팽창계수 $\alpha = 1.2 \times 10^{-5}$)

① 35   ② 17   ③ 26   ④ 48

【풀이】

$\lambda_H = l \alpha \Delta T = l \times 1.2 \times 10^{-5} \times 20$
$\lambda = \dfrac{Pl}{AE} = \dfrac{P \times 10^{-3} \times l}{10 \times 10^{-4} \times 200 \times 10^9}$

두 식을 등식으로 하면 $P = 48 \, kN$

162 단면적이 5cm², 길이가 60인 연강봉을 천장에 매달고 30℃에서 0℃로 냉각시킬 때 길이의 변화를 없게 하려면 봉의 끝에 몇 kN 의 추를 달아야 하는가? (단, 세로탄성계수 200GPa, 열팽창계수 $\alpha = 12 \times 10^{-6}/℃$ 이고, 봉의 자중은 무시한다.)

① 60　② 36　③ 30　④ 24

[풀이]

$\lambda_H = l\,\alpha\,\Delta T = 60 \times 12 \times 10^{-6} \times 30$

$\lambda = \dfrac{Pl}{AE} = \dfrac{P \times 10^{-3} \times 60}{5 \times 10^{-4} \times 200 \times 10^9}$

두 식을 등식으로 하면 $P = 36\,kN$

정답 162. ②

탄성변형 에너지

163 수직응력에 의한 탄성에너지에 대한 설명 중 맞는 것은?

① 응력의 자승에 비례하고, 탄성계수에 반비례한다.
② 응력의 3승에 비례하고, 탄성계수에 비례한다.
③ 응력에 비례하고, 탄성계수에도 비례한다.
④ 응력에 반비례하고, 탄성계수에 비례한다.

[풀이]

탄성에너지 $u = \dfrac{\sigma^2}{2E}$

164 그림과 같은 트러스가 점 B에서 그림과 같은 방향으로 5 kN의 힘을 받을 때 트러스에 저장되는 탄성에너지는 몇 kJ 인가? (단, 트러스의 단면적은 1.2 cm^2, 탄성계수는 $10^6 Pa$이다.)

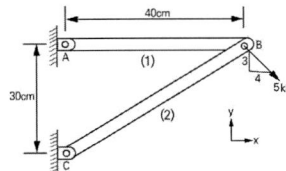

① 52.1   ② 106.7
③ 159.0   ④ 267.7

[풀이]

AC와 평행하도록 B점을 지나는 연직선을 도시하고, $5\,kN$과의 교각을 θ 라 하면

$\theta = \text{Tan}^{-1} \dfrac{4}{3} = 53.13°$

$\beta = \text{Tan}^{-1} \dfrac{30}{40} = 36.87°$

$\alpha = 90° + \theta - \beta$
$= 90° + 53.13° - 36.87°$
$= 106.26°$

$\gamma = 360° - \alpha - \beta$
$= 360° - 106.26° - 36.87°$
$= 216.87°$

공점력계에 대한 평형문제이므로 라미의 정리를 적용하여

$\dfrac{\sin\alpha}{F_{AB}} = \dfrac{\sin\beta}{F} = \dfrac{\sin\gamma}{F_{BC}}$

$\Rightarrow \dfrac{\sin 106.26°}{F_{AB}} = \dfrac{\sin 36.87°}{5}$
$\qquad\qquad = \dfrac{\sin 216.87°}{F_{BC}}$

$F_{AB} = 5 \times \dfrac{\sin 106.26°}{\sin 36.87°} = 8\,kN$

$F_{BC} = 5 \times \dfrac{\sin 216.87°}{\sin 36.87°} = -5\,kN$

∴ 탄성 E :

$U = \dfrac{1}{2} P\lambda = \dfrac{P^2 l}{2AE}$

$= \dfrac{P_{AB}^2 l_{AB}}{2AE} + \dfrac{P_{BC}^2 l_{BC}}{2AE}$

$= \dfrac{8^2 \times 0.4 + (-5)^2 \times 0.5}{2 \times 1.2 \times 10^{-4} \times 10^6}$
$\qquad\qquad\qquad\qquad \times 10^{-3}$

$= 158.75\,kJ$

165 재질이 같은 A, B 두 균일 단면의 봉에 인장하중을 작용시켜 변형률을 측정하였더니 $\epsilon_A = \dfrac{1}{2}\epsilon_B$이었다. 봉 B의 단위체적 속에 저장되는 탄성에너지는 봉 A의 몇 배 인가?

[정답] 163. ① 164. ③ 165. ①

① 4배 ② 2배 ③ 1/2배 ④ 1/4배

[풀이]

단위체적당 탄성변형 에너지

$$u = \frac{U}{V} = \frac{\sigma^2}{2E} = \frac{E\epsilon^2}{2} \text{ 이므로}$$

$$\Rightarrow \frac{u_B}{u_A} = \frac{\frac{E\epsilon_B^2}{2}}{\frac{E\epsilon_A^2}{2}} = 4$$

166 탄성 한도 내에서 인장력을 받는 강봉의 단위 체적당의 변형에너지의 값을 나타내는 식은? (단, σ는 응력, ν는 포아송의 비, E는 탄성계수이다.)

① $\frac{1}{2}\frac{\sigma^2}{E}\nu$ ② $\frac{1}{2}\frac{\sigma^2}{E}$

③ $\frac{1}{3}\frac{\sigma^2}{E}\nu$ ④ $\frac{1}{3}\frac{\sigma^2}{E}$

[풀이]

단위체적당 탄성변형 에너지

$$u = \frac{U}{V} = \frac{\sigma^2}{2E}$$

167 탄성 한도 내에서 인장하중을 받는 막대에 발생하는 응력이 2배가 되면 단위 체적 속에서 저장되는 변형 에너지는 몇 배가 되는가? (단, 탄성계수는 일정함)

① 1/2배 ② 2배 ③ 1/4배 ④ 4배

[풀이]

단위체적당 탄성변형 에너지

$$u = \frac{U}{V} = \frac{\sigma^2}{2E}$$

문제의 조건에서 $\sigma = 2\sigma$

$$\Rightarrow \frac{(2\sigma)^2}{2E} = 4u$$

168 지름이 d이고 길이가 L인 강봉에 인장하중 P가 작용하고 있다. 강봉의 탄성계수가 E라 하면 강봉의 전체 탄성에너지 U는 얼마인가?

① $\frac{P^2L}{2\pi Ed^2}$ ② $\frac{P^2L}{\pi Ed^2}$

③ $\frac{2P^2L}{\pi Ed^2}$ ④ $\frac{4PL}{\pi Ed^2}$

[풀이]

탄성 E :

$$U = \frac{1}{2}P\lambda = \frac{P^2l}{2AE}$$

$$= \frac{(4)P^2L}{2(\pi d^2)E} = \frac{2P^2L}{\pi Ed^2}$$

169 그림의 구조물이 수직하중 2P를 받을 때 구조물 속에 저장되는 탄성변형 에너지는? (단, 단면적 A, 탄성계수 E는 모두 같다.)

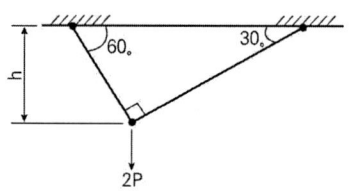

【정답】 166. ② 167. ④ 168. ③ 169. ③

① $\dfrac{P^2 h}{4AE}(1+\sqrt{3})$

② $\dfrac{P^2 h}{2AE}(1+\sqrt{3})$

③ $\dfrac{P^2 h}{AE}(1+\sqrt{3})$

④ $\dfrac{2P^2 h}{AE}(1+\sqrt{3})$

[풀이]

하중(2P) 방향의 탄성변형량
= 각 부재 변형량의 합

$U = \dfrac{1}{2}P\lambda$
$= \dfrac{1}{2}(2P)\dfrac{(2P)h}{AE}\left(\dfrac{1}{2}+\dfrac{\sqrt{3}}{2}\right)$
$= \dfrac{P^2 h}{AE}(1+\sqrt{3})$

170 단면적이 A 탄성계수가 E 길이가 L인 막대에 길이 방향의 인장하중을 가하여 그 길이가 δ만큼 늘어났다면, 이때 저장된 탄성변형에너지는?

① $\dfrac{AE\delta^2}{L}$ ② $\dfrac{AE\delta^2}{2L}$

③ $\dfrac{EL^3\delta^2}{A}$ ④ $\dfrac{EL^3\delta^2}{2A}$

[풀이]

$U = \dfrac{1}{2}P\lambda = \dfrac{1}{2}P\delta = \dfrac{1}{2}P\dfrac{\delta^2}{\delta}$
$= \dfrac{1}{2}P\dfrac{AE\delta^2}{PL} = \dfrac{AE\delta^2}{2L}$

171 단면적이 30cm², 길이가 30cm인 강봉이 축 방향으로 압축력 P = 21 kN을 받고 있을 때, 그 봉속에 저장되는 변형에너지의 값은 약 몇 N·m인가? (단, 강봉의 세로 탄성계수는 210GPa이다.)

① 0.085   ② 0.105
③ 0.135   ④ 0.195

[풀이]

$U = \dfrac{1}{2}P\lambda = \dfrac{P^2 l}{2AE}$
$= \dfrac{(21\times 10^3)^2 \times 0.3}{2 \times 30 \times 10^{-4} \times 210 \times 10^9}$
$= 0.105\ N\cdot m$

172 길이가 같고 모양이 다른 두 개의 둥근 봉이 있다. 두 봉에 같은 하중 P가 작용할 때, 봉 속에 저장되는 변형에너지 비의 값 (U_2/U_1)를 구하면? (단, 재료는 선형 탄성거동을 한다고 가정한다.)

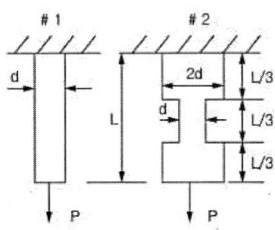

① 1/6   ② 1/4   ③ 1/3   ④ 1/2

[풀이]

$U_2 = \dfrac{1}{2}P\lambda_2 = 2\times\dfrac{1}{2}P\lambda_2 + \dfrac{1}{2}P\lambda_3$
$= \dfrac{2}{2}P\dfrac{P\dfrac{l}{3}}{\dfrac{\pi(2d)^2}{4}E} + \dfrac{1}{2}P\dfrac{P\dfrac{l}{3}}{\dfrac{\pi d^2}{4}E}$

정답 170. ② 171. ② 172. ④

$$= \frac{8P^2l}{24\pi d^2 E} + \frac{4P^2l}{6\pi d^2 E} = \frac{P^2l}{\pi d^2 E}$$

$$U_1 = \frac{1}{2}P\lambda_1$$
$$= \frac{1}{2}P\frac{Pl}{AE} = \frac{1}{2}P\frac{Pl}{\frac{\pi d^2}{4}E}$$
$$= \frac{4P^2l}{2\pi d^2 E}$$

$$\therefore \frac{U_2}{U_1} = \frac{1}{2}$$

173 그림과 같이 A, B의 원형 단면 봉은 길이가 같고, 지름이 다르며, 양단에서 같은 압축하중 P를 받고 있다. 응력은 각 단면에서 균일하게 분포된다고 할 때 저장되는 탄성 변형에너지의 비 $\frac{U_B}{U_A}$ 는 얼마가 되겠는가?

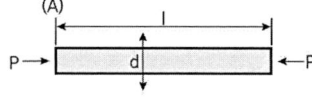

① $\frac{1}{3}$ ② $\frac{5}{9}$ ③ 2 ④ $\frac{9}{5}$

〔풀이〕

$$U_A = \frac{1}{2}P\lambda_1$$
$$= \frac{1}{2}P\frac{Pl}{AE} = \frac{1}{2}P\frac{Pl}{\frac{\pi d^2}{4}E}$$
$$= \frac{4P^2l}{2\pi d^2 E}$$

$$U_B = \frac{1}{2}P\lambda_2 = \frac{1}{2}P\lambda_2 + \frac{1}{2}P\lambda_3$$
$$= \frac{1}{2}P\frac{P\frac{l}{2}}{\frac{\pi(3d)^2}{4}E} + \frac{1}{2}P\frac{P\frac{l}{2}}{\frac{\pi d^2}{4}E}$$
$$= \frac{4P^2l}{36\pi d^2 E} + \frac{4P^2l}{4\pi d^2 E} = \frac{40P^2l}{36\pi d^2 E}$$

$$\therefore \frac{U_B}{U_A} = \frac{5}{9}$$

174 그림과 같이 A, B의 원형 단면 봉은 길이가 같고, 지름이 다르며, 양단에서 같은 압축하중 P를 받고 있다. 응력은 각 단면에서 균일하게 분포된다고 할 때 저장되는 탄성 변형에너지 비 U_B/U_A 는 얼마가 되겠는가?

① 1/2 ② 5/8 ③ 8/5 ④ 2

〔풀이〕

$$U_A = \frac{1}{2}P\lambda_1$$
$$= \frac{1}{2}P\frac{Pl}{AE} = \frac{1}{2}P\frac{Pl}{\frac{\pi d^2}{4}E}$$
$$= \frac{4P^2l}{2\pi d^2 E}$$

$$U_B = \frac{1}{2}P\lambda_2 = \frac{1}{2}P\lambda_2 + \frac{1}{2}P\lambda_3$$
$$= \frac{1}{2}P\frac{P\frac{l}{2}}{\frac{\pi(2d)^2}{4}E} + \frac{1}{2}P\frac{P\frac{l}{2}}{\frac{\pi d^2}{4}E}$$

정답 173. ② 174. ②

$$= \frac{4P^2l}{16\pi d^2 E} + \frac{4P^2l}{4\pi d^2 E} = \frac{20P^2l}{16\pi d^2 E}$$

$$\therefore \frac{U_B}{U_A} = \frac{5}{8}$$

175 다음 그림 중 봉속에 저장된 탄성에너지가 가장 큰 것은? (단, $E = 2E_1$이다.)

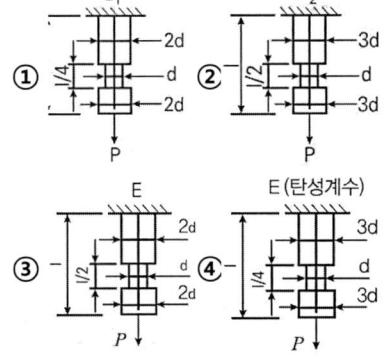

[풀이]

탄성에너지 $U = \frac{1}{2}P\lambda = \frac{P^2 l}{2AE}$ 이고, 모든 문제에서 봉의 단면적이 2개씩이며, $E = 2E_1$ 이므로

①
$$U = \frac{P^2\left(\frac{3}{4}l\right)}{2 \times \frac{\pi}{4}(2d)^2 \times \frac{E}{2}} + \frac{P^2\left(\frac{l}{4}\right)}{2 \times \frac{\pi}{4}d^2 \times \frac{E}{2}}$$
$$= \frac{7}{4}\frac{P^2 l}{\pi d^2 E}$$

②
$$U = \frac{P^2\left(\frac{l}{2}\right)}{2 \times \frac{\pi}{4}(3d)^2 \times \frac{E}{2}} + \frac{P^2\left(\frac{l}{2}\right)}{2 \times \frac{\pi}{4}d^2 \times \frac{E}{2}}$$
$$= \frac{11}{2}\frac{P^2 l}{\pi d^2 E}$$

③
$$U = \frac{P^2\left(\frac{l}{2}\right)}{2 \times \frac{\pi}{4}(2d)^2 E} + \frac{P^2\left(\frac{l}{2}\right)}{2 \times \frac{\pi}{4}d^2 E}$$
$$= \frac{5}{4}\frac{P^2 l}{\pi d^2 E}$$

④
$$U = \frac{P^2\left(\frac{3}{4}l\right)}{2 \times \frac{\pi}{4}(3d)^2 E} + \frac{P^2\left(\frac{l}{4}\right)}{2 \times \frac{\pi}{4}d^2 E}$$
$$= \frac{2}{3}\frac{P^2 l}{\pi d^2 E}$$

$\therefore$ 탄성에너지가 가장 큰 것은 ②

176 40kN의 인장하중을 받는 지름 40mm의 알루미늄 봉의 단위 체적당의 탄성에너지는 약 몇 N·m/m³인가? (단, 알루미늄의 탄성계수는 72GPa이다.)

① 17020
② 6515
③ 1702
④ 7036

[풀이]

$$\sigma = \frac{P}{A} = \frac{4 \times 40 \times 10^3}{\pi \times 0.04^2} = 31.85 \ MPa$$

$$u = \frac{\sigma^2}{2E} = \frac{1}{2} \times \frac{(31.85 \times 10^6)^2}{72 \times 10^9}$$
$$= 7044.6 \ N \cdot m/m^3$$

177 세로 탄성계수가 210GPa인 재료에 200MPa의 인장응력을 가했을 때 재료 내부에 저장되는 단위체적당 탄성변형 에너지는 몇 N·m/m³ 인가?

① 95.238
② 95.238
③ 18.538
④ 185.38

[풀이]

$$u = \frac{\sigma^2}{2E} = \frac{1}{2} \times \frac{(200 \times 10^6)^2}{210 \times 10^9}$$
$$= 95,238 \ N \cdot m/m^3$$

[정답] 175. ② 176. ④ 177. ②

178 길이가 L이고 단면적이 A인 봉의 단면에 수직하중이 작용하고, 작용하중 방향으로 변형률 ϵ이 발생하였다면 이 봉에 저장된 탄성에너지 U는 어떻게 표현되는가? (단, 봉의 탄성계수는 E.)

① $E\epsilon AL$ ② $\dfrac{E\epsilon^2 AL}{2}$

③ $\dfrac{E\epsilon AL}{2}$ ④ $\dfrac{E\epsilon AL}{4}$

〔풀이〕

$$U = \frac{1}{2}P\lambda = \frac{1}{2}P\frac{PL}{AE} = \frac{1}{2}\frac{P^2L}{AE} \times \frac{A}{A}$$
$$= \frac{1}{2}\frac{\sigma^2 AL}{E} = \frac{1}{2}\frac{(E\epsilon)^2 AL}{E} = \frac{E\epsilon^2 AL}{2}$$

179 단면적이 일정한 강 봉이 인장하중 W를 받아 탄성한계 내에서 인장응력 σ가 발생하고, 이때의 변형률이 ϵ이었다. 이 강 봉의 단위체적 속에 저장되는 탄성에너지 u를 나타내는 식은? (단, 강 봉의 탄성계수는 E이다.)

① $u = \dfrac{1}{2}E\sigma^2$ ② $u = \dfrac{1}{2}\sigma\epsilon^2$

③ $u = \dfrac{1}{2}E\epsilon^2$ ④ $u = \dfrac{1}{2}E\epsilon$

〔풀이〕

단위체적당 탄성변형 에너지

$$u = \frac{\sigma^2}{2E} = \frac{(E\epsilon)^2}{2E} = \frac{1}{2}E\epsilon^2$$

180 단면적이 A, 탄성계수가 E, 길이가 L인 막대에 길이 방향의 인장하중을 가하여 그 길이가 δ만큼 늘어났다면, 이때 저장된 탄성변형 에너지는?

① $\dfrac{AE\delta^2}{L}$ ② $\dfrac{AE\delta^2}{2L}$

③ $\dfrac{EL^3\delta^2}{A}$ ④ $\dfrac{EL^3\delta^2}{2A}$

〔풀이〕

늘어난 양 $\delta = \dfrac{PL}{AE} \Rightarrow P = \dfrac{AE\delta}{L}$

탄성변형 에너지 $U = \dfrac{P}{2}\delta = \dfrac{AE\delta^2}{2L}$

181 재료가 전단변형을 일으켰을 때, 이 재료의 단위체적당 저장된 탄성에너지는? (단 τ는 전단응력, G는 전단 탄성계수이다.)

① $\dfrac{\tau^2}{2G}$ ② $\dfrac{\tau}{2G}$

③ $\dfrac{\tau^4}{2G}$ ④ $\dfrac{\tau^2}{4G}$

〔풀이〕

$\gamma = \dfrac{\lambda_s}{l}$, $\tau = G\gamma$ 이므로

$$\frac{U}{V} = \frac{1}{2V}P\lambda_s = \frac{1}{2V}\tau A\lambda_s$$
$$= \frac{1}{2Al}G\gamma A\gamma l = \frac{1}{2}G\gamma^2$$
$$\therefore \frac{U}{V} = \frac{\tau^2}{2G}$$

정답 178. ② 179. ③ 180. ② 181. ①

182 그림과 같이 균일분포 하중을 받는 외팔보에 대해 굽힘에 의한 탄성변형에너지는? (단, 굽힘강성 EI는 일정.)

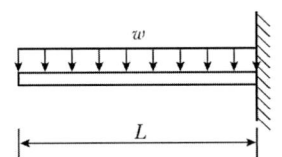

① $\dfrac{w^2 L^5}{80EI}$ ② $\dfrac{w^2 L^5}{160EI}$

③ $\dfrac{w^2 L^5}{20EI}$ ④ $\dfrac{w^2 L^5}{40EI}$

[풀이]

$$U = \int_0^L \dfrac{M^2}{2EI} dx$$
$$= \int_0^L \dfrac{\left(wx \cdot \dfrac{x}{2}\right)^2}{2EI} dx$$
$$= \dfrac{w^2}{8EI} \int_0^L x^4 dx = \dfrac{w^2 L^5}{40EI}$$

183 비례한도까지 응력을 가할 때, 재료의 변형에너지 밀도(탄력계수, modulus of resilience)를 옳게 나타낸 식은? (단, E는 세로 탄성계수, σ_{pl}은 비례한도를 나타낸다.)

① $\dfrac{E^2}{2\sigma_{pl}}$ ② $\dfrac{\sigma_{pl}}{2E^2}$

③ $\dfrac{\sigma_{pl}^2}{2E}$ ④ $\dfrac{E}{2\sigma_{pl}^2}$

[풀이]

단위체적당 탄성변형 에너지

$$u = \dfrac{U}{V} = \dfrac{\sigma_{pl}^2}{2E} = \dfrac{E\epsilon^2}{2}$$

184 재료가 축방향 하중을 받아 선형 탄성적으로 거동할 때 변형 에너지밀도(strain energy density)를 구하는 식이 아닌 것은? (단, σ : 응력, ϵ : 변형률, E : 탄성계수)

① $\dfrac{1}{2} E \sigma$ ② $\dfrac{1}{2} \sigma \epsilon$

③ $\dfrac{1}{2} \dfrac{\sigma^2}{E}$ ④ $\dfrac{1}{2} E \epsilon^2$

[풀이]

변형에너지 밀도 = 단위 체적당 탄성에너지

$$u = \dfrac{U}{V} = \dfrac{1}{2}\dfrac{\sigma^2}{E} = \dfrac{1}{2}\sigma\epsilon = \dfrac{1}{2}E\epsilon^2$$

정답 182. ④ 183. ③ 184. ①

평면도형의 성질

185 다음 단면에서 도심의 y축 좌표는 얼마인가? (단, 길이 단위는 mm이다.)

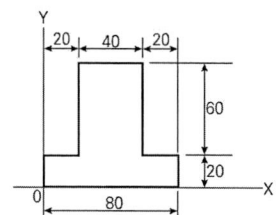

① 30 ② 34 ③ 40 ④ 44

[풀이]

$$\overline{y} = \frac{G_y}{A} = \frac{\int_A y\,dA}{\int_A dA}$$

$$= \frac{A_1 y_1 + A_2 y_2}{A_1 + A_2}$$

$$= \frac{(80 \times 20 \times 10) + (40 \times 60 \times 50)}{(80 \times 20) + (40 \times 60)}$$

$$= 34$$

186 그림의 도심 G의 위치는 Z축에서 몇 cm 떨어져 있는가?

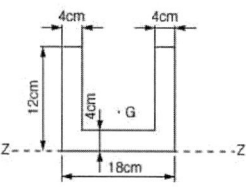

① 4.25 ② 4.82 ③ 5.04 ④ 5.24

[풀이]

$$\overline{z} = \frac{G_z}{A} = \frac{\int_A z\,dA}{\int_A dA}$$

$$= \frac{2A_1 z_1 + A_2 z_2}{2A_1 + A_2}$$

$$= \frac{2(4 \times 12 \times 6) + (10 \times 4 \times 2)}{2(4 \times 12) + (10 \times 4)}$$

$$= 4.824$$

187 다음 단면의 도심 $\overline{y}$ 를 구하면?

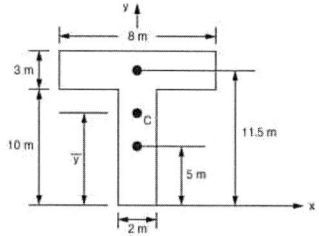

① 6.55m ② 7.25m
③ 8.55m ④ 9.25m

[풀이]

$$\overline{y} = \frac{G_y}{A} = \frac{\int_A y\,dA}{\int_A dA}$$

$$= \frac{A_1 y_1 + A_2 y_2}{A_1 + A_2}$$

$$= \frac{(8 \times 3 \times 11.5) + (2 \times 10 \times 5)}{(8 \times 3) + (2 \times 10)}$$

$$= 8.545$$

188 다음 그림과 같은 부채꼴의 도심(centroid)의 위치 $\overline{x}$ 는?

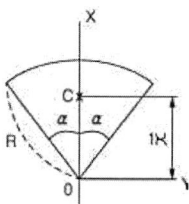

정답 185. ② 186. ② 187. ③ 188. ①

① $\bar{x} = \dfrac{2R}{3\alpha}\sin\alpha$ ② $\bar{x} = \dfrac{2}{3}R$

③ $\bar{x} = \dfrac{3}{4}R$ ④ $\bar{x} = \dfrac{3}{4}R\sin\alpha$

[풀이]

$\bar{x} = \dfrac{2R}{3\alpha}\sin\alpha$

189 그림과 같은 직사각형 단면에서 $y_1 = \dfrac{h}{2}$의 위쪽면적(빗금 부분)의 중립축에 대한 단면 1차모멘트 Q는?

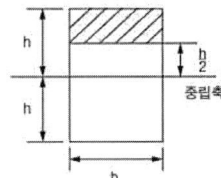

① $\dfrac{3}{8}bh^3$ ② $\dfrac{3}{8}bh^2$

③ $\dfrac{1}{2}bh^3$ ④ $\dfrac{1}{2}bh^2$

[풀이]

$Q = A\bar{y} = b \times \dfrac{h}{2} \times \dfrac{3}{4}h = \dfrac{3}{8}bh^2$

190 직경 d인 원형 단면의 원주에 접하는 축에 관한 단면 2차 모멘트는?

① $\dfrac{3}{32}\pi d^4$ ② $\dfrac{5}{32}\pi d^4$

③ $\dfrac{3}{64}\pi d^4$ ④ $\dfrac{5}{64}\pi d^4$

[풀이]

$I = \dfrac{\pi d^4}{64}$

$\Rightarrow I' = \dfrac{\pi d^4}{64} + Al^2$

$= \dfrac{\pi d^4}{64} + \dfrac{\pi d^2}{4} \times \left(\dfrac{d}{2}\right)^2$

$= \dfrac{5\pi d^4}{64}$

191 단면적 A의 중립축에 대한 단면 2차모멘트를 I_G, 중립축에서 y 거리만큼 떨어진 평행한 축에 대한 단면 2차모멘트를 I 라고 하면 다음 중 옳은식은?

① $I = I_G - Ay^2$

② $I_G = I + A^2y^3$

③ $I_G = I - Ay^2$

④ $I = I_G + Ay^3$

[풀이]

$I = I_G + Ay^2 \Rightarrow I_G = I - Ay^2$

192 다음과 같이 구멍이 뚫린 단면에서 도심 위치($\bar{y}$)와 x-x 축에 대한 단면 2차 모멘트 I_{xx}로 옳은 것은?

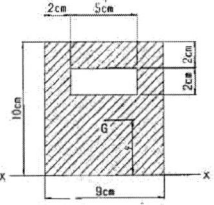

① ($\bar{y} = 2.54\,cm, I_{xx} = 3582\,cm^4$)
② ($\bar{y} = 5\,cm, I_{xx} = 2250\,cm^4$)
③ ($\bar{y} = 4.75\,cm, I_{xx} = 2506\,cm^4$)
④ ($\bar{y} = 3.56\,cm, I_{xx} = 3582\,cm^4$)

[정답] 189. ② 190. ④ 191. ③ 192. ③

[풀이]

$$\bar{y} = \frac{G_y}{A} = \frac{\int_A y\, dA}{\int_A dA}$$

$$= \frac{A_1 y_1 - A_2 y_2}{A_1 - A_2}$$

$$= \frac{(9 \times 10 \times 5) - (5 \times 2 \times 7)}{(9 \times 10) - (5 \times 2)}$$

$$= 4.75\ cm$$

$$I_{xx} = \frac{b_1 h_1^3}{12} + A_1 l_1^2 - \left(\frac{b_2 h_2^3}{12} + A_2 l_2^2\right)$$

$$= \frac{9 \times 10^3}{12} + (9 \times 10 \times 5^2)$$

$$\quad - \left(\frac{5 \times 2^3}{12} + (5 \times 2 \times 7^2)\right)$$

$$= 2506.7\ cm^4$$

193 지름 80mm의 원형단면의 중립축에 대한 관성모멘트는 약 몇 mm⁴인가?

① 0.5×10^6 ② 1×10^6
③ 2×10^6 ④ 4×10^6

[풀이]

$$I_원 = \frac{\pi d^4}{64} = \frac{\pi \times 80^4}{64} = 2 \times 10^6\ mm^4$$

194 그림과 같은 단면의 중립축에 대한 단면 2차모멘트는?

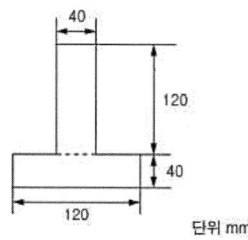

단위 mm

① $21.76 \times 10^6\ mm^4$
② $35.76 \times 10^6\ mm^4$
③ $217.6 \times 10^6\ mm^4$
④ $357.6 \times 10^6\ mm^4$

[풀이]

$$\bar{y}_{중립} = \frac{G_y}{A} = \frac{A_1 y_1 + A_2 y_2}{A_1 + A_2}$$

$$= \frac{(40 \times 120 \times 100) + (120 \times 40 \times 20)}{(40 \times 120) + (120 \times 40)}$$

$$= 60\ mm$$

$$I_{사_1} = \frac{bh^3}{12} + Al^2$$

$$= \frac{40 \times 120^3}{12} + 40 \times 120 \times 40^2$$

$$= 13440000\ mm^4$$

$$I_{사_2} = \frac{120 \times 40^3}{12} + 120 \times 40 \times 40^2$$

$$= 8320000\ mm^4$$

$$\therefore I_{전체} = I_{사_1} + I_{사_2} = 21.76 \times 10^6\ mm^4$$

195 높이 h, 폭 b인 직사각형 단면을 가진 보 A와 높이 b, 폭 h인 직사각형 단면을 가진 보 B의 단면 2차모멘트의 비는?
(단, h = 1.5 b)

① 1.5 : 1 ② 2.25 : 1
③ 3.375 : 1 ④ 5.06 : 1

[풀이]

$$I_사 = \frac{bh^3}{12} : I_사{}' = \frac{hb^3}{12}$$

$$\Rightarrow \frac{b \times (1.5b)^3}{12} : \frac{(1.5b) \times b^3}{12}$$

$$= \frac{1.5^3 b^4}{12} : \frac{1.5 b^4}{12} = 2.25 : 1$$

정답 193. ③ 194. ① 195. ②

196 삼각형 단면의 밑변과 높이가 b×h = 20cm×30cm일 때 밑변에 평행하고 도심을 지나는 축에 대한 단면 2차 모멘트는?

① 22500 cm⁴ ② 45000 cm⁴
③ 5000 cm⁴   ④ 15000 cm⁴

[풀이]

$$I_{삼} = \frac{bh^3}{36} = \frac{20 \times 30^3}{36} = 15000\ cm^4$$

197 그림과 같은 4각형 단면의 도심 G를 지나는 x_c축, y_c축, 밑변을 지나는 x_b축, y_b축에 대한 각각의 단면 2차 모멘트를 I_{xc}, I_{yc}, I_{xb}, I_{yb}라 할 때, 가장 큰 것은?

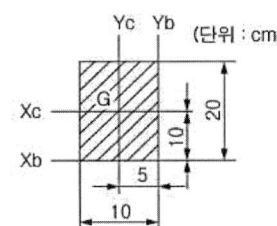

① I_{yc} ② I_{yb} ③ I_{xc} ④ I_{xb}

[풀이]

$$I_G = I_{yc} = I_{xc} = \frac{bh^3}{12} = \frac{10 \times 20^3}{12}$$
$$= 6666.7\ cm^4$$
$$I_{yb} = \frac{bh^3}{12} + Al^2 = \frac{20 \times 10^3}{12} + 20 \times 10 \times 5^2$$
$$= 6666.7\ cm^4$$
$$I_{xb} = \frac{b'h'^3}{12} + Al'^2 = \frac{10 \times 20^3}{12} + 10 \times 20 \times 10^2$$
$$= 26666.7\ cm^4$$

198 도심축에 대한 단면 2차 모멘트가 크도록 직사각형 단면[폭(b)×높이(h)]을 만들 때 단면 2차 모멘트를 직사각형 폭(b)에 관한 식으로 옳게 나타낸 것은? (단, 직사각형 단면은 지름 d인 원에 내접한다.)

① $\dfrac{\sqrt{3}}{4} b^4$ ② $\dfrac{\sqrt{3}}{3} b^4$

③ $\dfrac{3}{\sqrt{3}} b^4$ ④ $\dfrac{4}{\sqrt{3}} b^4$

[풀이]

단면 2차 모멘트가 최대인 폭과 높이의 비
$1 : \sqrt{3}$

$$\therefore I_{max} = \frac{bh^3}{12} = \frac{b \times (\sqrt{3}b)^3}{12}$$
$$= \frac{\sqrt{3}}{4} b^4$$

199 바깥지름 $d_2 = 30\ cm$, 안지름 $d_1 = 20\ cm$의 속이 빈 원형 단면의 단면 2차 모멘트는?

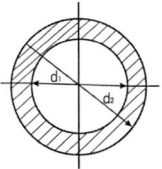

① 27850 cm^4 ② 29800 cm^4
③ 30120 cm^4 ④ 31906 cm^4

[풀이]

$$I = \frac{\pi d_2^4}{64}(1 - x^4)$$
$$= \frac{\pi \times 30^4}{64} \times \left[1 - \left(\frac{20}{30}\right)^4\right]$$
$$= 31907\ mm^4$$

[정답] 196. ④ 197. ④ 198. ① 199. ④

200 그림과 같은 단면에서 가로 방향 중립축에 대한 단면 2차 모멘트는?

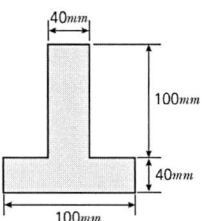

① $10.67 \times 10^6 \, mm^4$
② $13.67 \times 10^6 \, mm^4$
③ $20.67 \times 10^6 \, mm^4$
④ $23.67 \times 10^6 \, mm^4$

[풀이]

도심의 y 좌표값은

$$\bar{y} = \frac{G_x}{A} = \frac{\int_A y\,dA}{\int_A dA}$$

$$= \frac{100 \times 40 \times 20 + 40 \times 100 \times 90}{100 \times 40 + 40 \times 100}$$

$$= 55\,mm$$

$$I_{사_1} = \frac{bh^3}{12} + Al^2$$

$$= \frac{100 \times 40^3}{12} + 100 \times 40 \times 35^2$$

$$= 54333333\,mm^4$$

$$I_{사_2} = \frac{40 \times 100^3}{12} + 40 \times 100 \times 35^2$$

$$= 8233333\,mm^4$$

$$\therefore I_{전체} = I_{사_1} + I_{사_2} = 13.67 \times 10^6\,mm^4$$

201 그림과 같은 단면의 x – x 축에 대한 단면 2차 모멘트는?

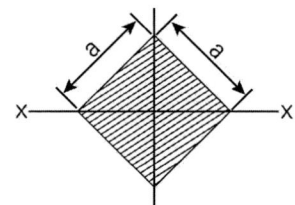

① $\dfrac{a^4}{8}$ ② $\dfrac{a^4}{24}$ ③ $\dfrac{a^4}{32}$ ④ $\dfrac{a^4}{12}$

[풀이]

정사각형(마름모) 도심축에 대한 단면 2차 모멘트

$$I_{xx} = \frac{bh^3}{12} = \frac{a^4}{12}$$

202 그림과 같은 단면에서 대칭축 n – n에 대한 단면 2차 모멘트는 약 몇 cm^4인가?

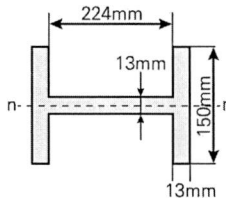

① 535 ② 635 ③ 735 ④ 835

[풀이]

좌측으로부터

$$I = I_1 + I_2 + I_3$$

$$= \frac{1.3 \times 15^3}{12} + \frac{22.4 \times 1.3^3}{12}$$

$$+ \frac{1.3 \times 15^3}{12}$$

$$= 735.35\,cm^4$$

정답) 200. ② 201. ④ 202. ③

203 그림과 같이 원형 단면의 원주에 접하는 x - x 축에 관한 단면 2차 모멘트는?

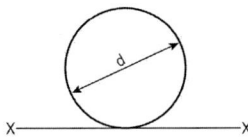

① $\dfrac{\pi d^4}{32}$ ② $\dfrac{\pi d^4}{64}$

③ $\dfrac{3\pi d^4}{64}$ ④ $\dfrac{5\pi d^4}{64}$

[풀이]

$I' = I_G + Al^2$
$= \dfrac{\pi d^4}{64} + \dfrac{\pi d^2}{4} \times \left(\dfrac{d}{2}\right)^2 = \dfrac{5\pi d^4}{64}$

204 다음 그림과 같이 반지름이 a인 원형단면의 원주에 접하는 축(x')에 대한 단면 2차 모멘트는?

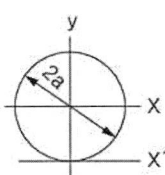

① $\dfrac{2\pi a^4}{3}$ ② $\dfrac{5\pi a^4}{4}$

③ $\dfrac{6\pi a^4}{5}$ ④ $\dfrac{7\pi a^4}{6}$

[풀이]

203번의 결과를 참조하여,

$I' = I_G + Al^2$
$= \dfrac{\pi (2a)^4}{64} + \dfrac{\pi (2a)^2}{4} \times \left(\dfrac{2a}{2}\right)^2$
$= \dfrac{5\pi a^4}{4}$

정답) 203. ④ 204. ② 205. ② 206. ④

205 다음과 같은 단면에 대한 2차 모멘트 I_Z 는?

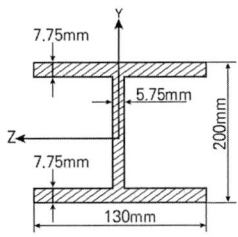

① $18.6 \times 10^6 \, mm^4$

② $21.6 \times 10^6 \, mm^4$

③ $24.6 \times 10^6 \, mm^4$

④ $27.6 \times 10^6 \, mm^4$

[풀이]

상측으로부터 평행축의 정리

$I' = I_G + Al^2$
$I' = I'_1 + I_2 + I'_3$
$= \left(\dfrac{130 \times 7.75^3}{12} + 130 \times 7.75 \times 96.125^2\right)$
$\qquad + \dfrac{5.75 \times 184.5^3}{12}$
$+ \left(\dfrac{130 \times 7.75^3}{12} + 130 \times 7.75 \times 96.125^2\right)$
$\fallingdotseq 21.6 \times 10^6 \, mm^4$

또는,

$I_Z = \dfrac{BH^3}{12} - 2\left(\dfrac{bh^3}{12}\right)$
$= \dfrac{130 \times 200^3}{12} - 2\left(\dfrac{62.125 \times 184.5^3}{12}\right)$
$\fallingdotseq 21.6 \times 10^6 \, mm^4$

206 다음 단면의 도심 축 (X - X)에 대한 관성모멘트는 약 몇 m^4 인가?

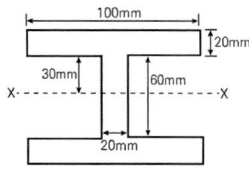

① 3.627×10^{-6}
② 4.267×10^{-7}
③ 4.933×10^{-7}
④ 6.893×10^{-6}

[풀이]

$I' = I_G + A l^2$
$I' = I'_1 + I_2 + I'_3$
$= \left(\dfrac{0.1 \times 0.02^3}{12} + 0.1 \times 0.02 \times 0.04^2 \right)$
$\quad + \dfrac{0.02 \times 0.06^3}{12}$
$\quad + \left(\dfrac{0.1 \times 0.02^3}{12} + 0.1 \times 0.02 \times 0.04^2 \right)$
$≒ 6.893 \times 10^{-6} \ m^4$

207 원형 단면의 단면 2차모멘트 I와 극단면 2차모멘트 J_p의 관계를 올바르게 나타낸 것은?

① $I = 2 J_p$ ② $I = J_p$
③ $J_p = 2 I$ ④ $J_p = 4 I$

[풀이]

$J_p = I_x + I_y = \dfrac{\pi d^4}{64} + \dfrac{\pi d^4}{64} = \dfrac{\pi d^4}{32}$
$= 2I$

208 그림과 같은 단면을 가진 축 도심 점에 대한 극 2차 모멘트는 약 몇 cm^4인가?

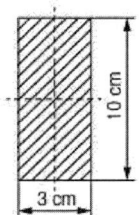

① 253 ② 273 ③ 303 ④ 323

[풀이]

$J_p = I_p = I_x + I_y = \dfrac{bh^3}{12} + \dfrac{hb^3}{12}$
$= \dfrac{3 \times 10^3}{12} + \dfrac{10 \times 3^3}{12} = 272.5 \ cm$

209 두 변의 길이가 각각 b, h인 직사각형의 한 모서리 점에 관한 극 관성 모멘트는?

① $\dfrac{bh}{3}(b^2 + h^2)$
② $\dfrac{bh}{6}(b^2 + h^2)$
③ $\dfrac{bh}{12}(b^2 + h^2)$
④ $\dfrac{bh}{16}(b^2 + h^2)$

[풀이]

$J_p = I_p = I_x + A l^2 + I_y + A' l'^2$
$= \dfrac{bh^3}{12} + bh \times \left(\dfrac{b}{2}\right)^2 + \dfrac{hb^3}{12} + hb \times \left(\dfrac{h}{2}\right)^2$
$= \dfrac{bh}{3}(b^2 + h^2)$

210 두 변의 길이가 각각 b, h인 직사각형의 A점에 관한 극관성 모멘트는?

[정답] 207. ③ 208. ② 209. ① 210. ②

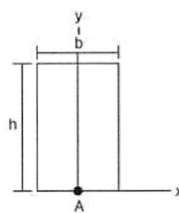

① $\frac{bh}{12}(b^2+h^2)$

② $\frac{bh}{12}(b^2+4h^2)$

③ $\frac{bh}{12}(4b^2+h^2)$

④ $\frac{bh}{3}(b^2+h^2)$

[풀이]

$I_x = \frac{hb^3}{12}$

$I_y = \frac{bh^3}{12} + Al^2$

$\quad = \frac{bh^3}{12} + (bh) \times \left(\frac{h}{2}\right)^2 = \frac{4bh^3}{12}$

$\Rightarrow I_A = I_p = I_x + I_y$

$\quad = \frac{hb^3}{12} + \frac{4bh^3}{12}$

$\quad = \frac{bh}{12}(b^2+4h^2)$

211 내부 반지름 R_i, 외부 반지름 R_o의 속이 빈 원형 단면의 극(polar) 관성 모멘트로 맞는 것은?

① $\frac{\pi}{2}(R_0^3-R_i^3)$

② $\frac{\pi}{2}(R_0^4-R_i^4)$

③ $\frac{\pi}{4}(R_0^3-R_i^3)$

④ $\frac{\pi}{4}(R_0^4-R_i^4)$

[풀이]

$I = \frac{\pi d_o^4}{64}(1-x^4) \quad x:\text{내외경비}$

$\Rightarrow I_p = \frac{\pi R_o^4}{2}\left[1-\left(\frac{R_i}{R_o}\right)^4\right]$

$\quad = \frac{\pi}{2}(R_o^4-R_i^4)$

212 회전반경 K, 단면 2차 모멘트 I, 단면적은 A라고 할 때 다음 중 맞는 것은?

① $K=\frac{A}{I}$ ② $K=\sqrt{\frac{A}{I}}$

③ $K=\frac{I}{A}$ ④ $K=\sqrt{\frac{I}{A}}$

[풀이]

$K = \sqrt{\frac{I}{A}}$

213 120mm×80mm(b×h)의 직사각형 단면의 최소 회전반지름은?

① 0.034m ② 0.046m
③ 0.023m ④ 0.017m

[풀이]

$I = \frac{bh^3}{12} = \frac{120 \times 80^3}{12} = 5120000 \, mm^4$

$K = \sqrt{\frac{I}{A}} = \sqrt{\frac{5120000}{120 \times 80}} \times 10^{-3}$

$\quad = 0.0231 m$

[정답] 211. ② 212. ④ 213. ③

214 그림의 H형 단면의 도심 축인 Z축에 관한 회전반경(radius of gyration)은 얼마인가?

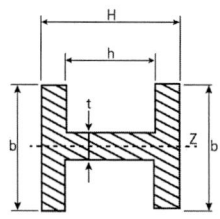

① $K_z = \sqrt{\dfrac{Hb^3 - (b-t)^3 b}{12(bH - bh + th)}}$

② $K_z = \sqrt{\dfrac{12Hb^3 + (b-t)^3 b}{(bH + bh + th)}}$

③ $K_z = \sqrt{\dfrac{ht^3 + Hb^3 - hb^3}{12(bH - bh + th)}}$

④ $K_z = \sqrt{\dfrac{12Hb^3 + (b+t)^3 b}{(bH + bh - th)}}$

【풀이】

좌측으로부터
$A_1 = \dfrac{H-h}{2} \times b, \quad A_2 = h \times t,$
$A_3 = \dfrac{H-h}{2} \times b$

$I = I_1 + I_2 + I_3$

$= \dfrac{\dfrac{(H-h)}{2} \times b^3}{12} + \dfrac{ht^3}{12}$

$+ \dfrac{\dfrac{(H-h)}{2} \times b^3}{12}$

$= \dfrac{(H-h) \times b^3}{12} + \dfrac{ht^3}{12}$

$K_z = \sqrt{\dfrac{I_z}{A}}$

$= \sqrt{\dfrac{\dfrac{(H-h)b^3}{12} + \dfrac{ht^3}{12}}{\dfrac{(H-h)b}{2} + ht + \dfrac{(H-h)b}{2}}}$

$= \sqrt{\dfrac{\dfrac{(H-h)b^3 + ht^3}{12}}{b(H-h) + th}}$

$= \sqrt{\dfrac{ht^3 + Hb^3 - hb^3}{12(bH - bh + th)}}$

215 단면계수에 대한 설명으로 틀린 것은?

① 차원(dimension)은 길이의 3승이다.
② 대칭 도형의 단면계수 값은 하나밖에 없다.
③ 도형의 도심 축에 대한 단면 2차 모멘트와 면적을 서로 곱한 것을 말한다.
④ 단면계수를 크게 설계하면 보가 강해진다.

【풀이】

③

216 지름이 2cm인 원형 단면의 중립축에 대한 단면계수는?

① 50.2cm² ② 50.2cm⁴
③ 0.785cm³ ④ 0.785cm⁴

【풀이】

$Z = \dfrac{I}{y} = \dfrac{\dfrac{\pi}{64} \times 2^4}{1} = 0.785\,cm^3$

정답) 214. ③ 215. ③ 216. ③

217 바깥지름 30cm, 안지름 10cm인 중공 원형단면 단면계수는 약 몇 cm^3인가?

① 2618 ② 3927
③ 6584 ④ 1309

[풀이]

$$Z = \frac{I}{y} = \frac{\frac{\pi}{64}(30^4 - 10^4)}{\frac{30}{2}} \fallingdotseq 2617\,cm^3$$

218 그림과 같이 한 변의 길이가 d인 정사각형 단면의 Z-Z 축에 관한 단면계수는?

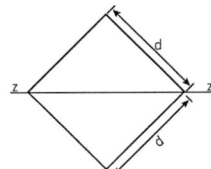

① $\frac{\sqrt{2}}{6}d^3$ ② $\frac{\sqrt{2}}{12}d^3$

③ $\frac{d^3}{24}$ ④ $\frac{\sqrt{2}}{24}d^3$

[풀이]

$$I_{마} = \frac{a^4}{12} = \frac{d^4}{12}$$
$$Z = \frac{I}{y} = \frac{d^4/12}{d/\sqrt{2}} = \frac{\sqrt{2}}{12}d^3$$

219 보에서 원형과 정사각형의 단면적이 같을 때, 단면계수 비는 약 얼마인가? (단, 여기에서 Z_1은 원형 단면 단면계수, Z_2는 정사각형 단면의 단면계수.)

① 0.531   ② 0.846
③ 1.258   ④ 1.182

[풀이]

문제의 의미에서

$$\frac{\pi d^2}{4} = a^2 \;\Rightarrow\; a = \frac{\sqrt{\pi}\,d}{2}$$

$$\frac{Z_1}{Z_2} = \frac{\frac{\pi d^3}{32}}{\frac{bh^2}{6}} = \frac{\frac{\pi d^3}{32}}{\frac{a \times a^2}{6}} = \frac{\frac{\pi d^3}{32}}{\frac{a}{6} \times a^2}$$

$$= \frac{\frac{\pi d^3}{32}}{\frac{a}{6} \times \frac{\pi d^2}{4}} = \frac{3d}{4a} = \frac{3}{2\sqrt{\pi}}$$

$$= 0.846$$

220 단면적이 같은 원형과 정사각형의 도심 축을 기준으로 한 단면계수의 비는? (단, 원형 : 정사각형의 비율이다.)

① 1 : 0.509   ② 1 : 1.18
③ 1 : 2.36   ④ 1 : 4.68

[풀이]

단면계수

$$Z_{원} = \frac{\pi d^3}{32},\quad Z_{정사각형} = \frac{a^3}{6}$$

문제의 조건 $\frac{\pi d^2}{4} = a^2 \;\Rightarrow\; a = \frac{\sqrt{\pi}\,d}{2}$

$$\frac{Z_{원}}{Z_{정사각형}} = \frac{\frac{\pi d^3}{32}}{\frac{a^3}{6}} = \frac{\frac{\pi d^3}{32}}{\frac{(\sqrt{\pi/2}\,d)^3}{6}}$$

$$\therefore Z_{원} : Z_{정사각형} = 1 : 1.18$$

[정답] 217. ① 218. ② 219. ② 220. ②

221 지름 d인 원형 단면으로부터 절취하여 단면 2차 모멘트가 가장 크도록 사각형 단면[폭(b) × 높이(h)]을 만들 때 단면 2차 모멘트를 사각형 폭(b)에 관한 식으로 옳게 나타낸 것은?

① $\dfrac{\sqrt{3}}{4}b^4$ ② $\dfrac{\sqrt{3}}{4}b^3$

③ $\dfrac{4}{\sqrt{3}}b^3$ ④ $\dfrac{4}{\sqrt{3}}b^4$

(풀이)

198번을 참조하여, $b \times \sqrt{3}\,b$ 인 경우가 되므로

$I = \dfrac{bh^3}{12} = \dfrac{b(\sqrt{3}\,b)^3}{12} = \dfrac{3\sqrt{3}\,b^4}{12}$

$= \dfrac{\sqrt{3}}{4}b^4$

222 다음 그림과 같은 사각단면의 상승 모멘트(Product of inertia) I_{xy}는 얼마인가?

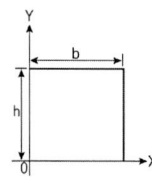

① $\dfrac{b^2h^2}{4}$ ② $\dfrac{b^2h^2}{3}$

③ $\dfrac{b^2h^3}{4}$ ④ $\dfrac{bh^3}{3}$

(풀이)

$I_{xy} = \int xy\,dA = A\,\bar{x}\,\bar{y}$

$= bh\,\dfrac{b}{2}\,\dfrac{h}{2} = \dfrac{b^2h^2}{4}$

223 직사각형[$b \times h$] 단면을 가진 보의 곡률$\left(\dfrac{1}{\rho}\right)$에 관한 설명으로 옳은 것은?

① 폭(b)의 2승에 반비례한다.
② 폭(b)의 3승에 반비례한다.
③ 높이(h)의 2승에 반비례한다.
④ 높이(h)의 3승에 반비례한다.

(풀이)

$\dfrac{1}{\rho} = \dfrac{M}{EI} = \dfrac{M}{E \times \dfrac{bh^3}{12}}$

224 보에 있어서 축선의 곡률반경(曲率半徑) ρ, 굽힘모멘트 M, 단면의 단면 2차 모멘트 I, 탄성계수를 E라 하면 다음 식 중 맞는 것은?

① $\rho = EIM$ ② $\dfrac{1}{\rho} = \dfrac{1}{M}$

③ $\dfrac{1}{\rho} = \dfrac{M}{EI}$ ④ $\dfrac{1}{\rho} = \dfrac{EI}{M}$

(풀이)

③

225 순수굽힘을 받는 선형탄성 균일 단면 보의 곡률과 굽힘모멘트에 대한 설명 중 옳은 것은?

① 보의 중립면에서 곡률반경은 굽힘모멘트에 비례한다.
② 보의 굽힘 응력은 굽힘 모멘트에 반비례한다.
③ 보 중립면에서 곡률은 중립축에 관한 단면 2차 모멘트에 반비례한다.
④ 보의 중립면에서 곡률은 굽힘강성(flexural rigidity)에 비례한다.

정답 221. ① 222. ① 223. ④ 224. ③ 225. ③

[풀이]

③

226 굽힘하중을 받고 있는 선형탄성 균일 단면 보의 곡률 및 곡률반경에 대한 설명으로 틀린 것은?

① 곡률은 굽힘모멘트 M에 반비례한다.
② 곡률반경은 탄성계수 E에 비례한다.
③ 곡률은 보의 단면 2차 모멘트 I에 반비례한다.
④ 곡률반경은 곡률의 역수이다.

[풀이]

①

227 보가 굽었을 때 곡률 반지름에 대한 설명으로 맞는 것은?

① 단면 2차모멘트에 반비례한다.
② 굽힘모멘트에 반비례한다.
③ 탄성계수에 반비례한다.
④ 하중에 비례한다.

[풀이]

②

228 T형 단면을 갖는 외팔보에 5 kN·m의 굽힘모멘트가 작용하고 있다. 보의 탄성선에 대한 곡률 반지름은 몇 m인가?

(단, 탄성계수 $E = 150\ GPa$, 중립축에 대한 2차 모멘트 $I = 868 \times 10^{-9}\ m^4$ 이다.)

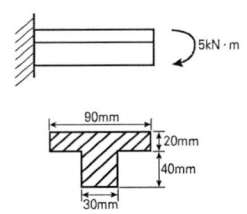

① 26.04 ② 36.04
③ 46.04 ④ 56.04

[풀이]

$$\frac{1}{\rho} = \frac{M}{EI}$$

$$\Rightarrow \rho = \frac{EI}{M}$$

$$= \frac{150 \times 10^9 \times 868 \times 10^{-9}}{5 \times 10^3}$$

$$= 26.04\ m$$

229 원형 단면과 정사각형 단면의 기둥이 동일한 세장비를 가질 때 양 기둥의 길이 비는? (단, 각 경우에서 지름과 한변의 길이는 20cm이다.)

① $\sqrt{3}/2$ ② 5 ③ 3 ④ $\sqrt{5}/2$

[풀이]

원형 단면의 길이를 l_1, 정사각형 단면의 길이를 l_2 라 하면,

원형 단면

$$A = \frac{\pi}{4}d^2 = \frac{\pi}{4} \times 20^2 = 314\ cm^2$$

$$I = \frac{\pi d^4}{64} = \frac{\pi}{64} \times 20^4 = 7850\ cm^4$$

$$K = \sqrt{\frac{I}{A}} = 5\ cm$$

세장비 $\lambda_\text{원} = \frac{l_1}{K} = \frac{l_1}{5}$

[정답] 226. ① 227. ② 228. ① 229. ①

정사각형 단면

$A = a^2 = 20^2 = 400 \ cm^2$

$I = \dfrac{a^4}{12} = \dfrac{20^4}{12} = 13333.3 \ cm^4$

$K = \sqrt{\dfrac{I}{A}} = 5.77 \ cm$

세장비 $\lambda_정 = \dfrac{l_2}{K} = \dfrac{l_2}{5.77}$

$\therefore \dfrac{l_1}{l_2} = \dfrac{5}{5.77} = 0.867$

$A = \dfrac{\pi}{4}(d_2^2 - d_1^2) = \dfrac{\pi}{4}(90^2 - 80^2)$
$= 1335.2 \ mm^2$

$I = \dfrac{\pi}{64}(d_2^4 - d_1^4) = \dfrac{\pi}{64}(90^4 - 80^4)$
$= 1210004 \ mm^4$

회전반경 $K = \sqrt{\dfrac{I}{A}} = 30.1 \ mm$

$\therefore$ 세장비 $\lambda = \dfrac{l}{K} = \dfrac{3000}{30.1} = 99.7$

230 그림과 같이 순수굽힘 상태에 있는 AB 구간의 보에서 굽힘에 의해 중립면의 곡률은 얼마인가? (단, 보의 탄성계수는 E이고, 단면 2차 모멘트는 I이다.)

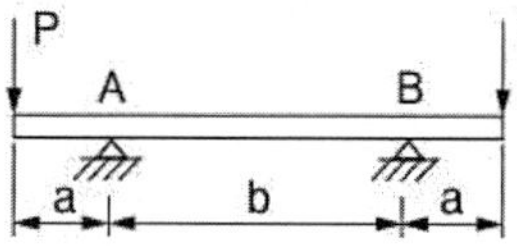

① $\dfrac{Pa}{EI}$ ② $\dfrac{P(a+b)}{EI}$

③ $\dfrac{Pb}{EI}$ ④ $\dfrac{P(a+\dfrac{b}{2})}{EI}$

[풀이]

① $\dfrac{1}{\rho} = \dfrac{M}{EI} = \dfrac{Pa}{EI}$

231 안지름이 80mm, 바깥지름이 90mm이고 길이가 3m인 좌굴하중을 받는 파이프 압축부재 세장비는 얼마 정도 인가?

① 100 ② 103 ③ 110 ④ 113

[풀이]

[정답] 230. ① 231. ①

비틀림과 동력

232 J를 극 단면 2차 모멘트, G를 전단탄성계수, ℓ 을 축의 길이, T를 비틀림 모멘트라 할 때 비틀림 각을 나타내는 식은?

① $\dfrac{\ell}{GT}$　　　② $\dfrac{TJ}{G\ell}$

③ $\dfrac{J\ell}{GT}$　　　④ $\dfrac{T\ell}{GJ}$

[풀이]

$\theta = \dfrac{Tl}{GI_P} \Rightarrow \theta = \dfrac{Tl}{GJ}$

233 비틀림모멘트를 T, 극관성 모멘트를 I_P, 축의 길이를 L, 전단 탄성계수를 G라고 할 때, 단위길이 당 비틀림 각은?

① $\dfrac{TG}{I_P}$　　　② $\dfrac{T}{GI_P}$

③ $\dfrac{L^2}{I_P}$　　　④ $\dfrac{T}{I_P}$

[풀이]

$\theta = \dfrac{Tl}{GI_P} \Rightarrow$ **단위길이 당** $\theta = \dfrac{T}{GI_P}$

234 지름이 d이고 길이가 L인 환축에 비틀림 모멘트가 작용하여 비틀림 각 ϕ 가 발생하였다. 이때 환축의 최대 전단응력 τ 는 얼마인가? (단, G는 전단 탄성계수)

① $\dfrac{Gd}{L\phi}$　　　② $\dfrac{Gd}{2L\phi}$

③ $\dfrac{Gd\phi}{L}$　　　④ $\dfrac{Gd\phi}{2L}$

[풀이]

$\phi = \dfrac{TL}{GI_P} = \dfrac{\tau Z_p L}{G\dfrac{d}{2}Z_p}$

$\Rightarrow \therefore \tau = \dfrac{Gd\phi}{2L}$

235 지름 d인 원형 단면봉이 비틀림 모멘트 T를 받을 때, 봉의 표면에 발생하는 최대 전단응력은 얼마인가? (단, G는 전단 탄성계수, θ는 봉의 단위 길이당 비틀림각이다.)

① $\dfrac{1}{2}G^2\theta d$　　　② $\dfrac{1}{2}G\theta^2 d$

③ $\dfrac{1}{2}G\theta d^2$　　　④ $\dfrac{1}{2}G\theta d$

[풀이]

233번을 참조하여,

$\theta = \dfrac{T}{GI_P} \Rightarrow \theta = \dfrac{\tau Z_p}{GZ_p d/2}$

$\Rightarrow \tau = \dfrac{1}{2}G\theta d$

236 반지름 r인 원형 축의 양단에 비틀림 모멘트 M_t가 작용될 경우 축의 양단 사이의 최대 비틀림각은? (단, 축의 길이는 L이고, 전단 탄성계수는 G이다.)

① $\dfrac{2M_t L^2}{3\pi^2 Gr^2}$　　　② $\dfrac{3M_t L^2}{4\pi Gr^4}$

③ $\dfrac{M_t L}{\pi^2 Gr^2}$　　　④ $\dfrac{2M_t L}{\pi Gr^4}$

[풀이]

$\theta = \dfrac{Tl}{GI_P} \Rightarrow \theta = \dfrac{M_t L}{G\pi r^4/2} = \dfrac{2M_t L}{\pi Gr^4}$

정답 232. ④　233. ②　234. ④　235. ④　236. ④

237 원형 막대의 비틀림을 이용한 토션 바 (torsion bar) 스프링에서 길이와 지름을 모두 10%씩 증가시킨다면 토션 바의 비틀림 스프링 상수 $\left(\dfrac{비틀림 토크}{비틀림 각도}\right)$ 는 몇 배로 되겠는가?

① 1.1^{-2} 배 ② 1.1^2 배
③ 1.1^3 배 ④ 1.1^4 배

[풀이]

$\theta = \dfrac{Tl}{GI_P}$

$\Rightarrow \dfrac{T}{\theta} = \dfrac{GI_P}{l} \propto \dfrac{d^4}{l}$

$\therefore \dfrac{(1.1d)^4}{1.1l} = 1.1^3 \dfrac{d^4}{l}$

238 그림에서 고정단에 대한 자유단의 전 비틀림 각은? (단, 전단탄성계수는 100GPa이다.)

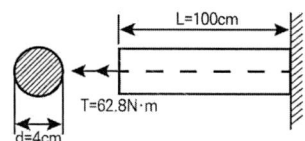

① 0.00025 rad ② 0.0025 rad
③ 0.025 rad   ④ 0.25 rad

[풀이]

$\theta = \dfrac{Tl}{GI_P} = \dfrac{Tl}{G\dfrac{\pi d^4}{32}}$

$= \dfrac{62.8 \times 1}{100 \times 10^9 \times \dfrac{\pi \times 0.04^4}{32}}$

$= 0.0025\ rad$

239 양단이 고정된 직경 30mm, 길이가 10m인 중실 축에서 그림과 같이 비틀림 모멘트 1.5kN·m가 작용할 때 모멘트 작용점에서의 비틀림 각은 약 몇 rad 인가? (단, 봉재의 전단탄성계수 G = 100GPa이다.)

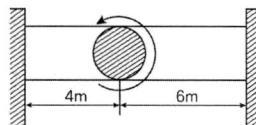

① 0.45 ② 0.56 ③ 0.63 ④ 0.77

[풀이]

좌측(4m)의 비틀림각 (θ_1), 비틀림모멘트 (T_1)
우측(6m)의 비틀림 각 (θ_2), 비틀림모멘트 (T_2)

$\theta_1 = \theta_2 \Rightarrow \dfrac{T_1 l_1}{GI_P} = \dfrac{T_2 l_2}{GI_P}$

$\Rightarrow T_1 = \dfrac{l_2}{l_1} T_2 = \dfrac{3}{2} T_2$

1.5 kN·m 가 작용하는 단면의 비틀림모멘트

$M_0 = T_1 + T_2$

$\Rightarrow M_0 = \dfrac{5}{2} T_2$

$\Rightarrow T_2 = \dfrac{2}{5} \times 1.5 \times 10^3$

$= 600\ N \cdot m$

$\therefore \theta_2 = \dfrac{T_2 l_2}{GI_P} = \dfrac{600 \times 6}{100 \times 10^9} \times \dfrac{32}{\pi \times 0.03^4}$

$= 0.453\ rad$

정답 237. ③ 238. ② 239. ①

240 양단이 고정된 직경 40mm이며 길이가 6m인 중실축에서 그림과 같이 비틀림 모멘트 0.75 kN·m이 작용할 때 모멘트 작용점에서의 비틀림 각을 구하면 약 몇 rad인가? (단, 봉재의 전단탄성계수 G = 82 GPa이다.)

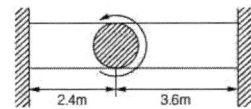

① θ = 0.052 ② θ = 0.077
③ θ = 0.087 ④ θ = 0.097

[풀이]

239번을 참조하여,

$$T_1 = \frac{l_2}{l_1} T_2 = \frac{3.6}{2.4} T_2 = \frac{3}{2} T_2$$

0.75 $kN \cdot m$ 가 작용하는 단면의 비틀림모멘트

$$M_0 = T_1 + T_2$$
$$\Rightarrow M_0 = \frac{5}{2} T_2$$
$$\Rightarrow T_2 = \frac{2}{5} \times 0.75 \times 10^3$$
$$= 300 \, N \cdot m$$

$$\therefore \theta = \frac{T_2 \, l_2}{GI_P} = \frac{300 \times 3.6}{82 \times 10^9} \times \frac{32}{\pi \times 0.04^4}$$
$$= 0.05243 \, rad$$

241 길이가 3.14 m인 원형단면의 축 지름이 40mm일때 이 축이 비틀림모멘트 100N·m 를 받는다면 비틀림 각은? (단, 전단 탄성계수는 80GPa이다.)

① 0.156° ② 0.251°
③ 0.895° ④ 0.625°

[풀이]

$$\theta° = \frac{T\,l}{GI_P} \times \frac{180}{\pi} \, [\,°\,]$$
$$= \frac{180}{\pi} \times \frac{100 \times 3.14 \times 32}{80 \times 10^9 \times \pi \times 0.04^4}$$
$$= 0.895°$$

242 지름 200mm인 축이 120rpm으로 회전되고 있다. 2m 떨어진 두 단면에서 측정한 비틀림 각이 1/15rad이었다면 이 축에 작용하고 있는 비틀림모멘트는 약 몇 kN·m인가? (단, 전단 탄성계수는 80GPa이다.)

① 418.9 ② 356.6
③ 605.7 ④ 286.8

[풀이]

$$\theta = \frac{T\,l}{GI_P} \Rightarrow T = \frac{G\theta I_p}{l}$$
$$= \frac{80 \times 10^9 \times 1/15 \times \pi \times 0.2^4 /32}{2}$$
$$= 418666.7 \, N \cdot m$$
$$= 418.7 \, kN \cdot m$$

243 길이가 1m, 지름이 50mm, 전단탄성계수 G = 75 GPa인 환봉축에 800N·m의 토크가 작용될 때 비틀림각은 약 몇 도인가?

① 1° ② 2° ③ 3° ④ 4°

[풀이]

$$\theta° = \frac{T\,l}{GI_P} \times \frac{180}{\pi} \, [\,°\,]$$
$$= \frac{180}{\pi} \times \frac{800 \times 1 \times 32}{75 \times 10^9 \times \pi \times 0.05^4}$$
$$= 0.997°$$

정답 240. ① 241. ③ 242. ① 243. ①

244 지름이 50mm이고 길이가 200mm인 시편으로 비틀림 실험하여 얻은 결과, 토크 30.6 N·m에서 전 비틀림 각이 7°로 기록되었다. 이 재료의 전단 탄성계수 G는 약 몇 MPa인가?

① 81.6 ② 40.6 ③ 66.6 ④ 97.6

[풀이]

$$\theta° = \frac{Tl}{GI_P} \times \frac{180}{\pi} [°]$$

$$\Rightarrow G = \frac{TL}{d^4 \times \theta°} \times \frac{180}{\pi}$$

$$= \frac{30.6 \times 10^3 \times 200}{50^4 \times 7°} \times \frac{180}{\pi}$$

$$= 81.69 \, MPa$$

245 길이가 L이고 지름이 d_0인 원통형의 나사를 끼워 넣을 때 나사의 단위길이당 t_0의 토크가 필요하다. 나사 재질의 전단탄성계수가 G일 때 나사 끝단 간의 비틀림 회전량(rad)은 얼마인가?

① $\dfrac{16 t_o L^2}{\pi d_o^4 G}$ ② $\dfrac{32 t_o L^2}{\pi d_o^4 G}$

③ $\dfrac{t_o L^2}{16 \pi d_o^4 G}$ ④ $\dfrac{t_o L^2}{32 \pi d_o^4 G}$

[풀이]

한쪽 끝단의 비틀림 각은

$$\theta = \frac{Tl}{GI_P} = \frac{32 t_0 L}{\pi d_o^4 G}$$

∴ 양쪽 끝단 간의 회전량은(× L/2)

$$\Rightarrow \theta = \frac{16 t_0 L^2}{\pi d_o^4 G}$$

246 외경이 d_o이고 내경이 d_i인 중공축에 비틀림 모멘트 T가 가해져서 비틀림 응력 τ가 발생하였다면 이때 T는 어떻게 표현되겠는가?

① $\dfrac{\pi \tau (d_0^4 - d_1^4)}{8 d_0}$

② $\dfrac{\pi \tau (d_0^4 - d_1^4)}{16 d_0}$

③ $\dfrac{\pi \tau (d_0^4 - d_1^4)}{24 d_0}$

④ $\dfrac{\pi \tau (d_0^4 - d_1^4)}{32 d_0}$

[풀이]

$$\theta = \frac{Tl}{GI_P}$$

$$\Rightarrow T = \frac{\theta GI_P}{l} = \tau Z_p$$

$$= \tau \frac{\pi (d_0^4 - d_1^4)/32}{d_0/2}$$

$$= \frac{\pi \tau (d_0^4 - d_1^4)}{16 d_0}$$

247 중공 축의 내부 직경이 40㎜, 외부 직경이 60㎜일 때, 최대 전단응력이 120 MPa를 초과하지 않게 적용할 수 있는 최대 비틀림모멘트는 몇 kN·m인가?

① 1.02 ② 2.04 ③ 3.06 ④ 4.08

[풀이]

246번을 참조하여,

$$T = \frac{\pi \tau (d_0^4 - d_1^4)}{16 d_0}$$

$$= \frac{\pi \times 120 \times 10^6 \times (0.06^4 - 0.04^4)}{16 \times 0.06}$$

$$= 4084.1 \, N \cdot m = 4.084 \, kN \cdot m$$

정답 244. ① 245. ① 246. ② 247. ④

248 길이가 L이고 반경이 r_0인 원통형의 나사를 끼워 넣을 때 나사의 단위길이 당 t_0의 토크가 필요하다. 나사 재질의 전단 탄성계수가 G일 때 나사 끝단 간의 비틀림 회전량은 얼마인가?

① $\dfrac{t_0 L^2}{\pi r_0^4 G}$ ② $\dfrac{t_0^2}{\pi r_0^4 GL}$

③ $\dfrac{t_0^2 r_0^4}{\pi L}$ ④ $\dfrac{4L}{\pi r_0^2 t_0}$

[풀이]

235번을 참조하여,
양쪽 끝단 간의 비틀림 회전량은 ($\times$ L/2)
$\theta = \dfrac{16 t_0 L^2}{\pi d_0^4 G} \Leftarrow d_0 = 2r_0$

$\Rightarrow \theta = \dfrac{t_0 L^2}{\pi r_0^4 G}$

249 길이가 L이고 직경이 d인 축과 동일 재료로 만든 길이 3L인 축이 같은 크기의 비틀림 모멘트를 받았을 때, 같은 각도만큼 비틀어지게 하려면 직경은 얼마가 되어야 하는가?

① $\sqrt{2}\,d$ ② $\sqrt[4]{2}\,d$
③ $\sqrt{3}\,d$ ④ $\sqrt[4]{3}\,d$

[풀이]

$\theta_1 = \dfrac{TL}{GI_P} \Leftarrow L = 3L$

$\Rightarrow \theta_1 = \theta_2 = \dfrac{T(3L)}{G(\pi d^4/32)}$

$\therefore d_2 = \sqrt[4]{3}\,d$

250 양단이 고정된 축을 그림과 같이 $m-n$ 단면에서 T만큼 비틀면 고정단 AB에서 생기는 저항 비틀림 모멘트의 비 T_A/T_B는?

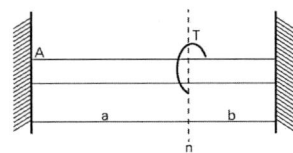

① $\dfrac{b^2}{a^2}$ ② $\dfrac{b}{a}$ ③ $\dfrac{a}{b}$ ④ $\dfrac{a^2}{b^2}$

[풀이]

$\theta = \dfrac{Tl}{GI_P} \Rightarrow T = \dfrac{\theta GI_P}{l}$

$\Rightarrow T \propto \dfrac{1}{l} \Rightarrow \dfrac{T_A}{T_B} \propto \dfrac{l_B}{l_A} = \dfrac{b}{a}$

251 바깥지름 $d_0 = 40$cm, 안지름 $d_1 = 20$cm인 중공축은 동일 단면적을 가진 중실축보다 몇 배의 토크를 견디는가?

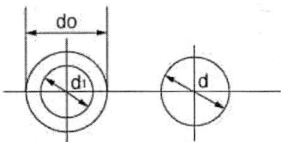

① 1.24 ② 1.44 ③ 1.64 ④ 1.84

[풀이]

$A_1 = \dfrac{\pi}{4}(d_2^2 - d_1^2) = \dfrac{\pi}{4}d^2 = A_2$

$\Rightarrow d = \sqrt{d_2^2 - d_1^2} = \sqrt{0.4^2 - 0.2^2}$
$\qquad = 0.35\,m$

$T_{중공}/T_{중실} = \dfrac{d_0 - d_1}{d_0}\Big/d$

$\qquad = \dfrac{0.4 - 0.2}{0.4}\Big/0.35 = 1.43$

정답 248. ① 249. ④ 250. ② 251. ②

252 동일 재료로 만든 길이 L, 지름 D인 축 A와 길이 2L, 지름 2D인 축 B를 동일각도만큼 비트는 데 필요한 비틀림 모멘트의 비 T_A/T_B의 값은 얼마인가?

① $\dfrac{1}{4}$ ② $\dfrac{1}{8}$ ③ $\dfrac{1}{16}$ ④ $\dfrac{1}{32}$

〔풀이〕

$\theta = \dfrac{Tl}{GI_P}$

$\Rightarrow \theta_A = \dfrac{T_A L}{GI_P} = \dfrac{32 T_A L}{G\pi D^4}$

$\Rightarrow T_A = \dfrac{\theta_A G\pi D^4}{32L}$

$\Rightarrow \theta_B = \dfrac{T_B L}{GI_P} = \dfrac{32 T_B (2L)}{G\pi (2D)^4}$

$\Rightarrow T_B = \dfrac{8\theta_B G\pi D^4}{32L}$

문제의 조건에서 $\theta_A = \theta_B$ 이므로

$\dfrac{T_A}{T_B} = \dfrac{1}{8}$

253 바깥지름 40cm, 안지름 20cm의 속이 빈 축은 동일한 단면적을 가지며 같은 재질의 원형 축에 비하여 약 몇 배의 비틀림 모멘트에 견딜 수 있는가?

① 0.9배 ② 1.2배
③ 1.4배 ④ 1.6배

〔풀이〕

251번 항을 참조하여, ③ 1.4배

254 그림과 같은 계단단면의 중실원형축의 양단을 고정하고 계단 단면부에 비틀림 모멘트 T가 작용할 경우, 지름 D_1과 D_2의 축에 작용하는 비틀림 모멘트의 비 T_1/T_2은? (단, $D_1 = 8\,\text{cm}$, $D_2 = 4\,\text{cm}$, $\ell_1 = 40\,\text{cm}$, $\ell_2 = 10\,\text{cm}$이다.)

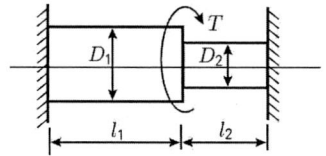

① 2 ② 4 ③ 8 ④ 16

〔풀이〕

좌·우단의 비틀림 각은 같으므로

$\theta_{좌측단} = \theta_{우측단} \Rightarrow \dfrac{T_1 l_1}{GI_{P_1}} = \dfrac{T_2 l_2}{GI_{P_2}}$

$\therefore \dfrac{T_1}{T_2} = \dfrac{GI_{P_1} l_2}{GI_{P_2} l_1} = \dfrac{D_1^4 l_2}{D_2^4 l_1}$

$= \dfrac{8^4 \times 10}{4^4 \times 40} = 4$

255 그림과 같이 한 끝이 고정된 축에 두 개의 토크가 작용하고 있다. 고정단에서 축에 작용하는 토크는 몇 kN·m인가?

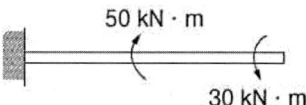

① 10 ② 20 ③ 30 ④ 40

〔풀이〕

$T = T_2 - T_1 = 50 - 30 = 20\,kN\cdot m$

정답 252. ② 253. ③ 254. ② 255. ②

256 다음 그림과 같은 구조물에서 비틀림 각 θ는 약 몇 rad인가? (단, 봉의 전단 탄성계수 G = 120GPa이다.)

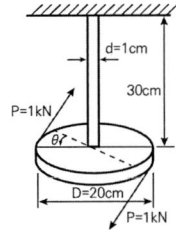

① 0.12　　② 0.5
③ 0.05　　④ 0.032

[풀이]

$$\theta = \frac{Tl}{GI_P} = \frac{32Tl}{G\pi d^4}$$
$$= \frac{32 \times (1 \times 10^3 \times 0.2) \times 0.3}{120 \times 10^9 \times \pi \times 0.01^4}$$
$$\fallingdotseq 0.51$$

257 지름 d인 원형단면 봉이 비틀림 모멘트 T를 받을 때, 발생되는 최대 전단응력 τ를 나타내는 식은? (단, I_p는 단면의 극 단면 2차 모멘트이다.)

① $\dfrac{T \cdot d}{2 \cdot I_p}$　　② $\dfrac{I_p \cdot d}{2 \cdot T}$

③ $\dfrac{T \cdot I_p}{2 \cdot d}$　　④ $\dfrac{2 \cdot T}{I_p \cdot d}$

[풀이]

$$T = \tau Z_p$$
$$\Rightarrow \tau = \frac{T}{Z_p} = \frac{T}{I_p/y} = \frac{T}{I_p/\frac{d}{2}}$$
$$= \frac{T \cdot d}{2 \cdot I_p}$$

258 그림과 같이 지름 6mm 강선의 상단을 고정하고 하단에 지름 d_1 = 100mm의 추를 달고 접선방향에 F= 10N의 힘을 작용시켜 비틀면 강선이 θ = 6.2°로 비틀어졌다. 이때 강선의 길이가 L = 2m라면 이 강선의 전단 탄성계수는 약 몇 GPa인가?

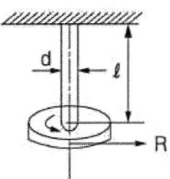

① 12　② 84　③ 18　④ 73

[풀이]

$$T = F \times r_1 = 10 \times 0.05 = 0.5 \, N \cdot m$$
$$\theta° = \frac{Tl}{GI_P} \times \frac{180}{\pi} \, [°]$$
$$\Rightarrow G = \frac{32TL}{\pi d^4 \times \theta°} \times \frac{180}{\pi}$$
$$= \frac{32 \times 0.5 \times 2}{\pi \times 0.006^4 \times 6.2°} \times \frac{180}{\pi}$$
$$= 72.7 \, GPa$$

259 지름 35cm의 차축이 0.2°만큼 비틀렸다. 이때 최대 전단응력이 49MPa이고, 재료의 전단 탄성계수가 80GPa이라고 하면 이 차축의 길이는 약 몇 m인가?

① 2.0　② 2.5　③ 1.5　④ 1.0

[풀이]

$$\theta = \frac{180}{\pi} \frac{Tl}{GI_P}, \quad T = \tau Z_P$$
$$\Rightarrow \theta = \frac{180}{\pi} \frac{\tau Z_P l}{GI_P}$$
$$\Rightarrow l = \frac{\theta \pi G I_P}{180 \tau Z_P} \fallingdotseq 0.99 \, m$$

정답 256. ②　257. ①　258. ④　259. ④

260 지름 8cm인 차축의 비틀림 각이 1.5m에 대해 1°를 넘지 않게 하기 위한 최대 비틀림 응력은 몇 MPa인가? (단, 전단탄성계수 G = 80GPa이다.)

① 37.2   ② 50.2   ③ 42.2   ④ 30.5

[풀이]

$$I_P = \frac{\pi d^4}{32} = \frac{\pi \times 0.08^4}{32} = 0.000004\ m^4$$

$$\theta° = \frac{T l}{G I_P} \times \frac{180}{\pi}\ [°]$$

$$\Rightarrow T = \frac{G I_p \times \theta°}{l} \times \frac{\pi}{180}$$

$$= \frac{80 \times 10^9 \times 0.000004 \times 1°}{1.5} \times \frac{\pi}{180}$$

$$= 3721.5\ N\cdot m$$

$$T = \tau Z_p$$

$$\Rightarrow \tau = \frac{T}{Z_p} = \frac{T}{I_p/y} = \frac{T}{I_p/\frac{d}{2}}$$

$$= \frac{T\cdot d}{2\cdot I_p} = \frac{3721.5 \times 0.08}{2 \times 0.000004}$$

$$= 37215000\ Pa = 37.215\ MPa$$

261 지름 7mm, 길이 250mm인 연강시험편으로 비틀림 시험을 하여 얻은 결과, 토크 4.08 N·m에서 비틀림 각이 8°로 기록되었다. 이 재료의 전단탄성계수는 약 몇 GPa인지 구하시오.

① 31   ② 41   ③ 53   ④ 64

[풀이]

$$\theta° = \frac{T l}{G I_P} \times \frac{180}{\pi}\ [°]$$

$$\Rightarrow G = \frac{T l}{I_p \theta°} \times \frac{180}{\pi}$$

$$= \frac{4.08 \times 0.25}{\frac{\pi \times 0.007^4}{32} \times 8} \times \frac{180}{\pi}$$

$$\times 10^{-9}$$

$$\fallingdotseq 31\ GPa$$

262 강재 중공축이 25 kN·m의 토크를 전달한다. 중공축의 길이가 3m이고, 허용전단응력이 90MPa이며, 축의 비틀림 각이 2.5°를 넘지 않아야 할 때 축의 최소외경과 내경을 구하면 각각 약 몇 mm인지 구하시오. (단, 전단탄성계수는 85GPa이다.)

① 133, 112   ② 136, 114
③ 140, 132   ④ 146, 124

[풀이]

$$\theta° = \frac{T l}{G I_P} \times \frac{180}{\pi}\ [°]$$

$$\Rightarrow \theta° = \frac{(\tau_a Z_p) l}{G y Z_p} \times \frac{180}{\pi}$$

$$= \frac{2 \tau_a l}{G d_2} \times \frac{180}{\pi}$$

외경

$$d_2 = \frac{2 \times 90 \times 10^6 \times 3 \times 10^3}{85 \times 10^9 \times 2.5}$$

$$\times \frac{180}{\pi} \times 10^3$$

$$\fallingdotseq 146\ mm$$

정답 260. ① 261. ① 262. ④

$$\theta° = \frac{Tl}{GI_P} \times \frac{180}{\pi}$$

$$= \frac{Tl}{G\frac{\pi d_2^4}{32}(1-x^4)} \times \frac{180}{\pi} \cdots$$

$x = 0.86$ x : 내외경비

∴ 내경 $d_1 = x d_2 = 0.86 \times 146$
  $\fallingdotseq 126\ mm$

263 직경 d, 길이 ℓ 인 봉의 양단을 고정하고 단면 m – n의 위치에 비틀림모멘트 T를 작용시킬 때 봉의 A부분에 작용하는 비틀림모멘트는?

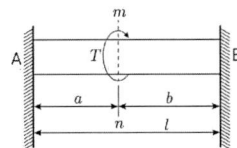

① $T_A = \dfrac{a}{\ell + a} T$

② $T_A = \dfrac{a}{a + b} T$

③ $T_A = \dfrac{b}{a + b} T$

④ $T_A = \dfrac{a}{\ell + b} T$

【 풀이 】

$T = T_A + T_B$ ········①

T_A 에 의한 비틀림 각은 $\theta_A = \dfrac{T_A \times a}{GI_{P_A}}$

T_B 에 의한 비틀림 각은 $\theta_B = \dfrac{T_B \times b}{GI_{P_B}}$

θ_A 와 θ_B 는 서로 같고, G 는 동일하며, 단면의 변화가 없으므로 I_{P_A} 와 I_{P_B} 도 같다.

∴ $\theta_A = \theta_B$ ⇨ $T_A \times a = T_B \times b$

⇨ $T_B = \dfrac{a}{b} T_A$ ⇨ ①식에 대입하여

⇨ $T = T_A + \dfrac{a}{b} T_A$

⇨ $T_A = \dfrac{b}{a+b} T$

264 지름 200mm인 축이 120rpm으로 회전하고 있다. 2 m 떨어진 두 단면에서 측정한 비틀림 각이 $\dfrac{1}{15}$ rad 이었다면 이 축에 적용하고 있는 비틀림모멘트는 약 몇 kN·m인가? (단, 가로 탄성계수는 80GPa이다.)

① 418.9   ② 356.6
③ 305.7   ④ 286.8

【 풀이 】

$\theta = \dfrac{Tl}{GI_P}$

⇨ $T = \dfrac{GI_P \theta}{l}$

$= \dfrac{80 \times 10^9 \times \pi \times 0.2^4}{2 \times 32 \times 15} \times 10^{-3}$

$\fallingdotseq 418.9\ kN \cdot m$

265 지름이 d인 중실 환봉에 비틀림모멘트가 작용하고 있고 환봉의 표면에서 봉의 축에 대하여 45° 방향으로 측정한 최대수직변형률이 ε이었다. 환봉의 전단탄성계수를 G라고 한다면 이때 가해진 비틀림모멘트 T의 식으로 가장 옳은 것은? (단, 발생하는 수직변형률 및 전단변형률은 다른 값에 비해 매우 작은 값으로 가정한다.)

【정답】 263. ③ 264. ① 265. ③

① $\dfrac{\pi G \epsilon d^3}{2}$ ② $\dfrac{\pi G \epsilon d^3}{4}$

③ $\dfrac{\pi G \epsilon d^3}{8}$ ④ $\dfrac{\pi G \epsilon d^3}{16}$

(풀이)

비틀림모멘트가 작용하고 있는 환 봉 표면에서 축에 대하여 45° 방향으로 측정한 최대수직 변형률이 ϵ일 때 $\dfrac{\gamma}{2} = \epsilon$의 관계가 성립

$$T = \tau Z_P = (G\gamma) \times \dfrac{\pi d^3}{16}$$
$$= (G 2\epsilon) \times \dfrac{\pi d^3}{16} = \dfrac{\pi G \epsilon d^3}{8}$$

266 지름 70mm인 환봉에 20MPa의 최대 응력이 생겼을 때의 비틀림모멘트는 몇 kN·m인가?

① 4.50 ② 3.60 ③ 2.70 ④ 1.35

(풀이)

$$T = \tau Z_p = \tau \dfrac{I_p}{y} = \tau \dfrac{\pi d^4/32}{d/2} = \tau \dfrac{\pi d^3}{16}$$
$$= 20 \times 10^6 \times \dfrac{\pi \times 0.07^3}{16} \times 10^{-3}$$
$$= 1.346 \, kN \cdot m$$

267 가로탄성계수가 5GPa인 재료로 된 봉의 지름이 4cm이고, 길이가 1m이다. 이 봉의 비틀림 강성 (단위 회전각을 일으키는데 필요한 토크(torsional stiffness)는 약 몇 kN·m인가?

① 1.26 ② 1.08 ③ 0.74 ④ 0.53

(풀이)

$$\theta = \dfrac{Tl}{GI_P} = \dfrac{Tl}{G\dfrac{\pi d^4}{32}}$$

$$\Rightarrow 1 = \dfrac{T \times 1}{(5 \times 10^9) \times \dfrac{\pi \times 0.04^4}{32}}$$

$$\therefore T = 1257 \, N \cdot m \fallingdotseq 1.26 \, kN \cdot m$$

268 400rpm으로 회전하는 바깥지름 60mm, 안지름 40mm인 중공 단면 축이 10kW의 동력을 전달할 때 비틀림 각도는 얼마 정도인가? (단, 전단 탄성계수 G=80GPa, 축 길이 L=3m)

① 0.2° ② 0.5° ③ 0.7° ④ 1°

(풀이)

$$T = 974 \dfrac{H_{kW}}{N} = 974 \times \dfrac{10}{400}$$
$$= 24.35 \, kN \cdot cm = 243.5 \, N \cdot m$$

$$\theta° = \dfrac{180}{\pi} \dfrac{Tl}{GI_P}$$
$$= \dfrac{180}{\pi} \times \dfrac{243.5 \times 3 \times 32}{80 \times 10^9 \times \pi(0.06^4 - 0.04^4)}$$
$$= 0.513°$$

269 100rpm으로 30kW를 전달시키는 길이 1m, 지름 7cm인 둥근 축 단의 비틀림각은 약 몇 rad인가? (단, 전단 탄성계수 G = 83GPa이다.)

① 0.26   ② 0.30
③ 0.015 ④ 0.009

(풀이)

정답 266. ④ 267. ① 268. ② 269. ③

$$T = 974\frac{H_{kW}}{N} = 974 \times \frac{30}{100}$$
$$= 292.2\,kN \cdot cm = 2920\,N \cdot m$$
$$\theta = \frac{Tl}{GI_P} = \frac{2920 \times 1 \times 32}{83 \times 10^9 \times \pi \times 0.07^4}$$
$$= 0.0149\,rad$$

270 회전수 120rpm과 35kW를 전달할 수 있는 원형 단면 축의 길이가 2m이고, 지름이 6cm일 때 축단의 비틀림 각도는 약 몇 rad인가? (단, 이 재료의 가로 탄성계수는 83GPa이다.)

① 0.019 ② 0.036
③ 0.053 ④ 0.078

[풀이]

$$T = 974\frac{H_{kW}}{N} = 974 \times \frac{35}{120}$$
$$= 284\,kN \cdot cm = 2840\,N \cdot m$$
$$\theta = \frac{Tl}{GI_P} = \frac{2840 \times 2 \times 32}{83 \times 10^9 \times \pi \times 0.06^4}$$
$$\fallingdotseq 0.054\,rad$$

271 외경이 내경의 1.5배인 중공축과 재질과 길이가 같고 지름이 중공축의 외경과 같은 중실 축이 동일 회전수에 동일 마력을 전달한다면, 이때 중실 축에 대한 중공축의 비틀림 각의 비는 어느 것인가?

① 1.25 ② 1.50 ③ 1.75 ④ 2.00

[풀이]

$$T = 974\frac{H_{kW}}{N} \Rightarrow T = Const$$
$$\theta = \frac{Tl}{GI_P} \Rightarrow \theta \propto \frac{1}{I_P}$$
$$\therefore \frac{\theta_{중공축}}{\theta_{중실축}} \propto \frac{I_{P중실축}}{I_{P중공축}}$$
$$= \frac{\frac{\pi \times 3^4}{32}}{\frac{\pi \times (3^4 - 2^4)}{32}}$$
$$= 1.246$$

272 회전수 250rpm으로 동력 30kW를 전달할 수 있는 전동축의 최소지름을 구하면 몇 cm인가? (단, 허용 전단응력은 30MPa이다.)

① 5.0 ② 5.8 ③ 6.1 ④ 6.7

[풀이]

$$T = 974\frac{H_{kW}}{N} = 974 \times \frac{30}{250}$$
$$= 116.9\,kN \cdot cm = 1169\,N \cdot m$$
$$T = \tau Z_p = \tau \frac{I_p}{y} = \tau \frac{\pi d^4/32}{d/2} = \tau \frac{\pi d^3}{16}$$
$$\Rightarrow d = \sqrt[3]{\frac{16T}{\pi \tau}} = \sqrt[3]{\frac{16 \times 1169}{\pi \times 30 \times 10^6}}$$
$$= 0.0583\,m = 5.83\,cm$$

273 지름 4cm, 길이 3m인 선형 탄성 원형축이 600rpm으로 3.7kW를 전달할 때 비틀림 각은 약 몇 도(degree)인가? (단, 전단 탄성계수는 84GPa이다.)

① 0.0085° ② 0.48°
③ 1.02°   ④ 5.08°

정답 270. ③ 271. ① 272. ② 273. ②

[풀이]

$$T = 974\frac{H_{kW}}{N} = 974 \times \frac{3.7}{600}$$
$$= 6\,kN\cdot cm = 60\,N\cdot m$$

$$\theta° = \frac{180}{\pi}\frac{Tl}{GI_P}$$
$$= \frac{180}{\pi} \times \frac{60 \times 3 \times 32}{84 \times 10^9 \times \pi \times 0.04^4}$$
$$= 0.489°$$

274 외경이 내경의 2배인 중공축과 재질과 길이가 같고 지름이 중공축의 외경과 같은 중실축이 동일 회전수에 동일 동력을 전달한다면, 이때 중실축에 대한 중공축의 비틀림각의 비 $\left(\dfrac{중공축\,비틀림각}{중실축\,비틀림각}\right)$는?

① 1.07 ② 1.57 ③ 2.07 ④ 2.57

[풀이]

$$T = 974\frac{H_{kW}}{N} \Rightarrow T = Const$$
$$\theta = \frac{Tl}{GI_P} \Rightarrow \theta \propto \frac{1}{I_P}$$
$$\therefore \frac{\theta_{중공축}}{\theta_{중실축}} \propto \frac{I_{P중실축}}{I_{P중공축}}$$
$$= \frac{\dfrac{\pi \times 4^4}{32}}{\dfrac{\pi \times (4^4 - 2^4)}{32}}$$
$$= 1.07$$

275 2 Hz로 돌고 있는 중실 원형 축이 150 kW의 동력을 전달해야 된다고 한다. 허용 전단응력이 40MPa일 때 요구되는 최소 직경은 몇 mm인가?

① 115 ② 155 ③ 210 ④ 265

[풀이]

$$2Hz = 2\,rad/s = 2 \times 60\,rpm = 120\,rpm$$
$$T = 974\frac{H_{kW}}{N} = 974 \times \frac{150}{120}$$
$$= 1217.5\,kN\cdot cm = 12175\,N\cdot m$$
$$T = \tau Z_p = \tau\frac{I_p}{y} = \tau\frac{\pi d^4/32}{d/2} = \tau\frac{\pi d^3}{16}$$
$$\Rightarrow d = \sqrt[3]{\frac{16\,T}{\pi\tau}} = \sqrt[3]{\frac{16 \times 12175}{\pi \times 40 \times 10^6}}$$
$$= 0.1158\,m = 115.8\,mm$$

276 400rpm으로 회전하는 바깥지름 60 mm, 안지름 40mm인 중공 단면 축의 허용 비틀림 각도가 1°일 때 이 축이 전달할 수 있는 동력의 크기는 약 몇 kW인가? (단, 전단탄성계수 G = 80 GPa, 축 길이 L = 3m이다.)

① 15 ② 20 ③ 25 ④ 30

[풀이]

$$T = 974\frac{H_{kW}}{N}$$
$$\Rightarrow H_{kW} = \frac{NT}{974} \quad \cdots\cdots\cdots\; \mathbf{❶}$$
$$\theta = \frac{180}{\pi}\frac{Tl}{GI_P}$$
$$\Rightarrow T = \frac{\pi}{180}\frac{\theta GI_P}{l}$$
$$= \frac{\pi}{180} \times \frac{1 \times 80 \times 10^9 \times \pi(0.06^4 - 0.04^4)}{3 \times 32}$$
$$= 474.7\,N\cdot m$$
$$T = 474.7\,N\cdot m ≒ 47.5\,kN\cdot cm$$

❶ 식에 대입하여

$$H_{kW} = \frac{400 \times 47.5}{974} ≒ 20\,kW$$

[정답] 274. ① 275. ① 276. ②

277 지름 d인 강봉의 지름을 2배로 했을 때 비틀림 강도는 몇 배가 되는지 구하시오.

① 2배 ② 16배 ③ 8배 ④ 4배

【풀이】

$T = \tau Z_P = \tau \dfrac{\pi d^3}{16} \Rightarrow T \propto d^3$ 이므로

$\therefore \dfrac{T_2}{T_1} = \left(\dfrac{2d}{d}\right)^3 = 8$ 배

278 내경이 16cm, 외경이 20cm인 중공축에 250N·m의 비틀림모멘트가 작용할 때 발생되는 최대 전단변형률은? (단, 전단 탄성계수는 G=50GPa이다.)

① 5.4×10^{-6} ② 6.7×10^{-6}
③ 7.2×10^{-8} ④ 8.7×10^{-8}

【풀이】

$T = \tau Z_p$

$\Rightarrow \tau = \dfrac{T}{Z_p} = \dfrac{T \times 16 d_2}{\pi(d_2^4 - d_1^4)}$

$= \dfrac{250 \times 16 \times 0.2}{\pi(0.2^4 - 0.16^4)}$

$= 269708.1 \, N/m^2$

$\tau = G\gamma$

$\Rightarrow \gamma = \dfrac{\tau}{G} = \dfrac{269708.1}{50 \times 10^9}$

$= 5.39 \times 10^{-6}$

279 바깥지름 50cm, 안지름 30cm의 속이 빈 축은 동일한 단면적을 가지며 같은 재질의 원형 축에 비하여 약 몇 배의 비틀림모멘트에 견딜 수 있는가? (단, 중공축과 중실축의 전단응력은 같다.)

① 1.1배   ② 1.2배
③ 1.4배   ④ 1.7배

【풀이】

단면적이 동일한 중실축의 직경은

$\dfrac{\pi}{4}(50^2 - 30^2) = \dfrac{\pi}{4}d^2 \Rightarrow d = 40 \, cm$

$T = \tau Z_P$ 이므로

$\dfrac{T_{중공축}}{T_{중실축}} = \dfrac{\tau_{중공축}}{\tau_{중실축}} \dfrac{Z_{P중공축}}{Z_{P중실축}}$

$= \dfrac{\pi(d_1^4 - d_2^4)/(d_1/2)}{\pi d^4/(d/2)}$

$= \dfrac{\pi \times (50^4 - 30^4)/(50/2)}{\pi \times 40^4/(40/2)}$

$= 1.7$ 배

280 바깥지름 4cm, 안지름 2cm의 속이 빈 원형 축에 10MPa의 최대 전단응력이 생기도록 하려면 비틀림모멘트의 크기는 몇 N·m로 해야 하는가?

① 50   ② 212   ③ 135   ④ 118

【풀이】

$T = \tau Z_p = 10 \times 10^6 \times \dfrac{\pi(0.04^4 - 0.02^4)}{16 \times 0.04}$

$= 117.75 \, N \cdot m$

281 원형 축(바깥지름 d)을 재질이 같은 속이 빈 원형 축(바깥지름 d, 안지름 d/2)으로 교체하였을 경우 받을 수 있는 비틀림모멘트는 몇 % 감소하는가?

① 6.25   ② 8.25
③ 25.6   ④ 52.6

【풀이】

■정답 277.③ 278.① 279.④ 280.④ 281.①

$$T = \tau Z_P$$

$$\Rightarrow T_1 = \tau \frac{\frac{\pi d^4}{32}}{d/2} = \tau \frac{\pi d^3}{16}$$

$$T_2 = \tau \frac{\frac{\pi [d^4 - (d/2)^4]}{32}}{d/2}$$

$$= \tau \frac{\pi d^3}{16}\left(1 - \left(\frac{1}{2}\right)^4\right)$$

$$= 0.9375 \, \tau \frac{\pi d^3}{16}$$

∴ T_2는 $(1 - 0.9375) \times 100$
  $= 6.25\%$ 감소

282 직경 10cm의 강재 축이 750 rpm으로 회전한다. 안전하게 전달시킬 수 있는 최대 동력은 얼마인가? (단, 허용전단응력 τ_a = 35MPa이다.)

① 500 kW ② 529 kW
③ 579 kW ④ 659 kW

[풀이]

$$T = 974 \frac{H_{kW}}{N} \, [kN \cdot cm]$$

$$T = \tau Z_P$$

$$H_{kW} = \frac{\tau \pi d^3 N}{16 \times 974} \times 10^{-1}$$

$$= \frac{35 \times 10^6 \times \pi \times 0.1^3 \times 750}{16 \times 974} \times 10^{-1}$$

$$= 528.9 \, kW$$

283 그림과 같은 풀리에 장력이 작용하고 있을 때 풀리의 회전수가 100rpm이라면 전달 동력은 몇 kW인가?

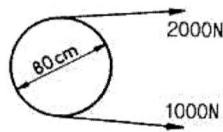

① 2.14 ② 16.55 ③ 8.32 ④ 4.19

[풀이]

유효장력 $T_e = T_t - T_s$
  $= (P_t - P_s) \times r$
  $= (2000 - 1000) \times 0.4$
  $= 400 \, N \cdot m$

전달동력 $P = H_{kW} = T_e \omega$
  $= 400 \times \frac{2\pi \times 100}{60} \times 10^{-3}$
  $= 4.187 \, kW$

284 지름 10mm이고, 길이가 3m인 원형 축이 716rpm으로 회전하고 있다. 이 축의 허용 전단응력이 160MPa인 경우, 전달할 수 있는 최대 동력은 약 몇 kW인가?

① 2.31 ② 3.15 ③ 6.28 ④ 9.42

[풀이]

$$T = 974 \frac{H_{kW}}{N} \, [kN \cdot cm]$$

$$T = \tau Z_P$$

$$H_{kW} = \frac{\tau \pi d^3 N}{16 \times 974} \times 10^{-1}$$

$$= \frac{160 \times 10^6 \times \pi \times 0.01^3 \times 716}{16 \times 974} \times 10^{-1}$$

$$\fallingdotseq 2.31 \, kW$$

정답 282. ② 283. ④ 284. ①

285 지름 4cm, 길이 3m인 선형탄성 원형 축이 800rpm으로 3.6 kW를 전달할 때 비틀림 각은 약 몇 도(°) 인가? (단, 전단탄성계수는 84GPa이다.)

① 0.0085° ② 0.35°
③ 0.48°   ④ 5.08°

[풀이]

$$T = 974 \frac{H_{kW}}{N}$$
$$= 974 \times \frac{3.6}{800} \times 10 = 43.8 \; N \cdot m$$

$$\theta° = \frac{180}{\pi} \times \frac{Tl}{GI_P}$$
$$= \frac{180}{\pi} \times \frac{43.8 \times 3}{84 \times 10^9 \times \frac{\pi \times 0.04^4}{32}}$$
$$\fallingdotseq 0.357°$$

286 3200 N·m의 비틀림모멘트를 받는 둥근 축이 있다. 이 축의 허용 전단응력을 60MPa이라면 축의 지름은 최소 몇 cm로 해야 하는가?

① 4.06 ② 6.48 ③ 8.16 ④ 10.28

[풀이]

$$T = \tau Z_p = \tau \frac{I_p}{y} = \tau \frac{\pi d^4/32}{d/2} = \tau \frac{\pi d^3}{16}$$
$$\Rightarrow d = \sqrt[3]{\frac{16T}{\pi\tau}} = \sqrt[3]{\frac{16 \times 3200}{\pi \times 60 \times 10^6}}$$
$$= 0.06477 \; m = 6.477 \; cm$$

287 굽힘모멘트 M과 비틀림모멘트 T를 받는 축의 상당 굽힘모멘트 M_e는?

① $M_e = \frac{1}{2}M + \sqrt{M^2 + T^2}$

② $M_e = \frac{1}{2}M + \frac{1}{2}\sqrt{M^2 + T^2}$

③ $M_e = \frac{1}{2}\sqrt{M^2 + T^2}$

④ $M_e = M + \frac{1}{2}\sqrt{M^2 + T^2}$

[풀이]

②

288 지름 3cm인 강 축이 26.5 rev/s의 각속도로 26.5 kW의 동력을 전달하고 있다. 이 축에 발생하는 최대 전단응력은 약 몇 MPa인가?

① 30 ② 40 ③ 50 ④ 60

[풀이]

$$T = 974 \frac{H_{kW}}{N} = 974 \times \frac{26.5}{26.5 \times 60}$$
$$= 16.23 \; kN \cdot cm$$
$$= 162.3 \; N \cdot m$$

$$T = \tau Z_P$$
$$\Rightarrow \tau = \frac{T}{Z_P} = \frac{162.3 \times 16}{\pi \times 0.03^3} \times 10^{-6}$$
$$= 30.63 \; MPa$$

289 지름 3cm인 강 축이 회전수 1590rpm으로 26.5kW의 동력을 전달하고 있다. 이 축에 발생하는 최대 전단응력은 약 몇 MPa인가?

① 30 ② 40 ③ 50 ④ 60

[풀이]

정답 285. ② 286. ② 287. ② 288. ① 289. ①

$$T = 974\frac{H_{kW}}{N} = 974 \times \frac{26.5}{1590}$$
$$= 16.23\,kN \cdot cm$$
$$= 162.3\,N \cdot m$$

$$T = \tau Z_P$$
$$\Rightarrow \tau = \frac{T}{Z_P} = \frac{162.3 \times 16}{\pi \times 0.03^3} \times 10^{-6}$$
$$= 30.63\,MPa$$

290 그림과 같이 단순화한 길이 1m의 차축 중심에 집중하중 100 kN이 작용하고, 100rpm으로 400kW의 동력을 전달할 때 필요한 차축의 지름은 최소 몇 cm인가? (단, 축의 허용 굽힘응력은 85MPa로 한다.)

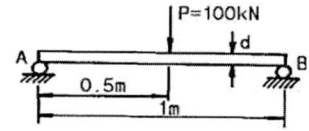

① 4.1   ② 8.1   ③ 12.3   ④ 16.3

[풀이]

굽힘과 비틀림을 동시에 받으므로 상당 모멘트로부터 계산한다.

$$M_{max} = \frac{Pl}{4} = \frac{100 \times 10^3 \times 1}{4}$$
$$= 25\,kN \cdot m$$

$$T = 974\frac{H_{kW}}{N}\,kN \cdot cm$$
$$\Rightarrow 974 \times \frac{400}{\frac{2\pi \times 100}{60}} \times 10^{-2}$$
$$= 38.2\,kN \cdot m$$

상당 모멘트는
$$M_{eq} = \frac{1}{2}(M + \sqrt{M^2 + T^2})$$
$$= 35.33\,kN \cdot m$$

$$M = M_{eq} = \sigma_a Z = \sigma_a \frac{\pi d^3}{32}$$
$$\Rightarrow d = \sqrt[3]{\frac{32 M_{eq}}{\pi \sigma_a}}$$
$$= \sqrt[3]{\frac{32 \times 35.33}{\pi \times 85 \times 10^3}}$$
$$= 0.1618\,m ≒ 16.2\,cm$$

291 다음 그림과 같이 3개의 풀리가 동력을 전달하고 있다. 250kW의 동력을 받아 150kW를 중간 풀리가 소비하고 좌측 끝의 풀리가 나머지 100kW를 소비한다. 각 풀리 사이의 축에 발생하는 전단응력을 같게 하기 위해서는 지름의 비 d_1/d_2는 얼마로 하면 되는가?

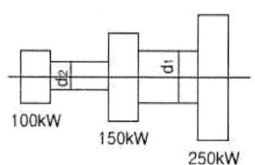

① $\sqrt[3]{5} : \sqrt[3]{3}$ ② $\sqrt[3]{5} : \sqrt[3]{2}$
③ $\sqrt[3]{4} : \sqrt[3]{3}$ ④ $\sqrt[3]{3} : \sqrt[3]{2}$

[풀이]

축의 회전수가 같으므로 각속도가 같으며, 동력 $P_{kW} = T\omega \Rightarrow T = \frac{P}{\omega}$ 이므로
$$T \propto P \Rightarrow T_1 : T_2 = 250 : 100 = 5 : 2$$

$$T_1 = \tau_1 Z_{p1} = \tau_1 \frac{\pi d_1^3}{16} \Rightarrow \tau_1 = \frac{16 T_1}{\pi d_1^3}$$

$$T_2 = \tau_2 Z_{p2} = \tau_2 \frac{\pi d_2^3}{16} \Rightarrow \tau_2 = \frac{16 T_2}{\pi d_2^3}$$

정답 290. ④ 291. ②

문제의 조건에서,

$$\tau_1 = \tau_2 \Rightarrow \frac{16\,T_1}{\pi d_1^3} = \frac{16\,T_2}{\pi d_2^3}$$

$$\Rightarrow \frac{5}{d_1^3} = \frac{2}{d_2^3}$$

$$\therefore d_1 : d_2 = \sqrt[3]{5} : \sqrt[3]{2}$$

292 지름 50mm인 중실 축 ABC가 A에서 모터에 의해 구동된다. 모터는 600rpm으로 50kW의 동력을 전달한다. 기계를 구동하기 위해서 기어 B는 35kW, 기어 C는 15kW를 필요로 한다. 축 ABC에 발생하는 최대 전단응력은 몇 MPa인가?

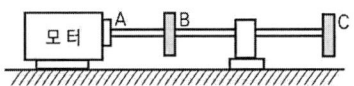

① 9.73　　② 22.7
③ 32.4　　④ 64.8

[풀이]

$T = \tau Z_P \Rightarrow T_{\max} = \tau_{\max} Z_P$

$\Rightarrow \tau_{\max} = \dfrac{T_{\max}}{Z_P}$

$T = 974 \dfrac{H_{kW}}{N} = 974 \times \dfrac{50}{600} = 81.17$

$\therefore \tau_{\max} = \dfrac{81.17 \times 16}{\pi \times 0.05^3} \times 10^{-6} \times 10$

$\fallingdotseq 33\,MPa$

293 그림과 같이 지름 10cm의 원형단면 보 끝단에 3.6 kN의 하중을 가하고 동시에 1.8 kN·m의 비틀림 모멘트를 작용시킬 때 고정단에 생기는 최대 전단응력은 약 몇 MPa인가?

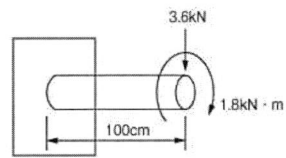

① 10.1　　② 20.5
③ 30.3　　④ 40.6

[풀이]

$T = 1.8\,kN \cdot m$
$M = Pl = 6 \times 1 = 6\,kN \cdot m$
$\Rightarrow T_{eq.} = \sqrt{M^2 + T^2}$
$\quad\quad = 4.025\,kN \cdot m$

$T = \tau Z_P \Rightarrow \tau_{\max} = \dfrac{T_{eq.}}{Z_p} = \dfrac{16\,T_{eq.}}{\pi d^3}$

$= \dfrac{16 \times 4.025}{\pi \times 0.1^3} \times 10^{-3} = 20.5\,MPa$

294 그림과 같은 축 지름 $50\,mm$의 축에 고정된 풀리에 $1750\,rpm$, $7.35\,kW$의 모터를 벨트로 연결하여 전동하려고 한다. 키에 발생하는 전단응력(τ)과 압축응력(σ)은 몇 MPa인가? (단, 키의 치수는 $(8 \times 4 \times 60)\,mm$이다.

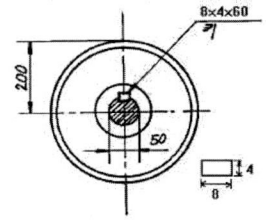

① $\tau = 3.34,\ \sigma = 6.68$
② $\tau = 3.34,\ \sigma = 13.37$
③ $\tau = 4.34,\ \sigma = 13.37$
④ $\tau = 4.34,\ \sigma = 23.37$

[풀이]

정답 292. ③　293. ②　294. ②

전달동력 $P = H_{kW} = T\omega$

$$\Rightarrow T = \frac{P}{\omega} = \frac{7.35 \times 60}{2\pi \times 1750} \times 10^{-3}$$
$$= 4 \times 10^{-5} \, MN \cdot m$$

$$\tau = \frac{2T}{bdl} = \frac{2 \times 4 \times 10^{-5}}{0.008 \times 0.05 \times 0.06}$$
$$= 3.34 \, MPa$$

$$\sigma = \frac{4T}{hdl} = \frac{4 \times 4 \times 10^{-5}}{0.004 \times 0.05 \times 0.06}$$
$$= 13.37 \, MPa$$

295 바깥지름이 46mm인 속이 빈 축이 120 kW의 동력을 전달하는데 이때의 각속도는 40 rev/s이다. 이 축의 허용 비틀림 응력이 80MPa일 때, 안지름은 약 몇 mm이하 이어야 하는가?

① 29.8 ② 41.8 ③ 36.8 ④ 48.8

[풀이]

$$T = \tau Z_P = 974 \frac{H_{kW}}{N}$$

$$\Rightarrow \tau \frac{I_P}{y} = 974 \frac{H_{kW}}{N}$$

$$I_P = \frac{\pi}{32}(0.046^4 - x^4), \quad y = \frac{0.046}{2}$$
, $N = 2400 \, rpm$, $\tau_a = 80 \times 10^6$
, 동력 $= 120 \, kW$

$$x = \sqrt[4]{0.046^4 - \frac{974 \times 120 \times 10 \times 32 \times 0.046}{80 \times 10^6 \times 2400 \times 2\pi}}$$
$$\times 1000$$

$$\fallingdotseq 41.8 \, mm$$

296 그림과 같은 치차 전동장치에서 A 치차로부터 D 치차로 동력을 전달한다. B와 C 치차의 피치원 직경의 비가 $D_B/D_C = 1/9$일 때, 두 축의 최대 전단응력들이 같아지게 되는 직경의 비 d_2/d_1는 얼마인가?

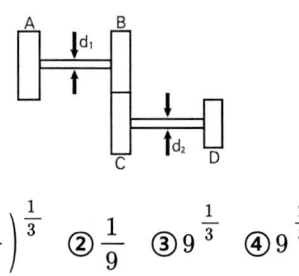

① $\left(\frac{1}{9}\right)^{\frac{1}{3}}$ ② $\frac{1}{9}$ ③ $9^{\frac{1}{3}}$ ④ $9^{\frac{2}{3}}$

[풀이]

원동 치차의 회전수와 직경 : N_B, D_B
종동 치차의 회전수와 직경 : N_C, D_C

속도비

$$i = \frac{\text{종동} \, rpm}{\text{원동} \, rpm} = \frac{N_C}{N_B} = \frac{D_B}{D_C} = \frac{1}{9}$$

$$T = \tau Z_P \Rightarrow \tau = \frac{T}{Z_P},$$

$$T = 974 \frac{H_{kW}}{N}$$

2축의 전단응력이 같으려면

$$(H_{kW})_1 = (H_{kW})_2 = H_{kW}$$

$$\frac{H_1}{\omega_1 Z_{P_1}} = \frac{H_2}{\omega_2 Z_{P_2}}$$

$$\Rightarrow \omega_1 Z_{P_1} = \omega_2 Z_{P_2}$$

$$\Rightarrow \frac{2\pi \times N_B}{60} \times \frac{\pi d_1^3}{16}$$
$$= \frac{2\pi \times N_C}{60} \times \frac{\pi d_2^3}{16}$$

$$\Rightarrow \frac{2\pi \times 9N_C}{60} \times \frac{\pi d_1^3}{16}$$
$$= \frac{2\pi \times N_C}{60} \times \frac{\pi d_2^3}{16}$$

$$\therefore \left(\frac{d_2}{d_1}\right)^3 = 9 \Rightarrow \frac{d_2}{d_1} = 9^{\frac{1}{3}}$$

정답 295. ② 296. ③

297 그림과 같은 치차 전동장치에서 A 치차로부터 D 치차로 동력을 전달한다. B와 C 치차의 피치원의 직경의 비는 $D_B/D_C = 1/8$일 때, 두 축의 최대 전단응력을 같게 하는 직경의 비 d_2/d_1은 얼마인가?

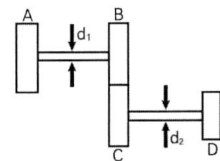

① $\left(\dfrac{1}{8}\right)^{\frac{1}{3}}$ ② $\dfrac{1}{8}$ ③ 2 ④ 8

[풀이]

297번 항 참조

$\left(\dfrac{d_2}{d_1}\right)^3 = 8 \Rightarrow \dfrac{d_2}{d_1} = 2$

298 비틀림 모멘트 T를 받는 평균반지름이 r_m이고 두께가 t인 원형의 박판 튜브에서 발생하는 평균 전단응력의 근사식으로 가장 옳은 것은?

① $\dfrac{2T}{\pi t r_m^2}$ ② $\dfrac{4T}{\pi t r_m^2}$
③ $\dfrac{T}{2\pi t r_m^2}$ ④ $\dfrac{T}{4\pi t r_m^2}$

[풀이]

박판 튜브의 비틀림 모멘트

$T = P \times r_m \Rightarrow P = \dfrac{T}{r_m}$

$\tau = \dfrac{P}{A} = \dfrac{\frac{T}{r_m}}{(2\pi r_m)t} = \dfrac{T}{2\pi t r_m^2}$

299 동일한 전단력이 작용할 때 원형 단면 보의 지름을 d에서 $3d$로 하면 최대 전단응력의 크기는? (단, τ_{max}는 지름이 d일 때의 최대 전단응력이다.)

① $9\tau_{max}$ ② $3\tau_{max}$
③ $\dfrac{1}{3}\tau_{max}$ ④ $\dfrac{1}{9}\tau_{max}$

[풀이]

문제의 조건 $d \Rightarrow 3d$ $A \Rightarrow 9A$

원형단면 $\tau_{max} = \dfrac{4V}{3A}$

$\Rightarrow \tau_{max}' = \dfrac{1}{9}\tau_{max}$

300 그림과 같이 2개의 비틀림모멘트를 받고 있는 중공축의 a-a 단면에서 비틀림모멘트에 의한 최대 전단응력은 약 몇 MPa인가? (단, 중공축의 바깥지름은 10cm, 안지름은 6cm이다.)

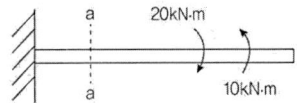

① 25.5 ② 36.5
③ 47.5 ④ 58.5

[풀이]

$T = \tau Z_P$

$\Rightarrow T_{전체} = T_1 + T_2 = 10\ kN$

$\Rightarrow \tau = \dfrac{T_{전체}}{Z_P} = \dfrac{T_{전체}}{\dfrac{\pi(d_2^4 - d_1^4)}{16 d_2}}$

$= \dfrac{10 \times 10^3}{\dfrac{\pi(0.1^4 - 0.06^4)}{16 \times 0.1}}$

$= 58.5\ MPa$

정답 297. ③ 298. ③ 299. ④ 300. ④

301 양단이 고정된 축을 그림과 같이 m-n 단면에서 비틀면 고정단에서 생기는 저항 비틀림 모멘트의 비 T_B / T_A는?

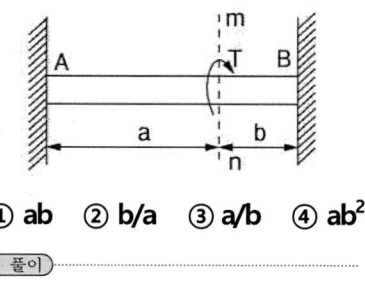

① ab ② b/a ③ a/b ④ ab^2

[풀이]

263번 항 참조 ③

정답) 301. ③

비틀림 탄성에너지

302 동일한 길이와 재질로 만들어진 두 개의 원형단면 축이 있다. 각각의 지름이 d_1, d_2일 때 각 축에 저장되는 변형에너지 u_1, u_2의 비는? (단, 두 축은 비틀림모멘트 T를 받고 있다.)

① $\dfrac{u_1}{u_2} = \left(\dfrac{d_2}{d_1}\right)^4$

② $\dfrac{u_2}{u_1} = \left(\dfrac{d_2}{d_1}\right)^3$

③ $\dfrac{u_1}{u_2} = \left(\dfrac{d_2}{d_1}\right)^3$

④ $\dfrac{u_2}{u_1} = \left(\dfrac{d_2}{d_1}\right)^4$

[풀이]

$U_1 = \dfrac{1}{2}T\theta_1 = \dfrac{1}{2}T\dfrac{Tl}{GI_{p1}}$
$= \dfrac{T^2 l}{2GI_{p1}} = \dfrac{32T^2 l}{2G\pi d_1^4}$

$U_2 = \dfrac{1}{2}T\theta_2 = \dfrac{1}{2}T\dfrac{Tl}{GI_{p2}}$
$= \dfrac{T^2 l}{2GI_{p2}} = \dfrac{32T^2 l}{2G\pi d_2^4}$

$\therefore \dfrac{U_1}{U_2} = \dfrac{u_1}{u_2} = \left(\dfrac{d_2}{d_1}\right)^4$

303 원형 단면 축이 비틀림을 받을 때, 그 속에 저장되는 탄성 변형에너지 U는 얼마인가? (단, T: 토크, L: 길이, G: 가로 탄성계수, I_P: 극관성모멘트, I: 관성모멘트, E: 세로 탄성계수)

① $U = \dfrac{T^2 L}{2GI}$ ② $U = \dfrac{T^2 L}{2EI}$

③ $U = \dfrac{T^2 L}{2EI_P}$ ④ $U = \dfrac{T^2 L}{2GI_P}$

[풀이]

$U = \dfrac{1}{2}T\theta = \dfrac{1}{2}T\dfrac{TL}{GI_P} = \dfrac{T^2 L}{2GI_P}$

304 길이가 L이며, 관성모멘트가 I_p이고, 전단탄성계수가 G인 부재에 토크 T가 작용될 때 이 부재에 저장된 변형에너지는?

① $\dfrac{TL}{GI_p}$ ② $\dfrac{T^2 L}{2GI_p}$

③ $\dfrac{T^2 L}{GI_p}$ ④ $\dfrac{TL}{2GI_p}$

[풀이]

$U = \dfrac{1}{2}T\theta = \dfrac{1}{2}T\dfrac{TL}{GI_p} = \dfrac{T^2 L}{2GI_p}$

305 재료가 순수 전단력을 받아 선형 탄성적으로 거동할 때 변형 에너지밀도를 구하는 식이 아닌 것은? (단, τ: 전단응력, G: 전단 탄성계수, γ: 전단변형률)

① $\dfrac{1}{2}\tau\gamma$ ② $\dfrac{\tau^2}{2G}$

③ $\dfrac{1}{2}G\gamma^2$ ④ $\dfrac{1}{2}\tau^2\gamma$

[풀이]

변형에너지 밀도 = 단위 체적당 탄성에너지

$u = \dfrac{U}{V} = \dfrac{1}{2}\dfrac{\tau^2}{G} = \dfrac{1}{2}\tau\gamma = \dfrac{1}{2}G\gamma^2$

정답 302. ① 303. ④ 304. ③ 305. ④

306 비틀림모멘트 T를 받고 봉의 길이 L인 부재에 발생하는 순수전단(pure shear) 상태에서의 비틀림 변형에너지 U는? (단, 비틀림 강성은 GJ이다.)

① $\dfrac{TL}{2GJ}$ ② $\dfrac{T^2L}{2GJ}$

③ $\dfrac{TL^2}{2GJ}$ ④ $\dfrac{T^2L^2}{2GJ}$

[풀이]

$U = \dfrac{1}{2}T\theta = \dfrac{1}{2}T\dfrac{TL}{GJ} = \dfrac{T^2L}{2GJ}$

정답 306. ②

선도해석 (SFD , BMD)

307 그림과 같은 외팔보에 대한 전단력 선도로 옳은 것은? [단, 아래 방향을 양(+)으로 본다.]

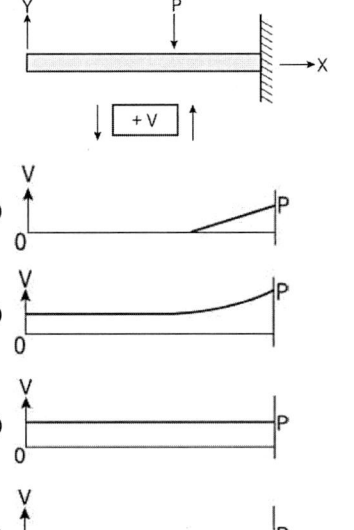

[풀이]

외팔보 최대 SF(절대값)는 항상 고정단에서 발생하며, P가 작용하는 위치까지는 0이다.

308 외팔보가 그림과 같이 등분포하중과 집중하중을 받고 있다. $P = \dfrac{wl}{2}$ 일 때 이 보의 전단력 선도는?

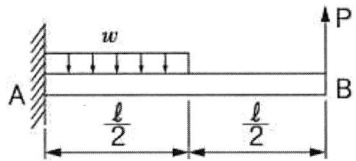

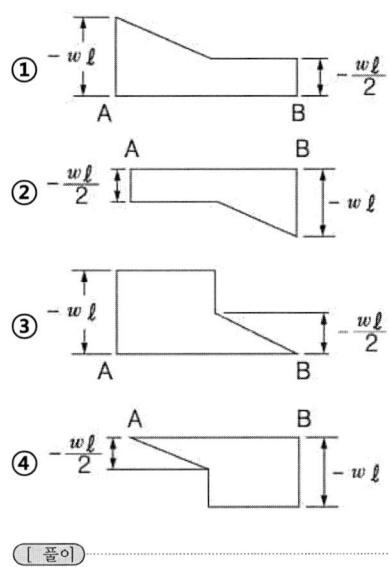

[풀이]

① 고정단에서 SF(절대값)가 최대이며, 등분포 지역에서 1차적인 선도

309 그림과 같은 외팔보에 대한 전단력 선도는?

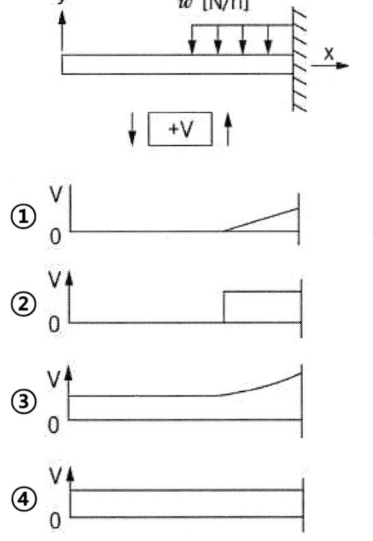

정답 307. ④ 308. ① 309. ①

[풀이]

① 고정단에서 SF(절대값)가 최대이고, 등분포 지역에서 1차적이며 P가 작용하지 않는(0) 선도

310 균일 분포하중(q)을 받는 보가 그림과 같이 지지되어 있을 때, 전단력 선도는? (단, A지점은 핀, B지점은 롤러로 지지되어 있다.)

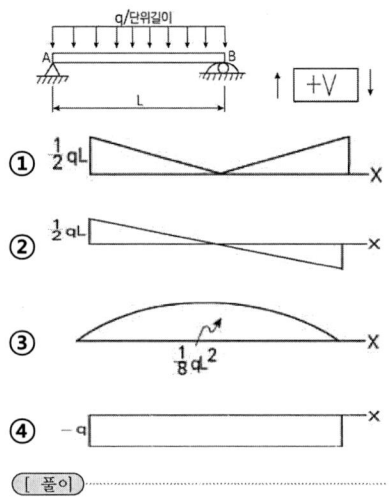

[풀이]

② 등분포하중이므로 SFD는 1차적이며 좌우대칭이 아니어야 한다.

311 그림과 같이 직선적으로 변하는 불균일 분포하중을 받고 있는 단순보의 전단력 선도는?

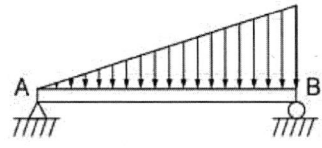

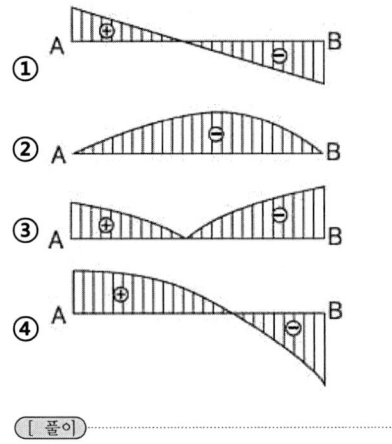

[풀이]

④ 반력 R_B가 R_A보다 2배 크고, $x = 2l/3$인 위치에서 x축과 만나는 2차적 선도.

312 단순보 위의 전 길이에 걸쳐 균일 분포하중이 작용할 때, 굽힘 모멘트 선도를 그리면 굽힘 모멘트 선도의 형태는 어떻게 되는가?

① 3차 곡선 ② 직선
③ 사인곡선 ④ 포물선

[풀이]

④ $x = l/2$에서 BM 값이 최대인 포물선.

313 아래 그림과 같은 보에 대한 굽힘 모멘트 선도로 옳은 것은?

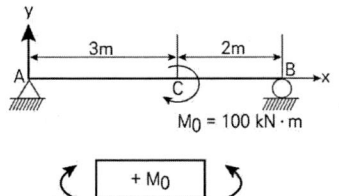

정답 310. ② 311. ④ 312. ④ 313. ③

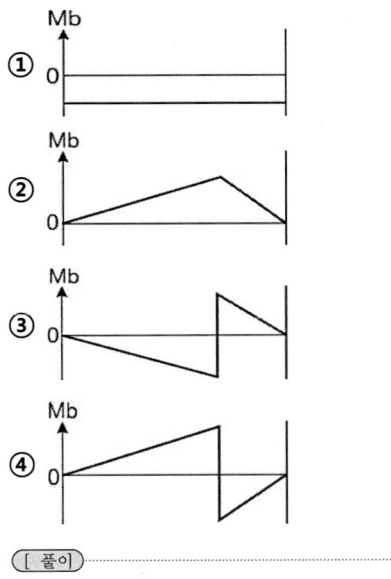

[풀이]

③ SFD는 (-)의 상수값인 기울기이며, $x = 3\,m$ 인 위치에서 모멘트 변화가 발생하는 BMD 선도.

314 왼쪽이 고정단인 길이 ℓ 의 외팔보가 w 의 균일 분포하중을 받을 때, 굽힘모멘트 선도(BMD)의 모양은?

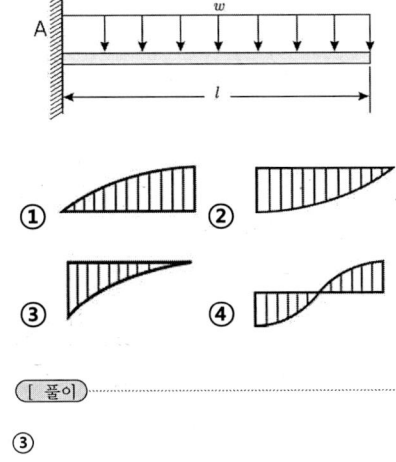

[풀이]

③

정답 314. ③ 315. ② 316. ④

315 그림과 같은 돌출보에 집중하중 P가 작용할 때 굽힘모멘트 선도(B.M.D)로 옳은 것은?

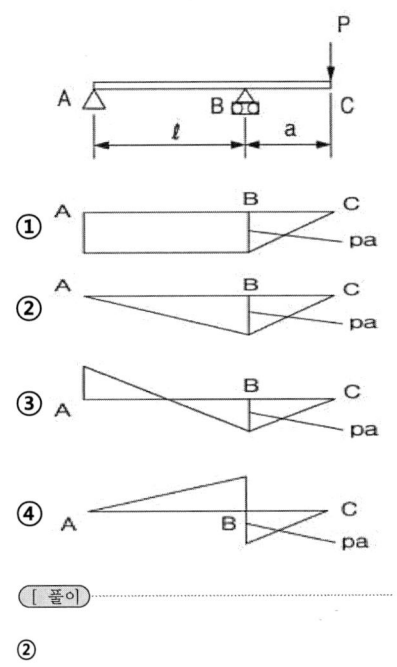

[풀이]

②

316 그림과 같이 균일분포 하중 w를 받는 보에서 굽힘모멘트 선도는?

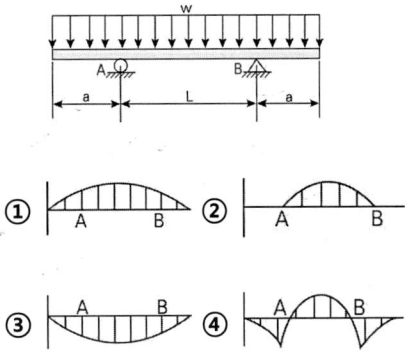

[풀이]

④

317 그림과 같은 선형탄성 균일 단면 외팔보의 굽힘 모멘트 선도로 가장 적당한 것은?

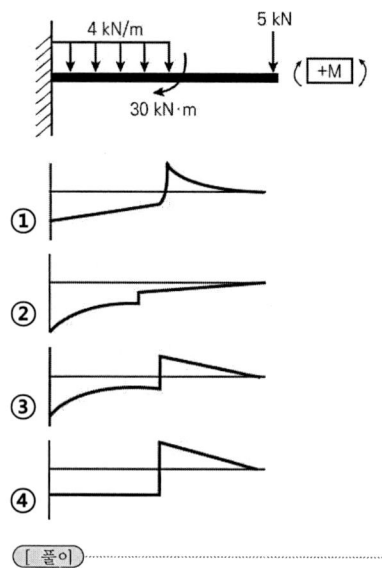

[풀이]

외팔보의 최대 SF와 최대 BM은 고정단에서 발생

318 그림과 같은 보에서 보의 자중은 무시하고, 왼쪽 A지점으로부터 거리 L_1인 위치에 모멘트 M이 작용할 때, 지점 A 반력의 절대값은?

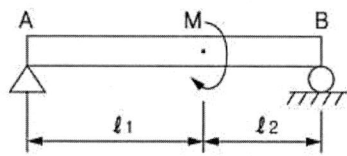

① $0\,(zero)$ ② $\dfrac{M}{l_1}$

③ $\dfrac{M}{l_2}$ ④ $\dfrac{M}{l_1+l_2}$

[풀이]

$\sum M_B = 0$
$\Rightarrow R_A \times (l_1 + l_2) = -M$
$\Rightarrow R_A = -\dfrac{M}{(l_1+l_2)}$
$\Rightarrow |R_A| = \left| -\dfrac{M}{(l_1+l_2)} \right|$
$\qquad = \dfrac{M}{(l_1+l_2)}$

319 그림과 같은 집중하중을 받는 단순 지지보의 최대 굽힘 모멘트는? (단 보의 굽힘강성 EI는 일정하다.)

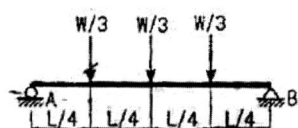

① $\dfrac{1}{8}WL$ ② $\dfrac{1}{6}WL$

③ $\dfrac{1}{24}WL$ ④ $\dfrac{1}{12}WL$

[풀이]

$\sum M_B = 0$
$\Rightarrow R_A \times L = W/3 \times 3L/4$
$\qquad\qquad + W/3 \times L/2 + W/3 \times L/4$
$\Rightarrow R_A = \dfrac{W}{2}$

$M_{L/2} = M_{max} = R_A \times L/2 - W/3 \times L/4$
$\qquad = W/2 \times L/2 - W/3 \times L/4$
$\qquad = \dfrac{WL}{4} - \dfrac{WL}{12} = \dfrac{1}{6}WL$

정답 317. ② 318. ④ 319. ②

320 그림과 같이 10 kN의 집중하중과 4 kN·m의 굽힘모멘트가 작용하는 단순지지보에서 A 위치의 반력 R_A는 약 몇 kN 인가? (단, 4 kN·m의 모멘트는 보의 중앙에서 작용한다.)

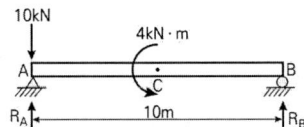

① 8   ② 8.4   ③ 10   ④ 10.4

[풀이]

$\sum M_B = 0$
⇨ $R_A \times 10 = 10 \times 10 + 4$
⇨ $R_A = \dfrac{104}{10} = 10.4 \, kN$

321 그림과 같은 보에서 반력 R_1, R_2의 크기는 각각 몇 kN인가?

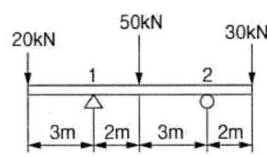

① $R_1 = 50$, $R_2 = 50$
② $R_1 = 20$, $R_2 = 80$
③ $R_1 = 70$, $R_2 = 30$
④ $R_1 = 65$, $R_2 = 35$

[풀이]

$\sum M_B = 0$
⇨ $R_A \times 5 + 30 \times 2 = 20 \times 8 + 50 \times 3$
⇨ $R_A = \dfrac{250}{5} = 50 \, kN$

$\sum F_y = 0$
⇨ $R_B = 20 + 50 + 30 - R_A = 50 \, kN$

322 그림과 같은 돌출보에 집중하중이 A점에 5kN과 C점에 6kN이 작용하고 있을 때, B점의 반력은 몇 kN인가?

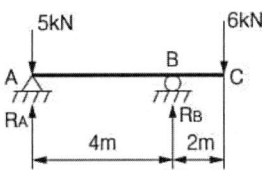

① 9   ② 7.5   ③ 6   ④ 5

[풀이]

$\sum M_A = 0$
⇨ $R_B \times 4 = 6 \times 6$
⇨ $R_B = \dfrac{36}{4} = 9 \, kN$

323 다음 그림에서 A 지점의 반력 R_A는?

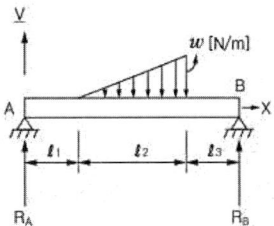

① $\dfrac{w\, l_2\, (l_2 + 3\, l_3)}{6\, (l_1 + l_2 + l_3)}$

② $\dfrac{w\, l_2\, (l_2 + 3\, l_3)}{3\, (l_1 + l_2 + l_3)}$

③ $\dfrac{w\, l_2\, (l_2 + l_3)}{6\, (l_1 + l_2 + l_3)}$

④ $\dfrac{w\, l_2\, (l_2 + l_3)}{3\, (l_1 + l_2 + l_3)}$

[풀이]

정답 320. ④ 321. ① 322. ① 323. ①

$\sum M_B = 0$

$\Rightarrow R_A \times (l_1 + l_2 + l_3) = \frac{w l_2}{2} \times (l_3 + \frac{1}{3} l_2)$

$\Rightarrow R_A = \frac{w l_2 (l_2 + 3 l_3)}{6 (l_1 + l_2 + l_3)} N$

324 그림에서 A 지점에서의 반력 R_A를 구하면 약 몇 N인가?

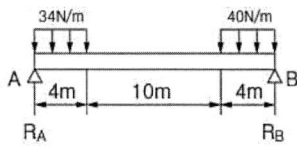

① 107 ② 127 ③ 136 ④ 139

[풀이]

$\sum M_B = 0$

$\Rightarrow R_A \times 18 = 34 \times 4 \times 16 + 40 \times 4 \times 2$

$\Rightarrow R_A = \frac{2496}{18} = 138.67 N$

325 그림과 같은 보에 C에서 D까지 균일 분포하중 w가 작용하고 있을 때, A점에서의 반력 R_A 및 B점에서의 반력 R_B는?

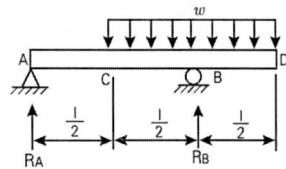

① $R_A = \frac{w\ell}{2}$, $R_B = \frac{w\ell}{2}$

② $R_A = \frac{w\ell}{4}$, $R_B = \frac{3w\ell}{4}$

③ $R_A = 0$, $R_B = w\ell$

④ $R_A = -\frac{w\ell}{4}$, $R_B = \frac{5w\ell}{4}$

[풀이]

③ $R_A = 0$, $R_B = w\ell$

326 그림과 같은 단순보의 지점 반력(R_A, R_B)은 몇 N인가?

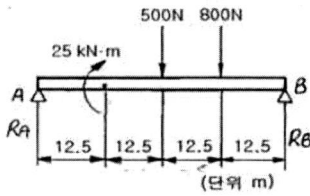

① $R_A = 50$, $R_B = 1350$
② $R_A = -250$, $R_B = 1550$
③ $R_A = -150$, $R_B = 1450$
④ $R_A = -50$, $R_B = 1350$

[풀이]

$\sum M_B = 0$

$\Rightarrow R_A \times 50 + 25 \times 10^3 = 500 \times 25 + 800 \times 12.5$

$\Rightarrow R_A = \frac{-2500}{50} = -50 N$

$\sum F_y = 0$

$\Rightarrow R_B = -50 + 500 + 800 = 1350 N$

327 그림과 같은 분포하중을 받는 단순보의 반력 R_A, R_B는 각각 몇 kN인가?

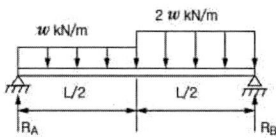

① $R_A = \frac{3}{8} wL$, $R_B = \frac{9}{8} wL$

② $R_A = \frac{5}{8} wL$, $R_B = \frac{7}{8} wL$

정답 324. ④ 325. ③ 326. ④ 327. ②

③ $R_A = \dfrac{9}{8}wL$, $R_B = \dfrac{3}{8}wL$

④ $R_A = \dfrac{7}{8}wL$, $R_B = \dfrac{5}{8}wL$

[풀이]

$\sum F_y = R_A - \dfrac{wl}{2} - wl + R_B = 0$

$\Rightarrow R_A + R_B = \dfrac{3wl}{2}$

$\sum M_A = 0$

$\Rightarrow -\dfrac{l}{4} \times \dfrac{wl}{2} - \dfrac{3l}{4} \times wl + l \times R_B = 0$

$\therefore R_B = \dfrac{7}{8}wl$, $R_A = \dfrac{5}{8}wl$

328 그림과 같은 돌출보에 집중하중이 A 점에 5 kN과 C 점에 6 kN이 작용하고 있을 때, B 점의 반력은?

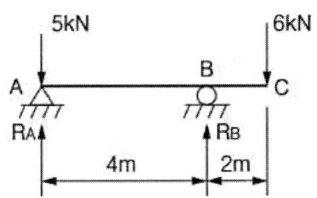

① 9 kN ② 7.5 kN ③ 6 kN ④ 5 kN

[풀이]

$\sum M_A = 0$

$\Rightarrow R_B \times 4 = 6 \times 6$

$\Rightarrow R_B = 9\ kN$

329 그림과 같이 삼각형으로 분포하는 하중을 받고 있는 단순보에서 지점 B의 반력은 얼마인가?

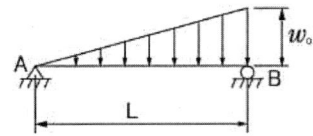

① $\dfrac{w_0 L}{6}$ ② $\dfrac{w_0 L}{3}$

③ $\dfrac{w_0 L}{2}$ ④ $w_0 L$

[풀이]

$\sum M_A = 0$

$\Rightarrow R_B \times L = \dfrac{w_0 L}{2} \times \dfrac{2L}{3}$

$\Rightarrow R_B = \dfrac{w_0 L}{3}$

330 그림과 같은 보가 분포하중과 집중하중을 받고 있다. 지점 B에서의 반력크기를 구하면 몇 kN 인가?

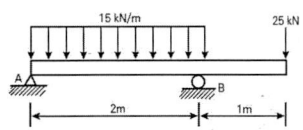

① 28.5 ② 40.0 ③ 52.5 ④ 55.0

[풀이]

$\sum M_A = 0$

$\Rightarrow R_B \times 2 = 25 \times 3 + (15 \times 2) \times 1$

$R_B = \dfrac{25 \times 3 + (15 \times 2) \times 1}{2}$

$= 52.2\ kN$

정답 328. ① 329. ② 330. ③

331 그림과 같은 보의 지점 반력 R_A, R_B는?

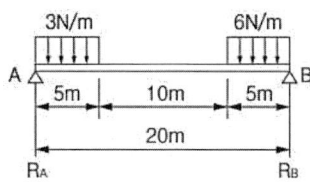

① $R_A = 9.4\ N$, $R_B = 35.6\ N$
② $R_A = 10.1\ N$, $R_B = 34.9\ N$
③ $R_A = 15.4\ N$, $R_B = 29.6\ N$
④ $R_A = 16.9\ N$, $R_B = 28.1\ N$

[풀이]

$\sum M_B = 0$
$\Rightarrow R_A \times 20 = 3 \times 5 \times 17.5 + 6 \times 5 \times 2.5$
$\Rightarrow R_A = \dfrac{337.5}{20} = 16.88\ N$

$\sum F_y = 0$
$\Rightarrow R_B = -16.88 + 3 \times 5 + 6 \times 5$
$\qquad = 28.12\ N$

332 그림에서 A 지점에서의 반력을 구하면 약 몇 N인가?

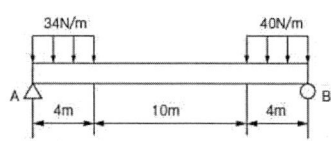

① 118 ② 127 ③ 132 ④ 139

[풀이]

$\sum M_B = 0$
$\Rightarrow R_A \times 18 = 34 \times 4 \times 16$
$\qquad\qquad\quad + 40 \times 4 \times 2$
$\quad R_A = 138.7\ N$

333 그림과 같이 등분포하중이 작용하는 보에서 최대전단력의 크기는(kN)?

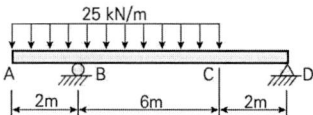

① 50 ② 100 ③ 150 ④ 200

[풀이]

$\sum M_D = 0 \Rightarrow R_B \times 8 = 25 \times 8 \times 6$
$\qquad\qquad\quad \Rightarrow R_B = 150$

$SF_B = 150 - 2 \times 25 = 100\ kN$

334 그림과 같이 하중을 받는 보에서 전단력의 최대값은 약 몇 kN 인가?

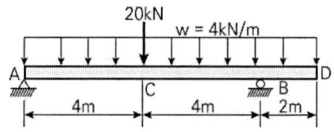

① 11 kN   ② 25 kN
③ 27 kN   ④ 35 kN

[풀이]

$\sum M_A = 0$
$\Rightarrow R_B \times 8 = 40 \times 5 + 20 \times 4$
$\Rightarrow R_B = 35,\ R_A = 25$

$SF_A = 25,\ SF_B = R_A - 20 - 32$
$\qquad\qquad\quad = 25 - 52 = -27\ kN = SF_{max}$

335 그림과 같은 단순보에서 전단력이 0이 되는 위치는 A 지점에서 몇 m 거리에 있는가?

정답) 331. ④ 332. ④ 333. ② 334. ③ 335. ②

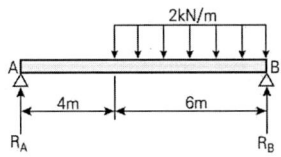

① 4.8 ② 5.8 ③ 6.8 ④ 7.8

[풀이]

$\sum M_B = 0 \Rightarrow R_A \times 10 = 12 \times 3$

$\Rightarrow R_A = \dfrac{36}{10} = \dfrac{18}{5} \Rightarrow \dfrac{18}{5} = 2x$

$\Rightarrow x = \dfrac{9}{5}$

∴ A 지점으로부터의 거리는

$4 + \dfrac{9}{5} = 5.8\, m$

336 그림과 같은 분포하중을 받는 단순보의 m-n 단면에 생기는 전단력의 크기는 얼마인가?

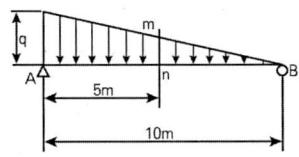

① 300 N ② 250 N
③ 167 N ④ 125 N

[풀이]

$\sum M_B = 0$

$\Rightarrow R_A \times 10 - \left(\dfrac{300 \times 10}{2}\right) \times \left(\dfrac{2}{3} \times 10\right) = 0$

$\Rightarrow R_A = 1000\, N$

∴ $|V_{m-n}|$
$= \left| R_A - \left[(150 \times 5) + \dfrac{(150 \times 5)}{2}\right]\right|$
$= |-125\, N| = 125\, N$

337 그림과 같은 단순보의 중앙 C에 집중하중 P, C와 B 사이에 균일 분포하중 w 가 작용할 때 왼쪽 A 지점의 반력 R_A는?

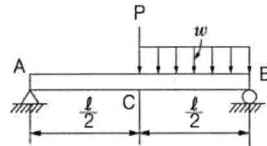

① $R_A = \dfrac{P}{2} + \dfrac{wl}{4}$

② $R_A = \dfrac{Pl}{2} + \dfrac{wl^2}{8}$

③ $R_A = Pl + \dfrac{wl^2}{4}$

④ $R_A = \dfrac{P}{2} + \dfrac{wl}{8}$

[풀이]

$\sum M_B = 0$

$\Rightarrow R_A \times l = P \times \dfrac{l}{2} + \dfrac{wl}{2} \times \dfrac{l}{4}$

$\Rightarrow R_A = \dfrac{P}{2} + \dfrac{wl}{8}$

338 그림과 같은 균일 단면의 돌출보(overhanging beam)에서 반력 R_A는? (단, 보의 자중은 무시한다.)

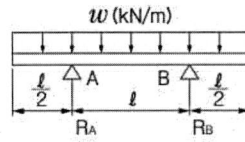

① wl ② $wl/4$ ③ $wl/3$ ④ $wl/2$

[풀이]

$\sum M_B = 0$

$\Rightarrow R_A \times l + \dfrac{wl}{2} \times \dfrac{l}{4} = \dfrac{3wl}{2} \times \dfrac{3l}{4}$

$\Rightarrow R_A = wl\; kN$

정답 336. ④ 337. ④ 338. ①

339 그림과 같은 형태로 분포하중을 받고 있는 단순 지지보가 있다. 지지점 A에서의 반력 R_A는 얼마인가? (단, 분포하중 $w(x) = w_o \sin \dfrac{\pi x}{L}$)

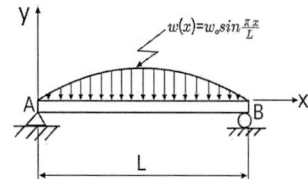

① $\dfrac{2 w_o L}{\pi}$ ② $\dfrac{w_o L}{\pi}$

③ $\dfrac{w_o L}{2 \pi}$ ④ $\dfrac{w_o L}{2}$

[풀이]

총 하중

$$W = \int_0^L w(x)\,dx = \int_0^L w_0 \sin \dfrac{\pi x}{L}$$

$$= -w_0 \cdot \dfrac{L}{\pi} \left[\cos \dfrac{\pi x}{L} \right]_0^L$$

$$= -w_0 \cdot \dfrac{L}{\pi} (\cos \pi - \cos 0)$$

$$= -w_0 \cdot \dfrac{L}{\pi}(-1-1) = \dfrac{2 w_0 L}{\pi}$$

$$\therefore R_A = R_B = \dfrac{w_o L}{\pi}$$

340 그림과 같은 보의 중앙점에서의 굽힘모멘트는?

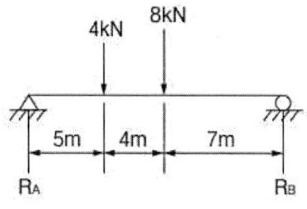

① 45 kN·m   ② 34 kN·m
③ 48 kN·m   ④ 38 kN·m

[풀이]

$\sum M_B = 0$
$\Rightarrow R_A \times 16 = 4 \times 11 + 8 \times 7$
$\Rightarrow R_A = 6.25\,kN$

$\therefore M_{8m} = R_A \times 8 - 4 \times 3$
$\qquad = 6.25 \times 8 - 12 = 38\,kN \cdot m$

341 그림과 같은 단순보가 좌측에서 우력 Mo가 작용하고 있다. 이 경우 A점과 B점에서 모멘트는?

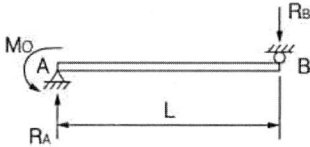

① $M_A = -M_0,\; M_B = 0$
② $M_A = 0,\; M_B = -M_0$
③ $M_A = \dfrac{M_0}{L},\; M_B = -M_0$
④ $M_A = 0,\; M_B = -\dfrac{M_0}{L}$

[풀이]

$\sum M_B = 0$
$\Rightarrow R_A \times L = M_0$
$\Rightarrow R_A = \dfrac{M_0}{L},\; R_B = -\dfrac{M_0}{L}$

$\therefore M_A = -M_0,$
$\quad M_B = R_A \times L - M_0$
$\qquad = \dfrac{M_0}{L} \times L - M_0 = 0$

정답 339. ② 340. ④ 341. ①

342 그림과 같은 외팔보에 있어서 고정단에서 20cm 되는 점의 굽힘모멘트 M은 몇 kN·m인가?

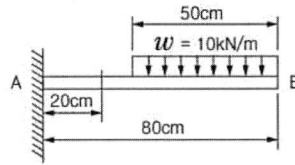

① 1.6 ② 1.75 ③ 2.2 ④ 2.75

[풀이]

외팔보이므로 자유단으로부터 계산한다.
$M = w \times 0.5 \times (0.6 - 0.25)$
$= 10 \times 0.5 \times 0.35 = 1.75\ kN \cdot m$

343 그림과 같이 길이 100cm의 외팔보에 2개의 집중하중이 작용할 때 C점에서의 굽힘모멘트는 몇 N·m인가?

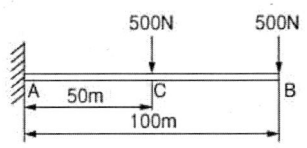

① 250 ② 500 ③ 750 ④ 1000

[풀이]

$M = 500 \times 0.5 = 250\ N \cdot m$

344 한쪽을 고정한 L형 보에 그림과 같이 분포하중(w)과 집중하중(50N)이 작용할 때 고정단 A 점에서의 모멘트는 얼마인가?

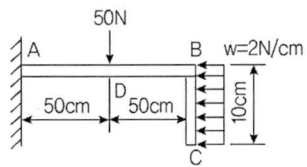

① 2600 N·cm ② 2900 N·cm
③ 3200 N·cm ④ 3500 N·cm

[풀이]

$\sum M_A = 0$
$M_A = 50 \times 50 + 20 \times 5$
$= 2600\ N \cdot cm$

345 그림과 같은 보에서 최대 굽힘 모멘트는 몇 kN·m인가?

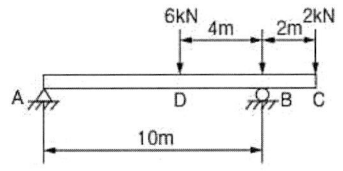

① 4 ② 12 ③ 16 ④ 8

[풀이]

$\sum M_A = 0$
$\Rightarrow R_B \times 10 = 6 \times 6 + 2 \times 12$
$\Rightarrow R_B = 6\ kN,\ R_A = 2\ kN$

$BM_D = 2 \times 6 = 12\ kN \cdot m$
$BM_B = 2 \times 10 - 6 \times 4 = -4\ kN \cdot m$
$\therefore BM_D = BM_{max} = 12\ kN \cdot m$

346 아래 그림에서 모멘트의 최대값은 몇 kN·m인가? (단, B점은 고정이다.)

정답) 342. ② 343. ① 344. ① 345. ② 346. ①

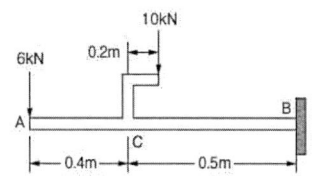

① 10   ② 16   ③ 29   ④ 40

[풀이]

외팔보의 최대 BM 은 고정단(B)에서 발생
$BM_{max} = 6 \times 1 + 10 \times 0.6 - 10 \times 0.2$
$= 10 \, kN \cdot m$

347 그림과 같이 길이 L인 단순 지지된 보 위를 하중 W가 이동하고 있다. 최대 굽힘모멘트를 발생시키는 위치 x는?

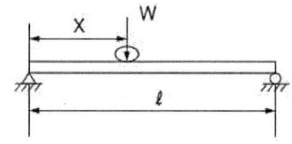

① $l/8$ ② $l/4$ ③ $l/3$ ④ $l/2$

[풀이]

④

348 그림과 같은 삼각형 분포하중을 받는 단순보에서 최대 굽힘 모멘트는?

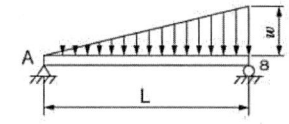

① $\dfrac{wL^2}{3\sqrt{3}}$ ② $\dfrac{wL^2}{9\sqrt{3}}$

③ $\dfrac{wL^3}{3\sqrt{3}}$ ④ $\dfrac{wL^3}{9\sqrt{3}}$

[풀이]

329, 367($3w \Rightarrow w$)번 문항 참조

$BM_{max} = \dfrac{wL^2}{9\sqrt{3}} \quad at \quad \dfrac{L}{\sqrt{3}}$

349 그림과 같이 균일분포 하중을 받는 보의 지점 B에서의 굽힘모멘트는 몇 kN·m인가?

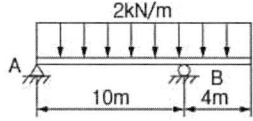

① 16   ② 8   ③ 10   ④ 1.6

[풀이]

우측으로부터 계산하는 것이 쉽다.
$M_B = 2 \times 4 \times 2 = 16 \, kN \cdot m$

350 그림과 같은 보에서 발생하는 최대 굽힘모멘트는?

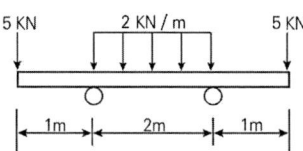

① 2 kN·m   ② 5 kN·m
③ 7 kN·m   ④ 10 kN·m

[풀이]

$M_{x=1} = |-5 \times 1| = 5 \, kN \cdot m$
$M_{x=3} = |(-5 \times 2) + 7 \times 1 + (-2 \times 1 \times 0.5)|$
$= 4 \, kN \cdot m$

$\therefore M_{max} = 5 \, kN \cdot m$

■정답) 347. ④ 348. ② 349. ① 350. ②

351 그림과 같은 돌출보가 있다. $wl = P$ 일때 이 보의 중앙점에서 굽힘모멘트가 0이 되기 위한 길이의 비 a/l은? (단, 보의 자중은 무시한다.)

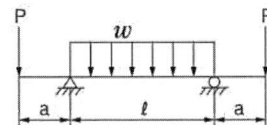

① 1/4 ② 1/8 ③ 1/16 ④ 1/24

[풀이]

$R_A = P + \dfrac{wl}{2}$ 이므로

$BM_{l/2} = R_A \times l/2 - P \times (a + l/2)$
$\qquad\qquad - wl/2 \times l/4$

조건 $BM_{l/2} = 0$ 으로부터

$\Rightarrow (P + \dfrac{wl}{2}) \times \dfrac{l}{2} - P \times (a + l/2)$
$\qquad\qquad - wl/2 \times l/4 = 0 \; \cdots\cdots \; ❶$

$P = wl$ 을 ❶식에 대입하고 정리하면
$a/l = 1/8$

352 그림과 같은 보가 집중하중 P를 받고 있다. 최대 굽힘 모멘트의 크기는?

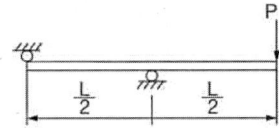

① PL ② $PL/2$
③ $PL/4$ ④ $PL/8$

[풀이]

돌출보이므로 우측으로부터 계산하는 것이 쉽다. $BM_{\max} = BM_{l/2} = PL/2$

353 아래와 같은 보에서 C점 (A에서 4m 떨어진 지점)에서의 굽힘모멘트 값은?

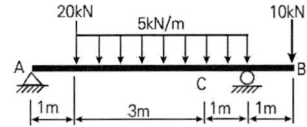

① 5.5 kN·m ② 13 kN·m
③ 11 kN·m ④ 22 kN·m

[풀이]

우측 지지점에 대한 $\sum M = 0$

$\Rightarrow R_A \times 5 + 10 \times 1$
$\qquad = 20 \times 4 + (5 \times 4) \times 2$

$R_A = 22 \; kN$

$\therefore M_c = 22 \times 4 - 20 \times 3 - (3 \times 5) \times 1.5$
$\qquad = 5.5 \; kN$

354 그림과 같은 보의 중앙점에서 굽힘모멘트의 크기는?

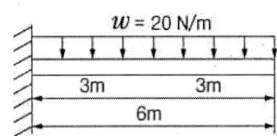

① 30 N·m ② 60 N·m
③ 90 N·m ④ 120 N·m

[풀이]

외팔보이므로 우측으로부터 계산하면
$BM_{l/2} = 20 \times 3 \times 1.5 = 90 \; N \cdot m$

355 그림과 같은 보에서 P_1= 800N, P_2= 500N이 작용할 때 보의 왼쪽에서 2m 지점에 있는 a 위치에서의 굽힘모멘트의 크기는 약 몇 N·m 인가?

【정답】 351. ② 352. ② 353. ① 354. ③ 355. ②

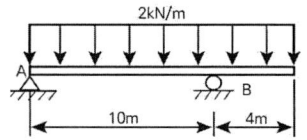

① 133.3　② 166.7
③ 204.6　④ 257.4

[풀이]

좌측 지지점에 대한 $\sum M_A = 0$
$\Rightarrow R_B \times 3 = 800 \times 1.5 + 500 \times 3.7$
$R_B = 1016.7\ N$
$\sum F_y = 0$ 으로부터 $R_A = 283.3\ N$
$\therefore M_{2m} = |-283.3 \times 2 + 800 \times 0.5|$
$= 166.6\ N \cdot m$

356 그림과 같은 돌출보에서 B, C점의 모멘트 M_B, M_C는 각각 몇 N·m인가?

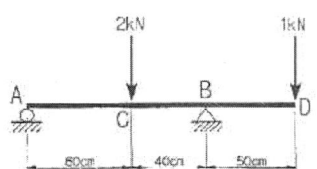

① M_B=500, M_C=1300
② M_B=500, M_C=180
③ M_B=800, M_C=1300
④ M_B=800, M_C=180

[풀이]

$\sum M_B = 0$
$\Rightarrow R_A \times 1 + 1000 \times 0.5 = 2000 \times 0.4$
$\Rightarrow R_A = 300\ N$

$M_B = 300 \times 1 - 2000 \times 0.4 = 500\ N \cdot m$
$M_C = 300 \times 0.6 = 180\ N \cdot m$

357 그림과 같이 균일분포 하중을 받는 보의 지점 B에서의 굽힘모멘트는 몇 kN·m 인가?

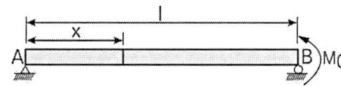

① 16　② 10　③ 8　④ 1.6

[풀이]

$BM_B = 8 \times 2 = 16\ kN \cdot m$

358 그림과 같이 단순보의 지점 B에 M_0의 모멘트가 작용할 때 최대 굽힘모멘트가 발생되는 A단으로부터의 거리 x는?

① $x = \dfrac{\ell}{5}$　② $x = \ell$
③ $x = \dfrac{\ell}{2}$　④ $x = \dfrac{3}{4}\ell$

[풀이]

SFD와 BMD 선도해석으로부터 최대 굽힘모멘트가 발생되는 위치는
$x = l$ 인 위치이며 $M_{max} = \dfrac{M_0}{l}$ 이다.

359 다음 그림과 같은 외팔보에 하중 P_1, P_2가 작용될 때 최대 굽힘모멘트의 크기는?

[정답] 356. ②　357. ①　358. ②　359. ④

① $P_1 \cdot a + P_2 \cdot b$
② $P_1 \cdot b + P_2 \cdot a$
③ $(P_1 + P_2) \cdot L$
④ $P_1 \cdot L + P_2 \cdot b$

[풀이]

$M_{max} = M_{고정단}$
⇨ $M_{max} = P_1 L + P_2 b$

360 그림과 같은 외팔보가 하중을 받고 있다. 고정단에 발생하는 최대 굽힘모멘트는 몇 N·m인가?

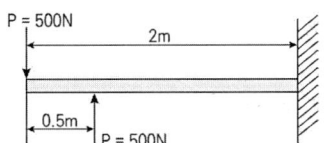

① 250 ② 500 ③ 750 ④ 1000

[풀이]

$M_{max} = M_{고정단} = 500 \times 2 - 500 \times 1.5$
$= 250 \, N \cdot m$

361 그림과 같은 보에서 균일 분포하중(w)과 집중하중(P)이 동시에 작용할 때 굽힘모멘트의 최대값은?

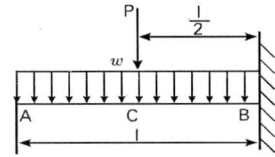

① $\ell(P - w\ell)$
② $\dfrac{\ell}{2}(P - w\ell)$
③ $\ell(P + w\ell)$
④ $\dfrac{\ell}{2}(P + w\ell)$

[풀이]

$M_{max} = M_{고정단} = \dfrac{Pl}{2} + \dfrac{wl^2}{2}$
$= \dfrac{l}{2}(P + wl)$

362 다음 보에 발생하는 최대 굽힘모멘트는?

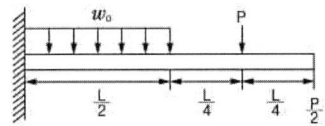

① $\dfrac{L}{4}(w_o L - 2P)$
② $\dfrac{L}{4}(w_o L + 2P)$
③ $\dfrac{L}{8}(w_o L - 2P)$
④ $\dfrac{L}{8}(w_o L + 2P)$

[풀이]

$M_{max} = M_{고정단}$
$= w_o \times \dfrac{L}{2} \times \dfrac{L}{4} + P \times \dfrac{3L}{4} - \dfrac{P}{2} \times L$
$= \dfrac{L}{8}(w_o L + 2P)$

363 그림과 같이 외팔보에 균일분포 하중이 작용한다. 고정단에서의 굽힘모멘트는 몇 N·m 인가?

정답 360. ① 361. ④ 362. ④ 363. ③

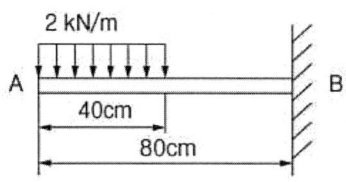

① 440 ② 840 ③ 480 ④ 460

[풀이]

$M_B = wl \times 0.6 = 2000 \times 0.4 \times 0.6$
$\qquad = 480\ N \cdot m$

364 그림과 같이 분포하중이 작용할 때 최대 굽힘모멘트가 일어나는 곳은 보의 좌측으로부터 얼마나 떨어진 곳에 위치하는가?

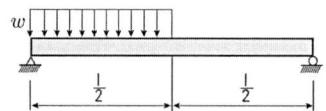

① $\dfrac{1}{4}l$ ② $\dfrac{3}{8}l$ ③ $\dfrac{5}{12}l$ ④ $\dfrac{7}{16}l$

[풀이]

$\sum M_B = 0 \Rightarrow R_A \times l = \dfrac{wl}{2} \times \dfrac{3l}{4}$

$\Rightarrow R_A = \dfrac{3wl}{8}$

$\sum F_y = 0$

$\Rightarrow \dfrac{3wl}{8} = wx \quad \therefore x = \dfrac{3}{8}l$

365 길이 1m인 단순보가 아래 그림처럼 q = 5 kN/m의 균일 분포하중과 P = 1 kN의 집중하중을 받고 있을 때 최대 굽힘모멘트는 얼마이며, 발생되는 지점은 A점에서 얼마되는 곳인가?

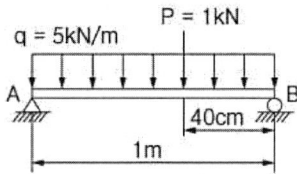

① 48cm에서 241 N·m
② 58cm에서 620 N·m
③ 48cm에서 800 N·m
④ 58cm에서 841 N·m

[풀이]

$\sum M_B = 0$

$\Rightarrow R_A \times 1 = 5000 \times 0.5 + 1000 \times 0.4$

$\Rightarrow R_A = 2900\ N$

$SF_x = 2900 - 5000\,x = 0$ 에서

$x = 0.58\ m = 58\ cm$

$\therefore M_{0.58\,m}$
$\qquad = 2900 \times 0.58 - 5000 \times 0.58 \times 0.29$
$\qquad = 841\ N \cdot m$

366 그림과 같은 단순보의 중앙점(C)에서 굽힘모멘트는?

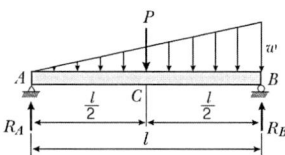

① $\dfrac{Pl}{2} + \dfrac{wl^2}{8}$

② $\dfrac{Pl}{4} + \dfrac{wl^2}{16}$

③ $\dfrac{Pl}{2} + \dfrac{wl^2}{48}$

④ $\dfrac{Pl}{4} + \dfrac{5}{48}wl^2$

[정답] 364. ② 365. ④ 366. ②

[풀이]

$$R_A = \frac{wl}{6} + \frac{P}{2}$$

$$\Rightarrow M_{\frac{l}{2}} = R_A \times \frac{l}{2} - \frac{1}{2} \times \frac{l}{2} \times \frac{w}{2} \times \left(\frac{l}{2} \times \frac{1}{3}\right)$$

$$= \left(\frac{wl}{6} + \frac{P}{2}\right) \times \frac{l}{2} - \frac{wl^2}{48}$$

$$= \frac{Pl}{4} + \frac{wl^2}{16}$$

367 그림과 같은 삼각형 분포하중을 받는 단순보에서 최대 굽힘모멘트는? (단, 보의 길이는 L 이다.)

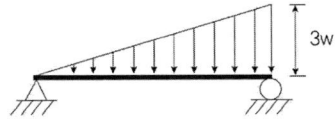

① $\dfrac{wL^2}{2\sqrt{2}}$ ② $\dfrac{wL^2}{3\sqrt{3}}$

③ $\dfrac{wL^2}{4\sqrt{2}}$ ④ $\dfrac{wL^2}{9\sqrt{3}}$

[풀이]

$$\sum F = 0 \Rightarrow R_A + R_B = \frac{3}{2}wL$$

$$\sum M_A = 0$$

$$\Rightarrow R_B L = \frac{3}{2}wL \times \frac{2}{3}L$$

$$\Rightarrow R_B = wL, \ R_A = \frac{1}{2}wL$$

$$M(x) = \frac{wL}{2}x - \frac{w}{2L}x^3$$

$$\Rightarrow \frac{dM(x)}{dx} = \frac{wL}{2} - \frac{3w}{2L}x^2 = 0$$

$$\Rightarrow x = \pm \frac{L}{\sqrt{3}}$$

$$M\left(\frac{L}{\sqrt{3}}\right) = \frac{wL}{2} \times \frac{L}{\sqrt{3}} - \frac{w}{2L}\left(\frac{L}{\sqrt{3}}\right)^3$$

$$= \frac{wL^2}{3\sqrt{3}}$$

368 그림의 C점에서 작용하는 굽힘모멘트는 몇 N·m인가?

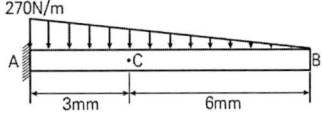

① 270 ② 810 ③ 540 ④ 1080

[풀이]

A 점의 반력과 반 모멘트는

$$R_A = \frac{270 \times 9}{2} = 1215 \ N$$

$$M_A = \frac{270 \times 9 \times 3}{2} = 3645 \ N \cdot m$$

그러나, C점($l = 3m$) 위치에서의 굽힘모멘트는 B점으로부터 구하는 것이 더 쉽다.

먼저, C점에서의 변분포하중을 구하면
비례식 $270 : 9 = x : 6$ 으로부터
$x = 180 \ N/m$ 이므로

$$M_C = \frac{180 \times 6}{2} \times 2 = 1080 \ N \cdot m$$

369 길이가 ℓ 인 외팔보에서 그림과 같이 삼각형 분포하중을 받고 있을 때 최대 전단력과 최대 굽힘모멘트는?

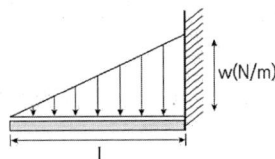

[정답] 367. ② 368. ④ 369. ①

① $\dfrac{w\ell}{2}, \dfrac{w\ell^2}{6}$ ② $w\ell, \dfrac{w\ell^2}{3}$

③ $\dfrac{w\ell}{2}, \dfrac{w\ell^2}{3}$ ④ $\dfrac{w\ell^2}{2}, \dfrac{w\ell}{6}$

① $w = \dfrac{d^2F}{dx^2}$ ② $w = \dfrac{dM}{dx}$

③ $w = \dfrac{d^2x}{dM^2}$ ④ $w = \dfrac{dF}{dx}$

[풀이]

외팔보 최대 SF, 최대 BM은 고정단에서 발생

$F_{max} = \dfrac{w_0 l}{2} = \dfrac{w l}{2}$,

$M_{max} = \dfrac{w_0 l}{2} \times \dfrac{l}{3} = \dfrac{w l}{2} \times \dfrac{l}{3} = \dfrac{w l^2}{6}$

[풀이]

④

370 그림과 같은 외팔보에서 고정부에서의 굽힘모멘트를 구하면 약 몇 kN·m인가?

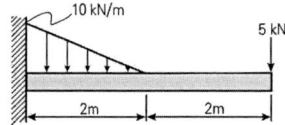

① 26.7 (반시계방향)
② 26.7 (시계방향)
③ 46.7 (반시계방향)
④ 46.7 (시계방향)

[풀이]

$M_{max} = 5 \times 4 + \left(\dfrac{10 \times 2}{2} \times \dfrac{2}{3} \right)$

$\fallingdotseq 26.7\ kN \cdot m$ **반시계방향**

371 순수굽힘을 받는 선형 탄성 균일단면보의 전단력 F와 굽힘모멘트 M 및 분포하중 w [N/m]사이에 옳은 관계식은?

정답) 370. ① 371. ④

보속의 응력

372 다음 중 수직응력(normal stress)을 발생시키지 않는 것은?

① 인장력　② 압축력
③ 비틀림모멘트　④ 굽힘모멘트

[풀이]

단면과의 관계에서 단면과 수직하게 작용하는 외력을 수직력, 평행하게 작용하는 외력을 전단력이라 하며, 발생하는 대응력도 수직응력, 전단응력이라 호칭함.
수직력의 대표적인 외력의 종류에는 인장력과 압축력이 있으며, 굽힘모멘트는 보속의 응력과 관계하여 수직응력이 발생함.

373 원뿔대 형태의 주춧돌을 비중량 7500 N/m³의 콘크리트로 만들었다. 주춧돌에서 바닥으로부터 높이 1m되는 부분에 작용되는 수직응력은 몇 kPa인가?

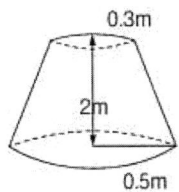

① 5.8　② 8.5　③ 9.6　④ 19.2

[풀이]

밑면으로부터 1m 되는 위치의 직경은 0.8m 이고 상부의 체적은

$$V = \frac{1}{3}Ah = \frac{1}{3}\times\left(\frac{\pi}{4}\times 0.8^2 \times 4\right) - \frac{1}{3}\times\left(\frac{\pi}{4}\times 0.6^2 \times 3\right)$$
$$= 0.3873 \ m^3$$

이므로
$$W = \gamma h = 7500 \times 0.3873 \times 10^{-3}$$
$$= 2.905 \ kN$$

$$\therefore \sigma = \frac{W}{A} = \frac{W}{\pi d^2/4} = \frac{2.905}{3.14\times 0.8^2/4}$$
$$= 5.782 \ kPa$$

374 그림과 같은 구조물에서 단면 m-n상에 발생하는 최대 수직응력의 크기는 몇 MPa인가?

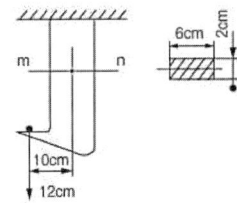

① 10　② 90　③ 100　④ 110

[풀이]

$$\sigma_{max} = \frac{P}{A} + \frac{M}{Z}$$
$$= \frac{12\times 10^{-3}}{0.06\times 0.02} + \frac{12\times 10^{-3}\times 0.1}{0.02/6\times 0.06^2}$$
$$= 110 \ MPa$$

375 그림과 같은 반지름 a인 원형 단면축에 비틀림모멘트 T가 작용한다. 단면의 임의 위치 r(0 < r < a)에서 발생하는 전단응력은 얼마인가? (단, $I_o = I_x + I_y$ 이고, I는 단면 2차 모멘트이다.)

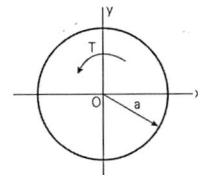

[정답] 372. ③　373. ①　374. ④　375. ②

① 0 ② $\dfrac{T}{I_o}r$ ③ $\dfrac{T}{I_x}r$ ④ $\dfrac{T}{I_y}r$

[풀이]

$T = \tau Z_P = \tau \dfrac{I_O}{a} \Rightarrow \tau = \dfrac{T}{I_O}r$

376 비틀림 모멘트 T를 받고 있는 직경이 d인 원형 축의 최대 전단응력은?

① $\tau = \dfrac{8T}{\pi d^3}$ ② $\tau = \dfrac{16T}{\pi d^3}$

③ $\tau = \dfrac{32T}{\pi d^3}$ ④ $\tau = \dfrac{64T}{\pi d^3}$

[풀이]

$T = \tau Z_P \Rightarrow \tau = \dfrac{T}{Z_P} = \dfrac{16T}{\pi d^3}$

377 직경이 d이고 길이가 L인 균일한 단면을 가진 직선축이 전체 길이에 걸쳐 토크 t_0가 작용할 때, 최대 전단응력은?

① $\dfrac{2 t_0 L}{\pi d^3}$ ② $\dfrac{4 t_0 L}{\pi d^3}$

③ $\dfrac{16 t_0 L}{\pi d^3}$ ④ $\dfrac{32 t_0 L}{\pi d^3}$

[풀이]

$T = \tau Z_P = \tau \dfrac{\pi d^3}{16}$, $T = t_0 L$

$\Rightarrow \tau = \dfrac{16 t_0 L}{\pi d^3}$

378 중공원형 축에 비틀림 모멘트 T=100 N·m가 작용할 때, 안지름이 20mm, 바깥지름이 25mm라면 최대 전단응력은 약 몇 MPa인가?

① 42.2 ② 55.2 ③ 77.2 ④ 91.2

[풀이]

$T = \tau Z_P$

$\Rightarrow \tau = \dfrac{T}{Z_P} = \dfrac{Ty}{I_P}$

$= \dfrac{100 \times 0.025 \times 32}{\pi(0.025^4 - 0.02^4)} \times 10^{-6}$

$\fallingdotseq 55.2\, MPa$

379 직사각형(b×h)의 단면적 A를 갖는 보에 전단력 V가 작용할 때 최대 전단응력은?

① $\tau_{max} = 0.5 \dfrac{V}{A}$ ② $\tau_{max} = \dfrac{V}{A}$

③ $\tau_{max} = 1.5 \dfrac{V}{A}$ ④ $\tau_{max} = 2 \dfrac{V}{A}$

[풀이]

$\tau_{max} = \dfrac{3}{2} \dfrac{V}{A} = 1.5 \dfrac{V}{A}$

380 원형 단면보의 임의 단면에 걸리는 전체 전단력이 V일 때, 단면에 생기는 최대 전단응력은? (단, A는 원형단면의 면적이다.)

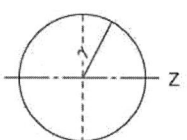

정답) 376. ② 377. ③ 378. ② 379. ③ 380. ③

① $\dfrac{1}{2}\dfrac{V}{A}$ ② $\dfrac{1}{3}\dfrac{V}{A}$
③ $\dfrac{4}{3}\dfrac{V}{A}$ ④ $\dfrac{3}{2}\dfrac{V}{A}$

[풀이]

$\tau_{max} = \dfrac{4}{3}\dfrac{V}{A}$

381 지름 d인 원형단면 보에 가해지는 전단력을 V라 할 때 단면의 중립축에서 일어나는 최대 전단응력은?

① $\dfrac{3}{2}\dfrac{V}{\pi d^2}$ ② $\dfrac{4}{3}\dfrac{V}{\pi d^2}$
③ $\dfrac{5}{3}\dfrac{V}{\pi d^2}$ ④ $\dfrac{16}{3}\dfrac{V}{\pi d^2}$

[풀이]

$\tau_{max} = \dfrac{4}{3}\dfrac{F}{A} = \dfrac{4}{3}\dfrac{4V}{\pi d^2} = \dfrac{16}{3}\dfrac{V}{\pi d^2}$

382 반지름 r인 원형단면의 단순보에 전단력 F가 가해졌다면, 이때 단순보에 발생하는 최대 전단응력은?

① $\dfrac{2F}{3\pi r^2}$ ② $\dfrac{3F}{2\pi r^2}$
③ $\dfrac{4F}{3\pi r^2}$ ④ $\dfrac{5F}{3\pi r^2}$

[풀이]

$\tau_{max} = \dfrac{4}{3}\dfrac{F}{A} = \dfrac{4F}{3\pi r^2}$

383 반경이 r이고 길이가 L인 균일한 단면의 직선 축이 전체 길이에 걸쳐 토크 t_0를 받을 때, 최대 전단응력은?

① $\dfrac{2t_0 L}{\pi r^3}$ ② $\dfrac{4t_0 L}{\pi r^3}$
③ $\dfrac{16t_0 L}{\pi r^3}$ ④ $\dfrac{32t_0 L}{\pi r^3}$

[풀이]

377번 항 참조($d = 2r$) ①

384 지름 10cm, 길이 1.5m의 둥근 막대의 일단을 고정하고 자유단을 10° 비틀었다고 하면, 막대에 생기는 최대 전단응력은 약 몇 MPa인가? (단, 전단 탄성계수 G = 8.4 GPa이다.)

① 69 ② 59 ③ 49 ④ 39

[풀이]

$\theta° = \dfrac{Tl}{GI_P} \times \dfrac{180}{\pi}$ [°]

$\Rightarrow T = \dfrac{GI_P \theta°}{l} \times \dfrac{\pi}{180}$

$= \dfrac{8.4 \times 10^9 \times \pi \times 0.1^4 \times 10}{1.5 \times 32}$

$\times \dfrac{\pi}{180} \times 10^{-6}$

$= 0.0096\ MN \cdot m$

$T = \tau_{max} Z_P$

$\Rightarrow \tau_{max} = \dfrac{T}{Z_P} = \dfrac{16T}{\pi d^3}$

$= \dfrac{16 \times 0.0096}{\pi \times 0.1^3}$

$= 48.92\ MPa$

정답) 381. ④ 382. ③ 383. ① 384. ③

385 전단력 10 kN이 작용하는 지름 10m인 원형단면의 보에서 그 중립축 위에 발생하는 최대 전단응력은 약 몇 MPa인가?

① 1.3 ② 1.7 ③ 130 ④ 170

[풀이]

$$\tau_{max} = \frac{4}{3}\frac{F}{A} = \frac{16}{3}\frac{F}{\pi d^2}$$
$$= \frac{16}{3} \times \frac{10 \times 10^3}{\pi \times 0.1^2} = 1.7 MPa$$

386 원형단면 보의 지름 D를 2D로 2배 크게 하면, 동일한 전단력이 작용하는 경우, 단면에서의 최대 전단응력(τ_{max})는 어떻게 되는가?

① $\frac{1}{2}\tau_{max}$ ② $\frac{1}{4}\tau_{max}$
③ $\frac{1}{6}\tau_{max}$ ④ $\frac{1}{8}\tau_{max}$

[풀이]

381번 항을 참조하여, ⇐ $D = 2D$
$$\tau_{max} \propto \frac{1}{D^2} = \frac{1}{4}\tau_{max}$$

387 동일한 전단력이 작용할 때 원형단면 보의 지름을 d에서 $3d$로 하면 최대 전단응력의 크기는? (단, τ_{max}는 지름이 d일 때의 최대 전단응력이다.)

① $9\tau_{max}$ ② $3\tau_{max}$
③ $\frac{1}{3}\tau_{max}$ ④ $\frac{1}{9}\tau_{max}$

[풀이]

$$\tau_{max} = \frac{4}{3}\frac{F}{A} = \frac{4}{3}\frac{4F}{\pi d^2} \propto \frac{1}{d^2}$$
$$\Rightarrow \frac{1}{(3d)^2} = \frac{1}{9d^2}$$
$$\therefore \tau_{max} = \frac{1}{9}\tau_{max}$$

388 지름 d의 축에 암(arm)을 달고, P를 가할 때 축에 발생하는 최대 비틀림 전단응력은?

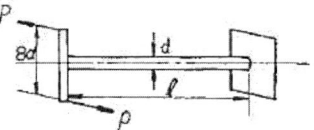

① $\frac{124}{\pi d^2}P$ ② $\frac{256}{\pi d^2}P$
③ $\frac{212}{\pi d^2}P$ ④ $\frac{128}{\pi d^2}P$

[풀이]

$$T = P \times 4d + P \times 4d = 8Pd$$
$$T = \tau_{max} Z_P$$
$$\Rightarrow \tau_{max} = \frac{T}{Z_P} = \frac{16 \times 8Pd}{\pi d^3} = \frac{128}{\pi d^2}P$$

389 그림과 같이 길이 $\ell = 4\,m$의 단순보에 균일 분포하중 w가 작용하고 있으며 보의 최대 굽힘응력 $\sigma_{max} = 85\,N/cm^2$일 때 최대 전단응력은 약 몇 kPa인가? (단, 보의 단면적은 지름이 11 cm인 원형단면이다.)

정답 385. ② 386. ② 387. ④ 388. ④ 389. ②

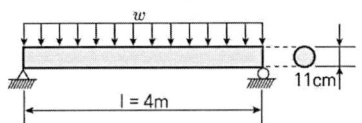

① 1.7 ② 15.6 ③ 22.9 ④ 25.5

[풀이]

$$M_{max} = \frac{wl^2}{8} = \frac{w \times 4^2}{8} = 2w$$

$$M = \sigma Z \Rightarrow M_{max} = \sigma_{max} Z$$

$$\Rightarrow \sigma_{max} = \frac{M_{max}}{Z}$$

$$\Rightarrow 85 \times 10^4 = \frac{2w \times 32}{\pi \times 0.11^3}$$

$$\therefore w = 55.54 \ N/m$$

$$\tau_{max} = \frac{4}{3} \frac{F_{max}}{A} = \frac{4}{3} \frac{V_{max}}{A}$$

$$= \frac{4}{3} \times \frac{4 \times 55.54 \times 4}{2 \times \pi \times 0.11^2} \times 10^{-3}$$

$$\therefore \tau_{max} = 15.59 \ kPa$$

390 길이 240cm, 단면의 폭 × 높이 = 12cm × 15cm의 단순보가 w kN/m의 균일분포 하중을 받고 있다. 이 보의 허용 굽힘응력 σ_a = 48MPa일 때 허용할 수 있는 분포하중의 최대값은?

① 80 ② 30 ③ 40 ④ 60

[풀이]

$$M_a = \frac{wl^2}{8} = \frac{w \times 2.4^2}{8}$$
$$= 0.72w \ N \cdot m$$

$$M = \sigma Z \Rightarrow M_a = \sigma_a Z$$

$$0.72w = 48 \times 10^6 \times \frac{0.12 \times 0.15^2}{6}$$

$$\therefore w = 30000 \ N/m = 30 \ kN/m$$

391 보속의 굽힘응력의 크기에 대한 설명 중 옳은 것은?

① 중립면에서의 거리에 정비례한다.
② 중립면에서 최대로 된다.
③ 위 가장자리에서의 거리에 정비례한다.
④ 아래 가장자리에서의 거리에 정비례한다.

[풀이]

보 속의 굽힘응력은 중립축에서 0이고 거리에 정비례하여 증가한다.

392 최대 굽힘모멘트 8 kN·m를 받는 원형단면의 굽힘응력을 60MPa로 하려면 지름을 약 몇 cm로 해야 하는가?

① 1.11 ② 11.1 ③ 3.01 ④ 30.1

[풀이]

$$M = \sigma Z$$

$$\Rightarrow M_{max} = \sigma_{max} Z$$

$$\Rightarrow 8 \times 10^3 = 60 \times 10^6 \times \frac{\pi \times d^3}{16}$$

$$\therefore d = 0.1108 \ m = 11.08 \ cm$$

393 단면의 2차 모멘트가 250 cm⁴인 I 형강 보가 있다. 이 보의 높이가 20cm이고 굽힘모멘트 2500N·m을 받을 때 최대 굽힘응력은 몇 MPa인가?

① 50 ② 100 ③ 200 ④ 400

[풀이]

정답 390. ② 391. ① 392. ② 393. ②

$$M = \sigma Z \Rightarrow M_{max} = \sigma_{max} Z$$
$$\Rightarrow \sigma_{max} = \frac{M_{max}}{Z} = \frac{M_{max}}{2I/h}$$
$$= \frac{2500}{2 \times 250 \times 10^{-8}/0.2} \times 10^{-6}$$
$$= 100\ MPa$$

394 그림과 같이 길이 L=4m의 단순보에 균일 분포하중 w가 작용하고 있으며 보의 최대 굽힘응력이 $\sigma_{max} = 85$ N/cm²일 때 최대 전단응력은 약 몇 kPa인가? (단, 보의 횡 단면적은 b×h = 8cm×12cm이다.)

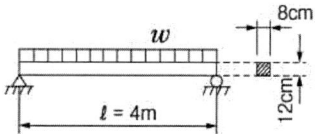

① 2.7 ② 17.6 ③ 25.5 ④ 35.4

[풀이]

$$M_{max} = \frac{wl^2}{8} = \frac{w \times 4^2}{8} = 2w$$
$$M = \sigma Z \Rightarrow M_{max} = \sigma_{max} Z$$
$$\Rightarrow \sigma_{max} = \frac{M_{max}}{Z}$$
$$\Rightarrow 85 \times 10^4 = \frac{2w \times 6}{0.08 \times 0.12^2}$$
$$\therefore w = 81.6\ N/m$$
$$\tau_{max} = \frac{3}{2}\frac{F_{max}}{A} = \frac{3}{2}\frac{V_{max}}{A}$$
$$= \frac{3}{2} \times \frac{81.6 \times 2}{0.12 \times 0.08} \times 10^{-3}$$
$$\therefore \tau_{max} = 25.5\ kPa$$

395 원형단면을 가진 단순지지 보의 직경을 3배로 늘리고 같은 전단력이 작용한다고 하면, 단면에서의 최대 전단응력은 직경을 늘리기 전의 몇 배가 되는가?

① 1/3 ② 1/9 ③ 1/36 ④ 1/81

[풀이]

387번 항을 참조한다. ②

396 굽힘모멘트 20.5 kN·m의 굽힘을 받는 보의 단면은 폭 120mm, 높이 160mm의 사각단면이다. 이 단면이 받는 최대 굽힘응력은 약 몇 MPa인가?

① 10 MPa ② 20 MPa
③ 30 MPa ④ 40 MPa

[풀이]

$M = 20.5 \times 10^3\ N \cdot m$,
$b = 0.12\ m$, $h = 0.16\ m$

$$\sigma_b = \frac{M}{Z} = \frac{M}{\frac{bh^2}{6}} = \frac{20.5 \times 10^3}{\frac{0.12 \times 0.16^2}{6}}$$
$$= 40\ MPa$$

397 지름 10cm의 양단지지 보의 중앙에 2kN의 집중하중이 작용할 때 최대 굽힘응력이 15MPa 이내가 되도록 하려면 보의 길이는 몇 cm 이하로 하면 되겠는가?

① 151.5 ② 294.5
③ 351.3 ④ 224.3

[풀이]

정답 394.③ 395.② 396.④ 397.②

$M = \sigma Z$
$\Rightarrow M_{max} = \sigma_{max} Z$
$= 15 \times 10^6 \times \dfrac{\pi \times 0.1^3}{32}$
$= 1471.9 \ N \cdot m$

$M_{max} = \dfrac{Pl}{4}$
$\Rightarrow l = M_{max} \times \dfrac{4}{P}$
$= 1471.9 \times \dfrac{4}{2000}$
$= 2.944 \ m = 294.4 \ cm$

398 그림과 같이 단순 지지되어 중앙에서 집중하중 P를 받는 직사각형 단면보에서 보의 길이는 L, 폭이 b, 높이가 h일 때, 최대굽힘응력(σ_{max})과 최대 전단응력(τ_{max})의 비($\dfrac{\sigma_{max}}{\tau_{max}}$)는?

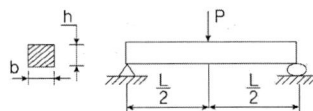

① $\dfrac{h}{L}$ ② $\dfrac{2h}{L}$ ③ $\dfrac{L}{h}$ ④ $\dfrac{2L}{h}$

[풀이]

$M = \sigma Z$
$\Rightarrow \sigma_{max} = \dfrac{M}{Z} = \dfrac{\dfrac{PL}{4}}{\dfrac{bh^2}{6}} = \dfrac{3PL}{2bh^2}$

$\tau_{max} = \dfrac{3V}{2A} = \dfrac{3 \times \dfrac{P}{2}}{2 \times (b \times h)} = \dfrac{3P}{4bh}$

$\therefore \dfrac{\sigma_{max}}{\tau_{max}} = \dfrac{\dfrac{3PL}{2bh^2}}{\dfrac{3P}{4bh}} = \dfrac{2L}{h}$

399 직사각형 단면을 가진 단순지지 보의 중앙에 집중하중 P를 받을 때, 보의 길이 L이 단면의 높이 h의 10배라 하면 보에 생기는 최대굽힘응력 σ_{max}와 최대 전단응력 τ_{max}의 비 ($\dfrac{\sigma_{max}}{\tau_{max}}$)는?

① 4 ② 8 ③ 16 ④ 20

[풀이]

단순지지 보

$M_{max} = \dfrac{Pl}{4}$, $V_{max} = \dfrac{P}{2}$

$\sigma_{max} = \dfrac{M_{max}}{Z} = \dfrac{\dfrac{Pl}{4}}{\dfrac{bh^2}{6}} = \dfrac{3Pl}{2bh^2}$

$= \dfrac{3P \times 10h}{2bh^2} = \dfrac{15P}{bh}$

$\tau_{max} = \dfrac{3}{2} \dfrac{V}{A} = \dfrac{3 \times \dfrac{P}{2}}{2bh} = \dfrac{3P}{4bh}$

$\therefore \dfrac{\sigma_{max}}{\tau_{max}} = \dfrac{\dfrac{15P}{bh}}{\dfrac{3P}{4bh}} = 20$

400 폭 $b = 3cm$, 높이 $h = 4cm$의 직사각형 단면을 갖는 외팔보가 자유단에 그림에서와 같이 집중하중을 받을 때 보 속에 발생하는 최대 전단응력은 몇 N/cm² 인지 구하시오

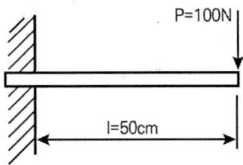

정답 398. ④ 399. ④ 400. ①

① 12.5 ② 13.5
③ 14.5 ④ 15.5

[풀이]

$$\tau_{max} = \frac{3}{2}\frac{F_{max}}{A}$$
$$= \frac{3}{2} \times \frac{100}{0.03 \times 0.04} \times 10^{-4}$$
$$= 12.5\ N/cm^2$$

401 단면이 가로 100mm, 세로 150mm인 사각단면 보가 그림과 같이 하중(P)을 받고 있다. 전단응력에 의한 설계에서 P는 각각 100kN 씩 작용할 때 안전계수를 2로 설계하였다고 하면, 이 재료의 허용전단응력은 약 몇 MPa인가?

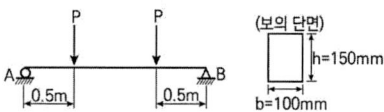

① 10 ② 15 ③ 18 ④ 20

[풀이]

$$\tau_{사} = \frac{3}{2}\frac{F}{A} = \frac{3}{2} \times \frac{100 \times 10^3}{0.1 \times 0.15} \times 10^{-6}$$
$$= 10\ MPa$$
$$\therefore\ \tau_a = S \times \tau_{사} = 2 \times 10 = 20\ MPa$$

402 재료의 허용전단응력이 150N/mm²인 보에 굽힘하중이 작용하여 전단력이 발생한다. 이 보의 단면은 정사각형으로 가로, 세로의 길이가 각각 5mm이다. 단면에 발생하는 최대 전단응력이 허용 전단응력보다 작게 되기 위한 전단력의 최대치는 몇 N인가?

① 2500 ② 3000
③ 3750 ④ 5625

[풀이]

$$\tau_{사} = \tau_{max} = \frac{3}{2}\frac{F}{A} = \frac{3}{2} \times \frac{F}{5^2}$$
$$\Rightarrow F = \frac{\tau_a \times 2 \times 5^2}{3}$$
$$= \frac{150 \times 2 \times 5^2}{3} = 2500\ N$$

403 그림과 같은 단순보(단면 8cm× 6cm)에 작용하는 최대 전단응력은 몇 kPa인가?

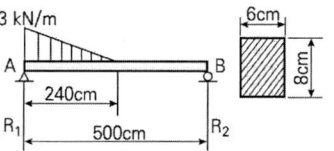

① 315 ② 630
③ 945 ④ 1260

[풀이]

최대전단력은 R_A에서 발생하므로 A점의 위치에서 최대 전단응력이 발생

$$\sum M_B = 0$$
$$\Rightarrow R_A \times 5 = (3 \times 2.4)/2 \times 4.2$$
$$\Rightarrow R_A = 3.02\ kN$$
$$\therefore\ \tau_{max} = \frac{3}{2}\frac{F}{A} = \frac{3}{2} \times \frac{3.02}{0.06 \times 0.08}$$
$$\fallingdotseq 945\ kPa$$

404 길이 3m의 직사각형 단면 b× h = 5cm ×10cm 을 가진 외팔보에 w의 균일분포하중이 작용하여 최대 굽힘응력 500N/cm² 이 발생할 때, 최대 전단응력은 약 몇 N/cm² 인가?

[정답] 401. ④ 402. ① 403. ③ 404. ③

① 20.2 ② 16.5 ③ 8.3 ④ 5.4

[풀이]

$M_{max} = \sigma_{max} Z$, $\sigma_{max} = 500 \times 10^4$

$\Rightarrow \sigma_{max} = \dfrac{M_{max}}{Z} = \dfrac{\dfrac{wl^2}{2}}{\dfrac{bh^2}{6}}$

$= \dfrac{3wl^2}{bh^2} = \dfrac{3w \times 3^2}{0.05 \times 0.1^2}$

$\therefore w = 92.59 \, N/m$

$\tau_{사} = \dfrac{3}{2} \dfrac{F}{A} = \dfrac{3}{2} \dfrac{V_{max}}{A}$

$= \dfrac{3}{2} \times \dfrac{92.59 \times 3}{5 \times 10} = 8.33 \, N/cm^2$

405 중공 원형 축에 비틀림 모멘트 T= 140N·m가 작용할 때, 안지름이 20mm 바깥지름이 25mm라면 최대 전단응력은 약 몇 MPa인가?

① 4.83 ② 9.66 ③ 77.3 ④ 154.6

[풀이]

$T = \tau_{max} Z_P$

$\Rightarrow \tau_{max} = \dfrac{T}{Z_P} = \dfrac{16T}{\pi d^3}$

$= \dfrac{16 \times 140 \times 0.025}{\pi \times (0.025^4 - 0.02^4)} \times 10^{-6}$

$= 77.33 \, MPa$

406 바깥지름 8cm, 안지름 6cm의 속이 빈 축에 7000N·m의 비틀림 모멘트가 작용하고 있다. 이때 발생하는 최대 비틀림 응력을 구하면 몇 MPa인가?

① 43.8 ② 53.8 ③ 63.8 ④ 101.9

[풀이]

$\tau_{max} = \dfrac{T}{Z_P} = \dfrac{16T}{\pi d^3}$

$= \dfrac{16 \times 7000 \times 0.08}{\pi \times (0.08^4 - 0.06^4)} \times 10^{-6}$

$= 101.91 \, MPa$

407 그림과 같이 지름이 다른 두 부분으로 된 원형 축에 비틀림 토크 680N·m가 B점에 작용할 때, 최대 전단응력은 얼마인가? (단, 전단 탄성계수 G = 80 GPa이다.)

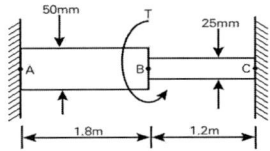

① 19.0 MPa ② 38.1 MPa
③ 50.6 MPa ④ 25.3 MPa

[풀이]

좌·우단의 비틀림 각은 서로 같으므로

$\theta_{좌측단} = \theta_{우측단} \Rightarrow \dfrac{T_1 l_1}{GI_{P_1}} = \dfrac{T_2 l_2}{GI_{P_2}}$

$T_1 = \dfrac{GI_{P_1}}{GI_{P_2}} \dfrac{l_2}{l_1} T_2 = \dfrac{I_{P_1}}{I_{P_2}} \dfrac{l_2}{l_1} T_2$

$T_1 + T_2 = T$ 식에 적용하면

$\dfrac{I_{P_1}}{I_{P_2}} \dfrac{l_2}{l_1} T_2 + T_2 = T$

$\Rightarrow T_2 = \dfrac{T}{1 + \dfrac{I_{P_1}}{I_{P_2}} \dfrac{l_2}{l_1}}$

$= \dfrac{680}{1 + \dfrac{0.05^4}{0.025^4} \times \dfrac{1.2}{1.8}}$

$= 58.3 \, N \cdot m$

$T_1 = 621.7 \, N \cdot m$

정답 405. ③ 406. ④ 407. ④

∴ 좌측 단면에서의 최대 전단응력은

$$\tau_{max} = \frac{T_1}{Z_{P_1}} = \frac{621}{\frac{\pi}{16} \times 0.05^3} \times 10^{-6}$$
$$= 25.3\ MPa$$

408 지름 d인 강봉의 지름을 2배로 했을 때 비틀림 강도는 몇 배가 되는가?

① 2배 ② 4배 ③ 8배 ④ 16배

[풀이]

$$T = \tau Z_P = \tau \frac{\pi d^3}{16}$$
$$\Rightarrow T \propto d^3 \quad \therefore 8배$$

409 지름이 60mm인 연강 축이 있다. 이 축의 허용 전단응력은 40MPa이며 단위길이 1m당 허용 회전각도는 1.5°이다. 연강의 전단탄성 수를 80GPa 이라 할 때 이 축의 최대 허용토크는 약 몇 N·m인가?

① 696 ② 1696
③ 2664 ④ 3664

[풀이]

$$T = \tau Z_P$$
$$\Rightarrow T_a = \tau_a Z_P = 40 \times 10^6 \times \frac{\pi \times 0.06^3}{16}$$
$$\fallingdotseq 1696\ N \cdot m$$

410 그림과 같이 비틀림 하중을 받고 있는 중공축의 a-a 단면에서 비틀림 모멘트에 의한 최대 전단응력은? (단, 축의 외경은 10cm, 내경은 6cm이다.)

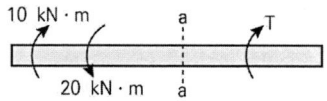

① 25.5 MPa ② 36.5 MPa
③ 47.5 MPa ④ 58.5 MPa

[풀이]

$$\tau_{max} = \frac{T}{Z_p} = \frac{16\ T}{\pi d_2^3 (1-x^4)}$$
$$= \frac{16 \times (20-10) \times 10^3}{\pi \times 0.1^3 \times \left[1-\left(\frac{6}{10}\right)^4\right]} \times 10^{-6}$$
$$= 58.51\ MPa$$

411 그림과 같이 단붙이 원형축(Stepped Circular Shaft)의 풀리에 토크가 작용하여 평형상태에 있다. 이 축에 발생하는 최대 전단응력은 몇 MPa인가?

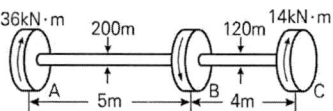

① 18.2 ② 22.9
③ 41.3 ④ 147.4

[풀이]

$$T = \tau Z_P$$
$$\Rightarrow T_{max} = \tau_{max} Z_P$$
$$\Rightarrow \tau_{max} = \frac{T_{max}}{Z_P}$$

축 AB

$$\tau_{max} = 26 \times 10^3 \times \frac{16}{\pi \times 0.2^3} \times 10^{-6}$$
$$\fallingdotseq 16.6\ MPa$$

축 BC

$$\tau_{max} = 14 \times 10^3 \times \frac{16}{\pi \times 0.12^3} \times 10^{-6}$$
$$\fallingdotseq 41.3\ MPa$$

정답 408. ③ 409. ② 410. ④ 411. ③

412 지름 10mm, 길이 2m인 둥근 막대의 한끝을 고정하고 타단을 자유로이 10° 만큼 비틀었다면 막대에 생기는 최대 전단응력은 약 몇 MPa인가? (단, 재료의 전단탄성계수는 84GPa이다.)

① 18.3　　② 36.6
③ 54.7　　④ 73.2

[풀이]

$$\theta° = \frac{Tl}{GI_p} \times \frac{180}{\pi} [°]$$

$$\Rightarrow T = \frac{GI_p \times \theta°}{l} \times \frac{\pi}{180}$$

$$= \frac{84 \times 10^9 \times \pi \times 0.01^4 \times 10}{2 \times 32} \times \frac{\pi}{180}$$

$$\fallingdotseq 7.2\ N \cdot m$$

$$T = \tau Z_p$$

$$\Rightarrow \tau = \frac{T}{Z_p} = \frac{T}{\frac{\pi d^3}{16}}$$

$$= \frac{7.2 \times 16}{\pi \times 0.01^3} \times 10^{-6}$$

$$= 36.7\ MPa$$

413 강재 중공축이 25 kN·m의 토크를 전달한다. 중공축의 길이가 3m이고, 이 때 축에 발생하는 최대 전단응력이 90MPa이며, 축에 발생된 비틀림 각이 2.5°라고 할 때 축의 외경과 내경을 구하면 각각 약 몇 mm인가? (단, 축 재료의 전단 탄성계수는 85GPa이다.)

① 146, 124　　② 136, 114
③ 140, 132　　④ 133, 112

[풀이]

$$T = \tau Z_P$$

$$\Rightarrow Z_P = \frac{T}{\tau} = \frac{25 \times 10^3}{90 \times 10^6}$$

$$= 277.78 \times 10^{-6}\ m^3$$

$$\theta° = \frac{180}{\pi} \times \frac{Tl}{GI_P} = \frac{180}{\pi} \times \frac{Tl}{G\frac{d_1}{2}Z_P}$$

$$2.5 = \frac{180}{\pi}$$

$$\times \frac{25 \times 10^3 \times 3}{85 \times 10^9 \times \frac{d_1}{2} \times 277.78 \times 10^{-6}}$$

∴ 외경 $d_1 \fallingdotseq 0.1456\ m = 145.6\ mm$

$$Z_P = \frac{I_P}{y} = \frac{\frac{\pi(0.1456^4 - d_2^4)}{32}}{\frac{0.1456}{2}}$$

$$= 277.78 \times 10^{-6}$$

∴ 내경 $d_2 \fallingdotseq 0.1249\ m = 124.9\ mm$

414 지름 4cm의 원형 알루미늄 봉을 비틀림 재료시험기에 걸어 표면의 45° 나선에 부착한 스트레인 게이지로 변형도를 측정하였더니 토크 120N·m일 때 변형률 $\epsilon = 150 \times 10^{-6}$을 얻었다. 이 재료의 전단탄성계수는?

① 31.8 GPa　　② 38.4 GPa
③ 43.1 GPa　　④ 51.2 GPa

[풀이]

$$T = \tau Z_P = \tau \frac{\pi d^3}{16}$$

$$\Rightarrow \tau = \frac{16T}{\pi d^3} = \frac{16 \times 120}{\pi \times 0.04^3} \times 10^{-6}$$

$$\fallingdotseq 9.55\ MPa = 9.55 \times 10^{-3}\ GPa$$

정답 412. ②　413. ①　414. ①

$$\tau = G\gamma_{max} = G(2\epsilon)$$
$$\Rightarrow G = \frac{\tau}{2\epsilon} = \frac{9.55 \times 10^{-3}}{2(150 \times 10^{-6})}$$
$$\fallingdotseq 31.8\ GPa$$

415 바깥지름이 46mm인 중공축이 120 kW의 동력을 전달하는데 이때의 각속도는 40 rev/s이다. 이 축의 허용 비틀림 응력이 $\tau_a = 80\ MPa$일 때, 최대 안지름은 약 몇 mm인가?

① 35.9 ② 41.9
③ 45.9 ④ 51.9

[풀이]

$$T = \tau Z_P = 974 \frac{H_{kW}}{N}$$
$$\Rightarrow \tau \frac{I_P}{y} = 974 \frac{H_{kW}}{N}$$
$$I_P = \frac{\pi}{32}(0.046^4 - x^4),\ y = \frac{0.046}{2},$$
$$N = 2400\ rpm,\ \tau_a = 80 \times 10^6,\ 120\ kW$$
$$x = \sqrt[4]{0.046^4 - \frac{974 \times 120 \times 10 \times 32 \times 0.046}{80 \times 10^6 \times 2400 \times 2\pi}}$$
$$\times 1000$$
$$\fallingdotseq 41.8 mm$$

416 한 변이 50cm이고, 얇은 두께를 가진 정사각형 파이프가 20000 N·m의 비틀림 모멘트를 받을 때 파이프 두께는 약 몇 mm 이상으로 해야 하는가? (단, 파이프 재료의 허용 비틀림 응력은 40 MPa이다.)

① 0.5 mm ② 1.0 mm
③ 1.5 mm ④ 2.0 mm

[풀이]

$$T = \tau Z_P \Rightarrow Z_P = \frac{T}{\tau} = \frac{20000}{40 \times 10^6}$$
$$= 5 \times 10^{-4}\ m^2$$

❶ 정사각형 단면 한변의 길이를 a라 하면
$$Z = \frac{a^3}{6} \Rightarrow Z_P = \frac{a^3}{3}$$

❷ 얇은두께를 t라 하면
$$Z_P = \frac{a^3}{3} - \frac{(a-2t)^3}{3}$$
$$\Rightarrow 5 \times 10^4 = \frac{0.5^3}{3} - \frac{(0.5-2t)^3}{3}$$
$$\therefore\ t = 1.0\ mm$$

417 5cm × 10cm 단면의 3개의 목재를 목재용 접착제로 접착하여 그림과 같은 10cm × 15cm의 사각단면을 갖는 합성보를 만들었다. 접착부에 발생하는 전단응력은 약 몇 kPa 인가? (단, 이 합성보는 양단이 길이 2m인 단순 지지보이며 보의 중앙에 800N의 집중하중을 받는다.)

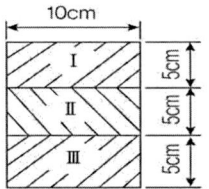

① 57.6 ② 35.5
③ 82.4 ④ 160.8

[풀이]

정답 415. ② 416. ② 417. ②

집중하중 단순지지 보의 최대전단력
$V = 400\ N$

$\tau = \dfrac{VG}{bI}$ (G 상면 접촉부 단면 1차모멘트)

$\Rightarrow \tau = \dfrac{400 \times [(0.1 \times 0.05) \times 0.05]}{\dfrac{0.1 \times 0.15^3}{12} \times 0.1}$

$\fallingdotseq 35.6\ kPa$

418 보에 작용하는 수직전단력은 V, 단면 2차 모멘트는 I, 단면 1차 모멘트는 Q, 단면 폭을 b라고 할 때 단면에 작용하는 전단응력(τ)의 크기는? (단, 단면은 직사각형이다.)

① $\tau = \dfrac{VQ}{Ib}$ ② $\tau = \dfrac{IV}{Qb}$

③ $\tau = \dfrac{QI}{Vb}$ ④ $\tau = \dfrac{Qb}{IV}$

(풀이)

① $\tau = \dfrac{VG}{bI}$

(G 중립축 하단면의 단면 1차 모멘트)

$\Rightarrow \tau = \dfrac{VQ}{Ib}$

419 원형 단면에 전단력 V가 그림과 같이 작용할 때 원주상에 작용하는 전단응력이 0이 되는 지점은?

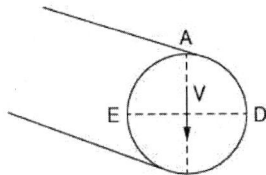

정답) 418. ① 419. ③ 420. ③ 421. ②

① A, B ② A, B, C, D
③ A, C ④ B, D

(풀이)

③

420 그림과 같은 T형 단면을 갖는 돌출보의 끝에 집중하중 P = 4.5 kN이 작용한다. 단면 A − A에서의 최대 전단응력은 약 몇 kPa인가? (단, 보의 단면 2차 모멘트는 5313 cm⁴이고, 밑면에서 도심까지의 거리는 125mm이다.)

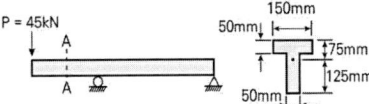

① 421 ② 521 ③ 662 ④ 721

(풀이)

$\tau = \dfrac{FG_{상면}}{bI_G} \Rightarrow \tau_{AA} = \dfrac{PG_{하면}}{I_G b}$

도심 아래 단면의 1차 모멘트

$G_{하면} = A\bar{y} = 0.05 \times 0.125 \times \dfrac{0.125}{2}$

$= 0.00039\ m^3$

$\therefore \tau_{AA} = \dfrac{4.5 \times 0.00039}{5.313 \times 10^{-8} \times 0.05}$

$= 660.64\ kPa$

421 폭 20cm, 높이 30cm의 직사각형 단면을 가진 길이 300cm의 외팔보는 자유단에 최대 몇 kN의 하중을 가할 수 있는가? (단, 허용 굽힘응력은 σ_a=15MPa이다.)

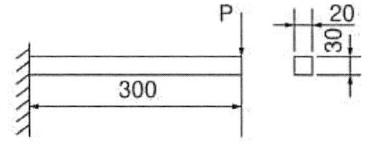

① 12 ② 15 ③ 30 ④ 90

[풀이]

$M = Pl$
$M = \sigma Z$

$\Rightarrow \sigma = \dfrac{M}{Z} = \dfrac{Pl}{\dfrac{bh^2}{6}} = \dfrac{6Pl}{bh^2}$

$\therefore P = \dfrac{15 \times 10^3 \times 0.2 \times 0.3^2}{6 \times 3}$
$= 15\,kN$

422 그림과 같은 단순보(단면 8cm×6cm)에 작용하는 최대 전단응력은 약 몇 kPa 인가?

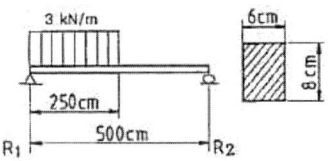

① 620 ② 1930
③ 1620 ④ 1170

[풀이]

$\sum M_2 = 0$
$R_1 \times 5 = 3000 \times 2.5 \times (2.5 + 2.5/2)$
$\therefore R_1 = SF_{max} = 5625\,N$

$\tau_{max} = \dfrac{SF_{max}}{A} = \dfrac{5625}{0.06 \times 0.08} \times 10^{-3}$
$= 1171.88\,kPa$

423 높이 30cm, 폭 20cm의 직사각형 단면을 가진 길이 3m의 목재 외팔보가 있다. 자유단에 최대 몇 kN의 하중을 작용시킬 수 있는가? (단, 외팔보의 허용 굽힘응력은 15MPa이다.)

① 15 ② 25 ③ 35 ④ 45

[풀이]

$M = Pl$
$M = \sigma Z$

$\Rightarrow \sigma = \dfrac{M}{Z} = \dfrac{Pl}{\dfrac{bh^2}{6}} = \dfrac{6PL}{bh^2}$

$\therefore P = \dfrac{15 \times 10^3 \times 0.2 \times 0.3^2}{6 \times 3}$
$= 15\,kN$

424 그림과 같은 삼각형 단면의 꼭지점과 밑변의 굽힘응력의 비 σ_c/σ_τ는 얼마인가?

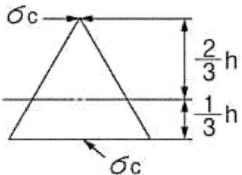

① 2 ② 3 ③ 4 ④ 1/3

[풀이]

$M = \sigma Z$

$\Rightarrow \sigma = \dfrac{M}{Z} = \dfrac{My}{I}$

$\therefore \sigma_c/\sigma_\tau = y_c/y_\tau = \dfrac{2}{3}h / \dfrac{1}{3}h = 2$

정답 422. ④ 423. ① 424. ①

425 단면 2차 모멘트가 251 cm⁴인 I 형강 보가 있다. 이 단면의 높이가 20cm라면, 굽힘모멘트 M = 2510N·m을 받을 때 최대 굽힘응력은 몇 MPa인가?

① 100 ② 50 ③ 20 ④ 5

[풀이]

$M_{max} = \sigma_{max} Z$

$\Rightarrow \sigma_{max} = \dfrac{M_{max}}{Z} = \dfrac{M_{max} \, y}{I}$

$= \dfrac{2510 \times 0.1}{251 \times 10^{-8}} \times 10^{-6}$

$= 100 \, MPa$

426 그림과 같이 원형 단면을 갖는 외팔보에 발생하는 최대 굽힘응력 σ_b 는?

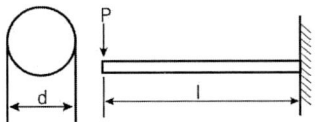

① $\dfrac{32P\ell}{\pi d^3}$ ② $\dfrac{32P\ell}{\pi d^4}$

③ $\dfrac{6P\ell}{\pi d^2}$ ④ $\dfrac{\pi d}{6P\ell}$

[풀이]

$M_{max} = \sigma_{max} Z$

$\Rightarrow \sigma_b = \dfrac{M_{max}}{Z} = \dfrac{Pl}{\dfrac{\pi d^3}{32}} = \dfrac{32Pl}{\pi d^3}$

427 그림과 같이 직사각형 단면을 갖는 외팔보에 발생하는 최대 굽힘응력 σ_b는?

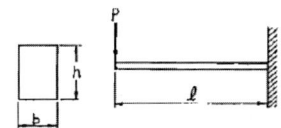

① $\dfrac{bh^2}{6Pl}$ ② $\dfrac{6Pl}{b^2h}$

③ $\dfrac{6Pl}{bh^2}$ ④ $\dfrac{b^2h}{6Pl}$

[풀이]

$M_{max} = Pl$ 이며 (at 고정단),

$M_{max} = \sigma_{max} Z$

$\Rightarrow \sigma_{max} = \dfrac{M_{max}}{Z} = \dfrac{6Pl}{bh^2}$

428 최대 굽힘 모멘트 8 kN·m를 받는 원형 단면의 굽힘응력을 60MPa로 하려면 지름을 약 몇 cm로 해야 하는가?

① 1.11 ② 11.1
③ 3.01 ④ 30.1

[풀이]

$M = \sigma Z$

$\Rightarrow M_{max} = \sigma_{max} Z$

$\Rightarrow 8 \times 10^3 = 60 \times 10^6 \times \dfrac{\pi d^3}{32}$

$\therefore d = \sqrt[3]{\dfrac{32 \times 8 \times 10^3}{\pi \times 60 \times 10^6}} \times 10^2$

$= 11.1 \, cm$

429 길이 L = 2m이고 지름 ϕ 25mm인 원형단면 단순지지 보의 중앙에 집중하중 400 kN이 작용할 때 최대 굽힘응력은 약 몇 kN/mm²인가?

정답 425. ① 426. ① 427. ③ 428. ② 429. ③

① 65　② 100　③ 130　④ 200

[풀이]

$M_{max} = \sigma_{max} Z$

$\Rightarrow \sigma_{max} = \dfrac{M_{max}}{Z}$

$= \dfrac{400 \times 2 \times 32}{4 \times \pi \times 0.025^3} \times 10^{-6}$

$= 130.45\ kN/mm^2$

430 최대 굽힘 모멘트 M = 8 kN·m를 받는 단면의 굽힘응력을 60MPa로 하려면 정사각 단면에서 한 변의 길이는 약 몇 cm 인가?

① 8.2　② 9.3
③ 10.1　④ 12.0

[풀이]

$M_{max} = 8 \times 10^3\ N\cdot m$,

$\sigma_a = 60\ MPa = 60 \times 10^6\ N/m^2$

$M_{max} = \sigma_{max} Z \Rightarrow 8000 = 60 \times \dfrac{a^3}{6}$

$\Rightarrow a = \sqrt[3]{\dfrac{6 \times 8000}{60 \times 10^6}} \times 10^2$

$\fallingdotseq 9.28\ cm$

431 그림과 같은 단순지지 보에 하중 400 N이 작용할 때 C 단면의 아래쪽 섬유에서의 굽힘응력은 몇 MPa인가?

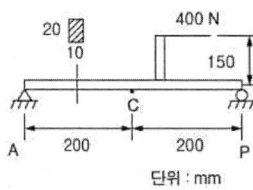

단위 : mm

① 4.5 (압축)　② 45 (압축)
③ 4.5 (인장)　④ 45 (인장)

[풀이]

$\sum M_B = 0$

$R_A \times 0.4 = -400 \times 0.15$

$\therefore R_A = -150\ N$

$M_C = -150 \times 0.2 = -30\ N\cdot m$

$M = \sigma Z$

$\Rightarrow \sigma_c = \dfrac{M_C}{Z} = \dfrac{-30 \times 6}{0.01 \times 0.02^2} \times 10^{-6}$

$= -45\ MPa$

432 단면의 치수가 b×h = 6cm×3cm인 강철보가 그림과 같이 하중을 받고 있다. 보에 작용하는 최대 굽힘응력은 약 몇 N/cm² 인가?

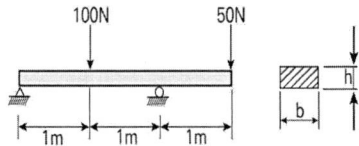

① 278　② 556
③ 1111　④ 2222

[풀이]

$M_{max} = \sigma_{max} Z$

$\Rightarrow \sigma_{max} = \dfrac{M_{max}}{Z},\ Z = \dfrac{bh^2}{6}$

$M_{max} = M_{2m} = R_A \times 2 - 100 \times 1$

$= 25 \times 2 - 100 \times 1 = 50\ N\cdot m$

$= 5000\ N\cdot cm$

$\sigma_{max} = \dfrac{6 \times 5000}{6 \times 3^2} = 556\ N/cm^2$

[정답] 430. ②　431. ②　432. ②

433 직사각형 단면(폭×높이=12cm×5cm)이고, 길이 1m인 외팔보가 있다. 이 보의 허용 굽힘응력이 500MPa이라면 높이와 폭의 치수를 서로 바꾸면 받을 수 있는 하중의 크기는 어떻게 변화하는가?

① 1.2 배 증가   ② 2.4 배 증가
③ 1.2 배 감소   ④ 변화 없다.

[풀이]

$$M_a = \sigma_a Z = \sigma_a \times \frac{bh^2}{6} \quad \therefore P \propto bh^2$$
$$\Rightarrow 0.12 \times 0.05^2 \, x = 0.05 \times 1.12^2$$
$$x = 2.4 \text{ 배 증가}$$

434 중앙에 집중 모멘트 M_0(kN·m)가 작용하는 길이 L의 단순지지 보 내의 최대 굽힘응력은? (단, 보의 단면은 직경이 $2a$인 원이다.)

① $\dfrac{M_0}{a^3}$ ② $\dfrac{M_0}{\pi a^3}$
③ $\dfrac{2M_0}{\pi a^3}$ ④ $\dfrac{4M_0}{\pi a^3}$

[풀이]

$$\sum M_B = 0$$
$$R_A \times L = M_0 \quad \therefore R_A = \frac{M_0}{L} \, kN$$

$$M = \sigma Z$$
$$\Rightarrow \sigma_c = \frac{M_0}{Z} = \frac{M_0 \times 32 \times a}{\pi \times (2a)^4} = \frac{2M_0}{\pi a^3}$$

435 폭 b = 60mm, 길이 L = 340mm의 균일 강도 외팔보의 자유단에 집중하중 P = 3 kN 이 작용한다. 허용 굽힘응력을 65MPa 이라 하면 자유단에서 250mm 되는 지점의 두께 h는 약 몇 mm인가? (단, 보 단면의 두께는 변하지만 일정한 폭 b를 갖는 직사각형이다.)

① 24   ② 34   ③ 44   ④ 54

[풀이]

$$M_{0.25} = \sigma Z$$
$$\Rightarrow 3000 \times 0.25 = 65 \times 10^6 \times \frac{0.06 \times h^2}{6}$$
$$\therefore h = 0.03397 m \fallingdotseq 34 mm$$

436 그림과 같은 외팔보에서 허용 굽힘응력 σ_a = 50 kN/cm² 이라 할 때, 최대 하중 P는 약 몇 kN 인가? (단, 보의 단면은 10cm×10cm이다.)

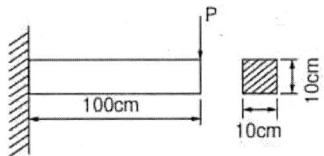

① 110.5   ② 100.0
③ 95.6   ④ 83.3

[풀이]

$$M_a = P \times 1 = \sigma_a Z = \sigma_a \times \frac{bh^2}{6}$$
$$= 50 \times 10^4 \times \frac{0.1 \times 0.1^2}{6}$$
$$= 83.3 \, kN$$

정답 433. ② 434. ③ 435. ② 436. ④

437 그림과 같이 사각형 단면을 가진 단순보에서 최대 굽힘응력은 약 몇 MPa인가? (단, 보의 굽힘강성 EI는 일정하다.)

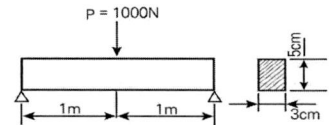

① 80 ② 74.5 ③ 60 ④ 40

[풀이]

$M_{max} = \sigma_{max} Z$

$\Rightarrow \sigma_{max} = \dfrac{M_{max}}{Z} = \dfrac{M_{max}}{\dfrac{bh^2}{6}}$

$= \dfrac{\dfrac{pl}{4}}{\dfrac{bh^2}{6}} = \dfrac{3Pl}{2bh^2}$

$= \dfrac{3 \times 1000 \times 2}{2 \times 0.03 \times 0.05^2} \times 10^{-6}$

$= 40\ MPa$

438 그림과 같이 길이 ℓ 인 단순지지 된 보 위를 하중 W가 이동하고 있다. 최대 굽힘응력은?

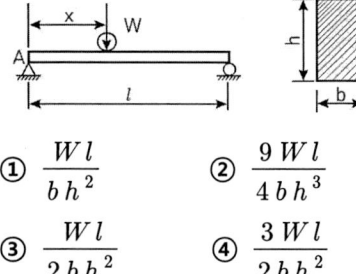

① $\dfrac{Wl}{bh^2}$ ② $\dfrac{9Wl}{4bh^3}$

③ $\dfrac{Wl}{2bh^2}$ ④ $\dfrac{3Wl}{2bh^2}$

[풀이]

$M_{max} = \dfrac{Wl}{4}$

$M_{max} = \sigma_{max} Z$

$\Rightarrow \dfrac{Wl}{4} = \sigma_{max} \dfrac{bh^2}{6}$

∴ **최대 굽힘응력**

$\sigma_{max} = \dfrac{6Wl}{4bh^2} = \dfrac{3Wl}{2bh^2}$

439 그림과 같은 단면을 가진 단순 보 AB에 하중 P가 작용할 때 A 단에서 0.2m 떨어진 곳의 굽힘응력은 몇 MPa인가?

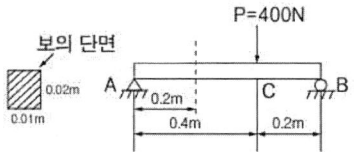

① 20 ② 30 ③ 40 ④ 50

[풀이]

$\sum M_B = 0$

$R_A \times 0.6 = 400 \times 0.2 \quad R_A = 133.3\ N$

$M = \sigma Z$

$\Rightarrow \sigma_{0.2} = \dfrac{M_{0.2}}{Z} = \dfrac{133.3 \times 0.2 \times 6}{0.01 \times (0.02)^2} \times 10^{-6}$

$= 40\ MPa$

440 단면은 폭 5cm, 높이 3cm, 길이가 1m의 단순지지 보가 중앙에 집중 하중 4kN을 받을 때 발생하는 최대 굽힘응력은 약 몇 MPa인가?

① 133 ② 155 ③ 143 ④ 125

[풀이]

정답 437. ④ 438. ④ 439. ③ 440. ①

438번 항을 참조하여,
$$M_{max} = \frac{4000 \times 1}{4} = 1000\ N \cdot m$$
$$M_{max} = \sigma_{max} Z$$
$$\Rightarrow 1000 = \sigma_{max} \frac{0.05 \times 0.03^2}{6}$$
$$\sigma_{max} = 133.3\ MPa$$

441 그림과 같이 6cm×12cm 단면의 직사각형 보가 단순 지지되어 B 단면에 집중하중 5000N을 받고 있다. B 단면에서의 최대 굽힘응력은 약 몇 MPa인가?

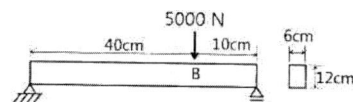

① 400   ② 0.463
③ 2.78   ④ 57600

[풀이]

좌측 지지점을 A, 우측지점을 C라 할 때,
$$\sum M_A = 0$$
$$R_C \times 0.5 = 5000 \times 0.4$$
$$R_C = 4000\ N$$
$$M = \sigma Z$$
$$\Rightarrow \sigma_B = \frac{M_B}{Z} = \frac{4000 \times 0.1 \times 6}{0.06 \times (0.12)^2} \times 10^{-6}$$
$$= 2.778\ MPa$$

442 그림과 같은 직사각형 단면의 단순보 AB에 하중이 작용할 때, A 단에서 20cm 떨어진 곳의 굽힘응력은 몇 MPa인가? (단, 보의 폭은 6cm이고, 높이는 12cm이다.)

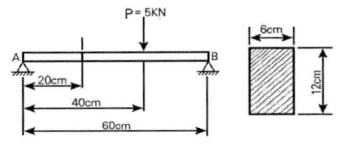

① 2.3   ② 1.9   ③ 3.7   ④ 2.9

[풀이]

$\sum M_B = 0$ 으로부터
$$5 \times 10^3 \times 20 = R_A \times 60$$
$$\Rightarrow R_A = 1666.7\ N$$

$$M = \sigma Z \Rightarrow M_{0.2} = \sigma_{0.2} Z$$
$$\therefore \sigma_{0.2} = \frac{M_{0.2}}{Z} = \frac{M_{0.2}}{\frac{bh^2}{6}}$$
$$= \frac{1666.7 \times 0.2 \times 6}{0.06 \times 0.12^2} \times 10^{-6}$$
$$= 2.31\ MPa$$

443 $b \times h = 20\ cm \times 40\ cm$ 의 외팔보가 두 가지 하중을 받고 있을 때 분포하중 w를 얼마로 하면 안전하게 지지할 수 있는가? (단, 허용굽힘응력 $\sigma_a = 10\ MPa$이다.)

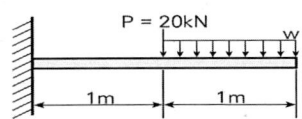

① 22 kN/m   ② 35 kN/m
③ 53 kN/m   ④ 55 kN/m

[풀이]

$$M_{max} = M_{고정} = \sigma_a Z = \sigma_a \frac{bh^2}{6}$$
$$\Rightarrow w \times 1.5 + 20 \times 1$$
$$= 10 \times 10^6 \times \frac{0.2 \times 0.4^2}{6}$$
$$\therefore w = 22.22\ kN/m$$

정답 441. ③   442. ①   443. ①

444 다음 보에 발생하는 최대 굽힘모멘트?

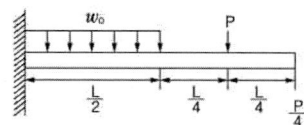

① $\dfrac{L}{4}(w_oL - 2P)$

② $\dfrac{L}{4}(w_oL + 2P)$

③ $\dfrac{L}{8}(w_oL - 2P)$

④ $\dfrac{L}{8}(w_oL + 2P)$

[풀이]

$M_{max} = M_{고정단}$
$= w_0 \times \dfrac{L}{2} \times \dfrac{L}{4} + P \times \dfrac{3L}{4} - \dfrac{P}{2} \times L$
$= \dfrac{L}{8}(w_0 L + 2P)$

445 균일 분포하중 $w = 200$ N/m 가 작용하는 단순지지보의 최대 굽힘응력은 몇 MPa인가? (단, 보의 길이는 2m이고, 폭×높이 = 3cm×4cm인 사각형 단면이다.)

① 12.5 ② 25.0 ③ 14.6 ④ 17.0

[풀이]

$M_{max} = \sigma_{max} Z$ 에서

⇨ $M_{max} = \dfrac{wl^2}{8}$ 이므로

$\sigma_{max} = \dfrac{M_{max}}{Z} = \dfrac{wl^2}{\dfrac{bh^2}{6}}$

$= \dfrac{200 \times 2^2}{\dfrac{0.03 \times 0.04^2}{6}} \times 10^{-3}$
$= 12.5\ MPa$

446 길이가 6m인 단순지지 보에 등분포하중 q가 작용할 때 단면에 발생하는 최대 굽힘응력이 337.5 MPa이라면 등분포하중 q는 약 몇 kN/m인가? (단, 보의 단면은 폭×높이 = 40mm×100mm이다.)

① 4 ② 5 ③ 6 ④ 7

[풀이]

$M_{max} = \sigma_{max} Z$

⇨ $\dfrac{q \times 6^2}{8} = 337.5 \times 10^6 \times \dfrac{0.04 \times 0.1^2}{6}$

∴ $q = 337.5 \times 10^6 \times \dfrac{0.04 \times 0.1^2}{6} \times \dfrac{8}{6^2} \times 10^3$

$= 5\ kN/m$

447 지름 100mm의 양단 지지보의 중앙에 2 kN의 집중하중이 작용할 때 보속의 최대 굽힘응력이 16MPa일 경우 보의 길이는 약 몇 m인가?

① 1.51 ② 3.14 ③ 4.22 ④ 5.86

[풀이]

$M_{max} = \dfrac{Pl}{4} = \dfrac{2000 \times l}{4} = 500\,l$

$M_{max} = \sigma_{max} Z$

⇨ $500\,l = 16 \times 10^6 \times \dfrac{\pi \times 0.1^4}{64 \times 0.05}$

∴ $l = 3.14\ m$

■정답 444. ④ 445. ① 446. ② 447. ②

448 그림과 같은 단면을 가진 A, B, C의 보가 있다. 이 보들이 동일한 굽힘모멘트를 받을 때 최대 굽힘응력의 비로 옳은 것은 어느 것인가?

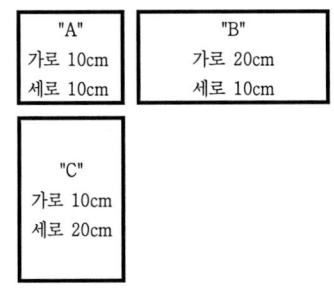

① A : B : C = 9 : 3 : 1
② A : B : C = 16 : 4 : 1
③ A : B : C = 4 : 2 : 1
④ A : B : C = 3 : 2 : 1

[풀이]

$M = \sigma Z \Rightarrow \sigma = \dfrac{M}{Z} \Rightarrow \sigma \propto \dfrac{1}{Z}$

$Z_A = \dfrac{bh^2}{6} = \dfrac{a^3}{6} = \dfrac{10^3}{6} = 166.67\ cm^3$

$Z_B = \dfrac{bh^2}{6} = \dfrac{20 \times 10^2}{6} = 333.33\ cm^3$

$Z_C = \dfrac{bh^2}{6} = \dfrac{10 \times 20^2}{6} = 666.67\ cm^3$

$\sigma_A : \sigma_B : \sigma_C = 1 : \dfrac{1}{2} : \dfrac{1}{4} = 4 : 2 : 1$

449 그림과 같은 외팔보가 있다. 보의 굽힘에 대한 허용응력을 80MPa로 하고, 자유단 B로부터 보의 중앙점 C 사이에 등분포하중 w를 작용시킬 때, w의 허용 최대값은 몇 kN/m인가? (단, 외팔보 폭×높이는 5cm×9cm이다.)

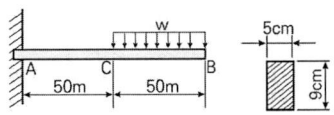

① 12.4   ② 13.4
③ 14.4   ④ 15.4

[풀이]

$\sigma_a = 80 \times 10^6\ N/m^2$,
$M_{max} = M_{고정단} = 0.5w \times 0.75$
$\qquad = 0.375w$
$Z = \dfrac{bh^2}{6} = \dfrac{0.05 \times 0.09^2}{6}$
$\qquad = 0.0000675\ m^3$

$M_a = \sigma_a Z$
$\Rightarrow 0.375w = 80 \times 10^6 \times 0.0000675$

$\therefore w = \dfrac{80 \times 10^6 \times 0.0000675}{0.375} \times 10^{-3}$
$\qquad \fallingdotseq 14.4\ kN/m$

450 그림과 같이 지름 50mm의 연강봉 일단의 벽을 고정하고, 자유단에는 50cm 길이의 레버 끝에 600N의 하중을 작용시킬 때 연강봉에 발생하는 최대 굽힘응력과 최대 전단응력은 각각 몇 MPa인가?

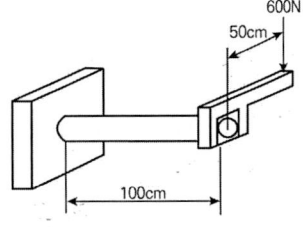

정답 448. ③ 449. ③ 450. ①

① 최대 굽힘응력 : 51.8
   최대 전단응력 : 27.3
② 최대 굽힘응력 : 27.3
   최대 전단응력 : 51.8
③ 최대 굽힘응력 : 41.8
   최대 전단응력 : 27.3
④ 최대 굽힘응력 : 27.3
   최대 전단응력 : 41.8

[풀이]

$T = Pl_1 = 600 \times 0.5 = 300\ N \cdot m$
$M = Pl_2 = 600 \times 1 = 600\ N \cdot m$
$\Rightarrow T_{eq.} = \sqrt{M^2 + T^2} = 670.82\ N \cdot m$
$\Rightarrow M_{eq.} = \dfrac{1}{2}(M + T_{eq.})$
$= \dfrac{1}{2}(600 + 670.82)$
$= 635.4\ N \cdot m$

$\sigma_{max} = \dfrac{M_{eq.}}{Z} = \dfrac{32 M_{eq.}}{\pi d^3}$
$= \dfrac{32 \times 635.4}{\pi \times 0.05^3} \times 10^{-6}$
$= 51.8\ MPa$

$\tau_{max} = \dfrac{T_{eq.}}{Z_p} = \dfrac{16 T_{eq.}}{\pi d^3}$
$= \dfrac{16 \times 670.82}{\pi \times 0.05^3} \times 10^{-6}$
$= 27.3\ MPa$

451 그림과 같은 직사각형 단면의 보에 P = 4 kN의 하중이 10° 경사진 방향으로 작용한다. A 점에서 길이방향의 수직응력을 구하면 약 몇 MPa인가?

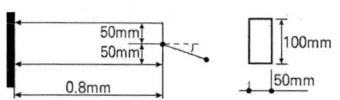

① 3.89　② 5.67　③ 0.79　④ 7.46

[풀이]

힘 P의 세로방향 성분력은
$P \cos 10° = 4 \times 10^3 \times \cos 10°$
$= 3939.2\ N$

가로(단면) 방향 성분력은
$P \sin 10° = 4 \times 10^3 \times \sin 10°$
$= 694.6\ N$

세로방향 성분력에 의한 응력은
$\sigma_1 = \dfrac{P_1}{A} = \dfrac{3939.2}{0.05 \times 0.1} \times 10^{-6}$
$= 0.788\ MPa$

가로(단면) 방향 성분력에 의한 응력은
$\sigma_2 = \sigma_b = \dfrac{M}{Z} = \dfrac{P_2 \times 0.8}{\dfrac{bh^2}{6}}$
$= \dfrac{694.6 \times 0.8 \times 6}{0.05 \times 0.1^2} \times 10^{-6}$
$= 6.668\ MPa$

∴ A점의 세로방향 전체응력
$\sigma = \sigma_1 + \sigma_2$
$= 6.668 + 0.788 ≒ 7.46\ MPa$

452 그림과 같은 직사각형 단면을 갖는 단순지지 보에 3 kN/m의 균일 분포하중과 축 방향으로 50 kN의 인장력이 작용할 때 단면에 발생하는 최대 인장응력은 약 몇 MPa인가?

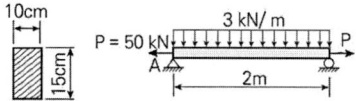

① 0.67　② 3.33　③ 4　④ 7.33

[풀이]

정답 451. ④　452. ④

축방향 하중에 의한 인장응력
$$\sigma_1 = \frac{P}{A} = \frac{50 \times 10^3}{0.1 \times 0.15} \times 10^{-3}$$
$$= 3.33\ MPa$$

최대 굽힘모멘트에 의한 중앙부에서의 응력
$$M_{중앙} = 3000 \times 1 - 3000 \times 0.5$$
$$= 1500\ N \cdot m$$
$$M_{중앙} = \sigma_b Z$$
$$\Rightarrow \sigma_b = \frac{M_{중앙}}{Z} = \frac{M_{중앙}}{\frac{bh^2}{6}}$$
$$= \frac{1500}{\frac{0.1 \times 0.15^2}{6}} \times 10^{-3}$$
$$= 4\ MPa$$
$$\therefore \sigma_{max} = \sigma_1 + \sigma_b = 3.33 + 4$$
$$= 7.33\ MPa$$

453 원형단면의 단순보가 그림과 같이 등분포하중 50 N/m을 받고 허용굽힘응력이 400MPa일 때 단면의 지름은 최소 약 몇 mm가 되어야 하는가?

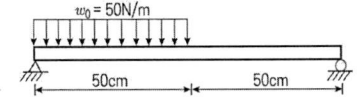

① 4.1 ② 4.3
③ 4.5 ④ 4.7

[풀이]

$$M_a = \sigma_a Z = 400 \times 10^6 \times \frac{\pi d^3}{32}$$

$$\sum M_B = 0$$
$$\Rightarrow R_A \times 1 = 50 \times 0.5 \times 0.75 = 18.75$$
$$\Rightarrow R_A = 18.75\ N$$

전단력이 0이 되는 위치는
$$18.75 = 50x \Rightarrow x = 0.375$$
$$M_{0.375} = 18.75 \times 0.375 - 50 \times 0.375$$
$$\times \frac{0.375}{2}$$
$$\fallingdotseq 3.51\ N \cdot m$$
$$\therefore d = \sqrt[3]{\frac{3.51 \times 32}{400 \times 10^6 \times \pi}} \times 10^3$$
$$\fallingdotseq 4.47\ mm$$

454 지름 6mm인 곧은 강선을 지름 1.2m의 원통에 감았을 때 강선에 생기는 최대 굽힘응력은 약 몇 MPa인가? (단, 세로탄성계수는 200GPa이다.)

① 500 ② 800 ③ 900 ④ 1000

[풀이]

$$\sigma_{max} = \frac{Ey}{\rho} = \frac{E\frac{d}{2}}{\frac{D}{2}}$$
$$= \frac{200 \times 10^9 \times \frac{6 \times 10^{-3}}{2}}{\frac{1.2}{2}} \times 10^{-6}$$
$$= 1000\ MPa$$

455 전체 길이에 걸쳐서 균일 분포하중 200N/m가 작용하는 단순지지 보의 최대 굽힘응력은 몇 MPa인가? (단, 폭×높이 = 3cm × 4cm인 직사각형 단면이고, 보의 길이는 2m이다. 또한 보의 지점은 양 끝단에 있다.)

① 12.5 ② 25.0 ③ 14.9 ④ 29.8

[정답] 453. ③ 454. ④ 455. ①

[풀이]

$M_{max} = \sigma_{max} Z$ 에서

$\Rightarrow M_{max} = \dfrac{wl^2}{8}$ 이므로

$\sigma_{max} = \dfrac{M_{max}}{Z} = \dfrac{wl^2}{\dfrac{bh^2}{6}}$

$= \dfrac{200 \times 2^2}{\dfrac{0.03 \times 0.04^2}{6}} \times 10^{-3}$

$= 12.5\ MPa$

456 그림과 같이 반지름이 5cm인 원형 단면을 갖는 ㄱ자 프레임에서 A점 단면의 수직응력(σ)은 약 몇 MPa인가?

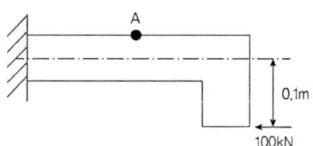

① 79.1 ② 89.1 ③ 99.1 ④ 109.1

[풀이]

100 kN의 압축하중과…❶
100×1 $kN \cdot m$의 굽힘모멘트로 구분…❷

❶ $\sigma_c = \dfrac{P}{A} = \dfrac{100 \times 10^3}{\dfrac{\pi}{4} \times 0.1^2} \times 10^{-6}$

$= 12.74\ MPa$

❷ $\sigma_b = \dfrac{M}{Z} = \dfrac{(100 \times 10^3) \times 0.1}{\dfrac{\pi \times 0.1^3}{32}}$

$\times 10^{-6}$

$= 101.86\ MPa$

∴ $\sigma = -\sigma_c + \sigma_b = -12.74 + 101.86$

$\fallingdotseq 89.1\ MPa$

457 그림과 같이 반지름이 5cm인 원형 단면을 갖는 ㄱ자 프레임의 A점 단면의 수직응력은 약 몇 MPa인가?

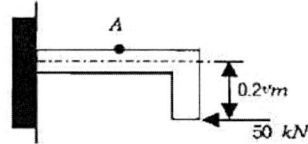

① 75.5 ② 85.5 ③ 95.5 ④ 105.5

[풀이]

50 kN의 압축하중과…❶
50×0.2 $kN \cdot m$ 굽힘모멘트로 구분…❷

❶ $\sigma_c = \dfrac{P}{A} = \dfrac{50 \times 10^3}{\dfrac{\pi}{4} \times 0.1^2} \times 10^{-6}$

$= 6.37\ MPa$

❷ $\sigma_b = \dfrac{M}{Z} = \dfrac{(100 \times 10^3) \times 0.1}{\dfrac{\pi \times 0.1^3}{32}}$

$\times 10^{-6}$

$= 101.86\ MPa$

∴ $\sigma = -\sigma_c + \sigma_b = -6.37 + 101.86$

$= 95.49\ MPa$

정정보

458 다음 그림과 같이 C점에 집중하중 P가 작용하고 있는 외팔보의 자유단에서 경사각 θ를 구하는 식은? (단, 보의 굽힘강성 EI는 일정하고, 자중은 무시한다.)

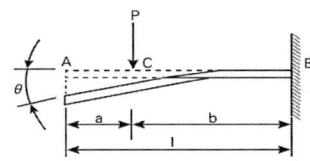

① $\theta = \dfrac{P\ell^2}{2EI}$ ② $\theta = \dfrac{3P\ell^2}{2EI}$

③ $\theta = \dfrac{Pa^2}{2EI}$ ④ $\theta = \dfrac{Pb^2}{2EI}$

[풀이]

$\theta_{max} = \dfrac{Pl^2}{2EI} \Rightarrow \theta = \dfrac{Pb^2}{2EI}$

459 길이 1m인 외팔보가 아래 그림처럼 q = 5 kN/m의 균일 분포하중과 P = 1 kN의 집중하중을 받고 있을 때 B점에서의 회전각은 얼마인가? (단, 보의 굽힘강성은 EI이다.)

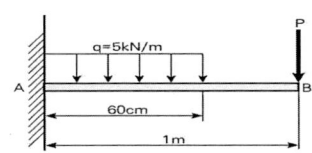

① $\dfrac{120}{EI}$ ② $\dfrac{260}{EI}$

③ $\dfrac{486}{EI}$ ④ $\dfrac{680}{EI}$

[풀이]

중첩법을 적용하면

$\theta_{max} = \dfrac{wl'^3}{6EI} + \dfrac{Pl^2}{2EI}$

$\Rightarrow \theta_{max} = \dfrac{5 \times 0.6^3}{6EI} + \dfrac{1 \times 1^2}{2EI}$

$= \dfrac{680}{EI}$

460 그림과 같은 단순보에 w의 등분포하중이 작용하고 있을 때 보의 양단에서의 처짐각(θ)은 얼마인가? (단, E는 세로 탄성계수, I는 단면 2차 모멘트이다.)

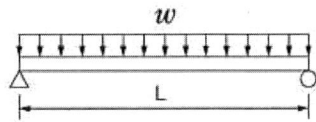

① $\theta = \dfrac{wl^3}{16EI}$ ② $\theta = \dfrac{wl^3}{24EI}$

③ $\theta = \dfrac{wl^3}{48EI}$ ④ $\theta = \dfrac{3wl^3}{128EI}$

[풀이]

$\theta_{max} = \dfrac{wl^3}{24EI}$

461 양단이 단순지지된 길이 2m인 보에 균일분포 하중 w = 800 kN/m가 작용할 때 최대 처짐각은? (단, 보 단면의 관성모멘트는 $I = 500 \times 10^6 \text{mm}^4$이고, 탄성계수는 E = 200GPa이다.)

① 0.034° ② 0.153°
③ 0.278° ④ 0.361°

정답 458. ④ 459. ④ 460. ② 461. ②

[풀이]

$$\theta_{max} = \frac{wl^3}{24EI}$$
$$= \frac{800 \times 10^3 \times 2^3}{24 \times 200 \times 10^9 \times 500 \times 10^6 \times 10^{-12}} \times \frac{180}{\pi}$$
$$= 0.1529°$$

462 그림과 같은 단순지지 보가 집중하중 P를 받을 때 굽힘모멘트 선도는 아래 그림과 같다. A, C점에서 처짐 선상에 그은 접선이 만나는 각 θ는? (단, 보의 굽힘강성 EI는 일정하고 자중은 무시한다.)

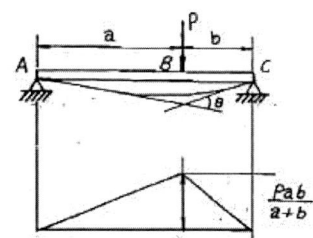

① $\theta = \frac{Pab}{2}$ ② $\theta = \frac{Pab}{2EI}$

③ $\theta = \frac{Pab}{4}$ ④ $\theta = \frac{Pab}{8EI}$

[풀이]

$$\theta = \frac{Pab}{2EI}$$

463 그림과 같은 보의 최대 처짐을 나타내는 식은? (단, I는 단면 2차 모멘트이고 보의 자중은 무시한다.)

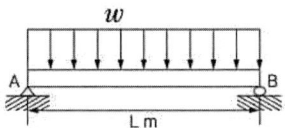

① $\frac{wL^4}{8EI}$ ② $\frac{7wL^4}{192EI}$

③ $\frac{5wL^4}{384EI}$ ④ $\frac{wL^4}{48EI}$

[풀이]

$$\delta_{max} = \frac{5wL^3}{384EI}$$

464 그림의 보에서 θ_A가 옳게 된 것은? (단, EI는 일정하다.)

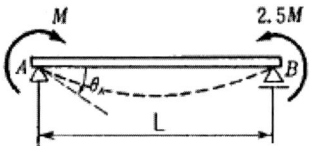

① $\frac{ML}{2EI}$ ② $\frac{2ML}{5EI}$

③ $\frac{ML}{6EI}$ ④ $\frac{3ML}{4EI}$

[풀이]

중첩의 원리

$$\theta_A = \frac{ML}{3EI} + \frac{2.5ML}{6EI} = \frac{4.5ML}{6EI}$$
$$= \frac{3ML}{4EI}$$

465 보의 자중을 무시할 때 그림과 같이 자유단 C에 집중하중 P가 작용할 때 B점에서 처짐 곡선의 기울기 각 θ를 탄성계수 E, 단면 2차 모멘트 I로 나타내면?

정답) 462. ② 463. ③ 464. ④ 465. ②

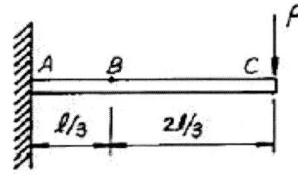

① $\dfrac{5}{9}\dfrac{Pl^2}{EI}$ ② $\dfrac{5}{18}\dfrac{Pl^2}{EI}$

③ $\dfrac{5}{27}\dfrac{Pl^2}{EI}$ ④ $\dfrac{5}{36}\dfrac{Pl^2}{EI}$

[풀이]

고정단을 원점, 자유단 방향을 x 축
처짐각에 대한 탄성 곡선방정식

$\theta_{max} = \dfrac{Pl^2}{2EI}$

$\Rightarrow \theta_x = -\dfrac{Px^2}{2EI} + \dfrac{Pl^2}{2EI}$

$\Rightarrow \theta_{x=\frac{2}{3}l} = -\dfrac{P\times\left(\frac{2}{3}l\right)^2}{2EI} + \dfrac{Pl^2}{2EI}$

$= -\dfrac{2Pl^2}{9EI} + \dfrac{Pl^2}{2EI}$

$= \dfrac{5}{18}\dfrac{Pl^2}{EI}$

466 보의 자유단에 하중 P 가 작용할 때, 점 B 점에서의 기울기를 구하면? (단, 보의 굽힘강성 EI 는 일정하고, 자중은 무시한다.)

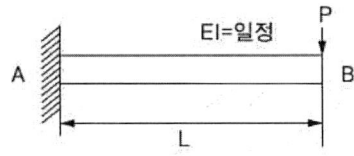

① $\dfrac{PL^2}{2EI}$ ② $\dfrac{PL^2}{3EI}$

③ $\dfrac{3PL^2}{16EI}$ ④ $\dfrac{5PL^2}{48EI}$

[풀이]

$\theta_{max} = \dfrac{PL^2}{2EI}$

467 보의 자중을 무시할 때 그림과 같이 자유단 C에 집중하중 2P가 작용할 때 B점에서 처짐곡선의 기울기 각은? (단, 세로탄성계수 E, 단면 2차 모멘트를 I라고 한다.)

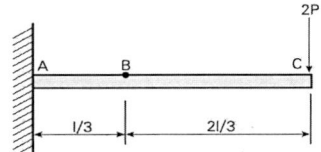

① $\dfrac{5}{9}\dfrac{Pl^2}{EI}$ ② $\dfrac{5}{18}\dfrac{Pl^2}{EI}$

③ $\dfrac{5}{27}\dfrac{Pl^2}{EI}$ ④ $\dfrac{5}{36}\dfrac{Pl^2}{EI}$

[풀이]

처짐각에 대한 탄성 곡선방정식 (정해)

$\theta_{max} = \dfrac{Pl^2}{2EI}$

$\Rightarrow \theta_x = -\dfrac{(2P)x^2}{2EI} + \dfrac{(2P)l^2}{2EI}$

$\Rightarrow \theta_{x=\frac{2}{3}l} = -\dfrac{(2P)\times\left(\frac{2}{3}l\right)^2}{2EI}$

$\phantom{\Rightarrow \theta_{x=\frac{2}{3}l} =} + \dfrac{(2P)l^2}{2EI}$

$= -\dfrac{4Pl^2}{9EI} + \dfrac{Pl^2}{EI} = \dfrac{5}{9}\dfrac{Pl^2}{EI}$

정답 466. ① 467. ①

적분상수를 고려하지 않은 예(오류)

$\theta_{max} = \dfrac{Pl^2}{2EI}$

$\Rightarrow \theta = \dfrac{(2P)l^2}{2EI} = \dfrac{Pl^2}{EI}$

$\Rightarrow \theta_{x=\frac{2}{3}l} = \dfrac{P \times \frac{4}{9}l^2}{EI} = \dfrac{4}{9}\dfrac{Pl^2}{EI}$

468 길이가 L인 외팔보의 자유단에 집중하중 P가 작용할 때 최대 처짐량은? (단, E : 탄성계수, I : 단면 2차 모멘트이다.)

① $\dfrac{PL^3}{8EI}$ ② $\dfrac{PL^3}{4EI}$

③ $\dfrac{PL^3}{3EI}$ ④ $\dfrac{PL^3}{2EI}$

[풀이]

$\delta_{max} = \dfrac{PL^3}{3EI}$

469 그림의 단순지지 보에서 중앙에 집중하중 $P(=wl)$가 작용할 때와 등분포하중이 작용할 때 중앙에서 처짐 $y_A : y_B$의 값은?

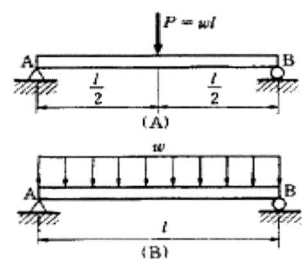

① 4 : 3 ② 3 : 4
③ 7 : 4 ④ 8 : 5

[풀이]

$y_A : y_B = \dfrac{Pl^3}{48EI} : \dfrac{5wl^4}{384EI}$

$= \dfrac{Pl^3}{48EI} : \dfrac{5Pl^3}{384EI}$

$= \dfrac{8Pl^3}{384EI} : \dfrac{5Pl^3}{384EI} = 8 : 5$

470 그림과 같이 외팔보가 자유단에서 시계방향의 우력 M을 받는 경우, 자유단의 처짐 δ는?

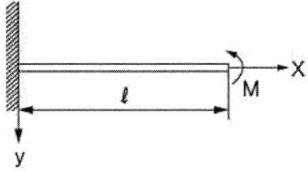

① $\delta = \dfrac{M^2 l}{2EI}$ ② $\delta = \dfrac{Ml^2}{2EI}$

③ $\delta = \dfrac{2Ml^2}{3EI}$ ④ $\delta = \dfrac{M^2 l}{6EI}$

[풀이]

$\delta = \dfrac{Ml^2}{2EI}$

471 그림과 같이 재질과 단면이 동일하고 길이가 다른 2개의 외팔보를 자유단에서의 처짐이 동일하게 하는 외력의 비 P_1/P_2는?

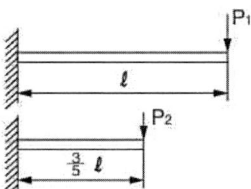

정답) 468. ③ 469. ④ 470. ② 471. ④

① 0.547 ② 0.437
③ 0.325 ④ 0.216

[풀이]

$\delta_1 = \dfrac{P_1 l^3}{3EI} = \dfrac{P_2(3l/5)^3}{3EI} = \delta_2$ 의 관계
가 성립되므로

$\dfrac{P_1}{P_2} = \dfrac{(3l/5)^3}{l^3} = (3/5)^3 = 0.216$

472 길이가 L인 외팔보의 중앙에 집중하중 P가 작용할 때, 자유단 C에서의 최대 처짐은? (단, E는 탄성계수, I 는 단면 2차 모멘트이다.)

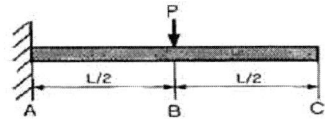

① $\dfrac{PL^3}{24EI}$ ② $\dfrac{PL^3}{3EI}$

③ $\dfrac{3PL^3}{8EI}$ ④ $\dfrac{5PL^3}{48EI}$

[풀이]

$\delta_{max} = \dfrac{P(L/2)^3}{3EI} + \dfrac{P(L/2)^2}{2EI} \times \dfrac{L}{2}$

$= \dfrac{PL^3}{24EI} + \dfrac{PL^3}{16EI} = \dfrac{5PL^3}{48EI}$

473 다음과 같은 외팔보에서의 최대 처짐량은?

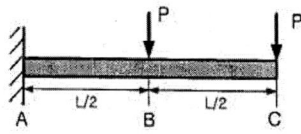

① $\dfrac{5}{48} \dfrac{PL^3}{EI}$ ② $\dfrac{11}{48} \dfrac{PL^3}{EI}$

③ $\dfrac{16}{48} \dfrac{PL^3}{EI}$ ④ $\dfrac{21}{48} \dfrac{PL^3}{EI}$

[풀이]

$\delta_{max} = \dfrac{PL^3}{3EI} + \dfrac{P(L/2)^3}{3EI} + \dfrac{P(L/2)^2}{2EI} \times \dfrac{L}{2}$

$= \dfrac{PL^3}{3EI} + \dfrac{PL^3}{24EI} + \dfrac{PL^3}{16EI} = \dfrac{21PL^3}{48EI}$

474 폭 × 높이 = 4cm × 8cm인 직사각형 단면이고 길이가 1m인 외팔보의 자유단에 집중하중 30 kN이 작용할 때 보 처짐의 최대값은 몇 cm인가? (단, 탄성계수 $E = 210$GPa이다.)

① 1.50 ② 2.79 ③ 4.50 ④ 11.16

[풀이]

$\delta_{max} = \dfrac{Pl^3}{3EI}$

$= \dfrac{30 \times 10^3 \times 1^3 \times 12}{3 \times 210 \times 10^9 \times 0.04 \times 0.08^3} \times 10^2$

$= 2.79 \; cm$

475 균일 분포하중 w를 받고 있는 길이가 L인 단순보의 처짐을 δ로 제한한다면 균일 분포하중의 크기는 어떻게 표현되겠는가? (단, 보의 단면은 폭이 b이고 높이가 h인 직사각형이고 탄성계수는 E이다.)

① $\dfrac{32Ebh^3\delta}{5L^4}$ ② $\dfrac{32Ebh^3\delta}{7L^4}$

③ $\dfrac{16Ebh^3\delta}{5L^4}$ ④ $\dfrac{8Ebh^3\delta}{7L^4}$

[정답] 472. ④ 473. ④ 474. ② 475. ④

[풀이]

$$\delta = \frac{5wL^4}{384EI} = \frac{5wL^4 \times 12}{384E \times bh^3}$$
$$\Rightarrow w = \frac{32Ebh^3\delta}{5L^4}$$

476 그림과 같은 외팔보의 자유단에서 우력 $M = Ph$ 가 작용할 때 자유단에서의 경사각 (θ_B)과 처짐(y_B)은? (단, E:탄성계수, I는 단면 2차 모멘트이다.)

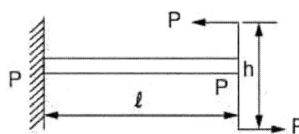

① $\theta_B = \frac{Phl}{EI}$, $y_B = \frac{Phl^2}{2EI}$

② $\theta_B = \frac{Phl^2}{EI}$, $y_B = \frac{Phl^3}{2EI}$

③ $\theta_B = \frac{Phl^2}{EI}$, $y_B = \frac{Phl^3}{4EI}$

④ $\theta_B = \frac{Phl}{2EI}$, $y_B = \frac{Phl^2}{4EI}$

[풀이]

$$\theta_B = \frac{Ml}{EI} = \frac{Phl}{EI}$$
$$y_B = \frac{Ml^2}{2EI} = \frac{Phl^2}{2EI}$$

477 폭이 2cm이고 높이가 3cm인 직사각형 단면을 가진 길이 50cm의 외팔보 고정단에서 40cm 되는 곳에 800N의 집중하중을 작용시킬 때 자유단의 처짐은 약 몇 cm인가? (단, 외팔보의 세로 탄성계수는 210GPa이다.)

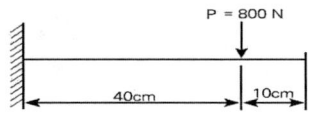

① 0.074　　② 0.25
③ 1.48　　④ 12.52

[풀이]

$$\delta_{자유단} = \delta_1 + \theta_1 l_2$$
$$= \frac{Pl_1^3}{3EI} + \frac{Pl_1^2}{2EI} \times l_2$$
$$= \frac{800 \times 0.4^3}{3 \times 210 \times 10^9 \times \frac{0.02 \times 0.03^3}{12}} +$$
$$\frac{800 \times 0.4^2}{2 \times 210 \times 10^9 \times \frac{0.02 \times 0.03^3}{12}}$$
$$\times 0.1$$
$$= 0.0025\,m \times 10^2 = 0.25\,cm$$

478 폭이 2cm이고, 높이가 3cm인 단면을 가진 길이 50cm의 외팔보의 고정단에서 40cm 되는 곳에 800N의 집중하중을 작용시킬 때 자유단의 처짐은 약 몇 mm인가? (단, 탄성계수는 $E = 2.1 \times 10^7$N/cm²이다.)

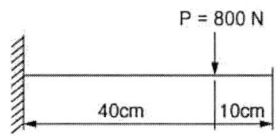

① 5.5　② 4.5　③ 3.5　④ 2.5

정답) 476. ①　477. ②　478. ④

[풀이]

$$\delta_{자유단} = \delta_1 + \theta_1 l_2$$
$$= \frac{Pl_1^3}{3EI} + \frac{Pl_1^2}{2EI} \times l_2$$
$$= \frac{800 \times 40^3}{3 \times 2.1 \times 10^7 \times \frac{2 \times 3^3}{12}}$$
$$+ \frac{800 \times 40^2}{2 \times 2.1 \times 10^7 \times \frac{2 \times 3^3}{12}} \times 10$$
$$= 0.25\ cm = 2.5\ mm$$

479 그림과 같은 외팔보에서 집중하중 $P = 50\,kN$이 작용할 때 자유단의 처짐은 약 몇 cm인지 구하시오. (단, 탄성계수 $E = 200GPa$, 단면 2차 모멘트 $I = 10^5\ cm^4$이다.)

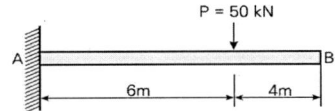

① 6.4 ② 4.8 ③ 3.6 ④ 2.4

[풀이]

$$\delta_{max} = \frac{Pl^3}{3EI} + \frac{Pl^2}{2EI} \times l'$$
$$= \left(\frac{50 \times 10^3 \times 6^3}{3 \times 200 \times 10^9 \times 10^5 \times 10^{-8}}\right.$$
$$+ \left.\frac{50 \times 10^3 \times 6^2}{2 \times 200 \times 10^9 \times 10^5 \times 10^{-8}} \times 4\right)$$
$$\times 10^2 = 3.6\ cm$$

480 그림과 같이 크기가 같은 집중하중 P를 받고 있는 외팔보에서 자유단의 처짐값을 구한 식으로 옳은 것은?

(단, 보의 전체길이는 L이며, 세로 탄성계수는 E, 보의 단면 2차 모멘트는 I이다.)

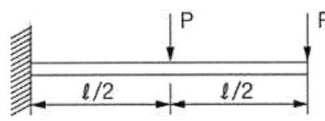

① $\dfrac{2Pl^3}{3EI}$ ② $\dfrac{5Pl^3}{8EI}$

③ $\dfrac{7Pl^3}{16EI}$ ④ $\dfrac{5Pl^3}{24EI}$

[풀이]

$$\delta = \delta_1 + \delta_2 + \delta_3 = \delta_1 + \delta_2 + \theta_2 \times L'$$
$$= \frac{Pl^3}{3EI} + \frac{P\left(\frac{l}{2}\right)^3}{3EI} + \frac{P\left(\frac{l}{2}\right)^2}{2EI} \times \frac{l}{2}$$
$$= \frac{7Pl^3}{16EI}$$

481 그림과 같이 전체길이가 3L인 외팔보에 하중 P가 B점과 C점에 작용할 때 자유단 B에서의 처짐량은? (단, 보의 굽힘강성 EI는 일정하고, 자중은 무시한다.)

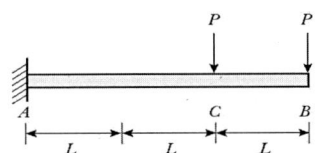

① $\dfrac{35}{3}\dfrac{PL^3}{EI}$ ② $\dfrac{37}{3}\dfrac{PL^3}{EI}$

③ $\dfrac{41}{3}\dfrac{PL^3}{EI}$ ④ $\dfrac{44}{3}\dfrac{PL^3}{EI}$

[풀이]

정답) 479. ③ 480. ③ 481. ③

$$\delta = \delta_1 + \delta_2 + \delta_3 = \delta_1 + \delta_2 + \theta_C \times L$$
$$= \frac{P(2L)^3}{3EI} + \frac{P(3L)^3}{3EI} + \frac{P(2L)^2}{2EI} \times L$$
$$= \frac{41PL^3}{3EI}$$

482 그림과 같은 직사각형 단면의 목재 외팔보에 집중하중 P가 C 점에 작용하고 있다. 목재의 허용압축응력을 8MPa, 끝단 B 점에서의 허용 처짐량은 23.9 mm라고 할 때 허용압축응력과 허용 처짐량을 모두 고려하여 이 목재에 가할 수 있는 집중하중 P의 최대값은 약 몇 kN 인가? (단, 목재의 탄성계수는 12GPa, 단면 2차 모멘트 $1022 \times 10^{-6} m^4$, 단면계수는 $4.601 \times 10^{-3} m^3$ 이다.)

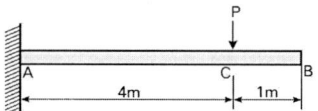

① 7.8   ② 8.5   ③ 9.2   ④ 10.0

[풀이]

허용 압축응력을 고려한 하중
$M_{max} = M_A = \sigma_a Z$
⇨ $4 \times P = 8 \times 10^6 \times 4.601 \times 10^{-3}$
⇨ $P = 9.2$ kN

처짐을 고려한 하중
자유단의 처짐
$$\delta_{max} = \frac{Pl^3}{3EI} + \frac{Pl^2}{2EI} \times l'$$
$$0.0239 = \frac{P \times 4^3}{3 \times 12 \times 10^9 \times 1022 \times 10^{-6}}$$
$$+ \frac{P \times 4^2}{2 \times 12 \times 10^9 \times 1022 \times 10^{-6}} \times 1$$
⇨ $P = 9992.3$ N ≒ 9.99 kN (×)

∴ **가할 수 있는 최대하중은** $P = 9.2$ kN

483 직사각형 단면(폭×높이)이 4cm × 8 cm이고 길이 1m 외팔보의 전 길이가 6 kN·m의 등분포하중이 작용할 때 보의 최대 처짐각은? (단, 탄성계수 E= 210GPa이고 부의 처짐은 무시한다.)

① 0.0028 rad   ② 0.0029 rad
③ 0.0008 rad   ④ 0.0009 rad

[풀이]

$$\theta = \frac{wl^3}{6EI}$$
$$= \frac{6 \times 10^3 \times 1 \times 1^3 \times 12}{6 \times 210 \times 10^9 \times 0.04 \times 0.08^3}$$
$$= 0.00279\, rad$$

484 그림과 같은 외팔보에 균일 분포하중 w 가 전체길이에 걸쳐 작용할 때 자유단의 처짐 δ 는 얼마인가? (단, E : 탄성계수, I : 단면 2차 모멘트이다.)

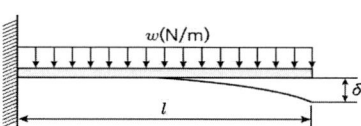

① $\dfrac{w\ell^4}{3EI}$ ② $\dfrac{w\ell^4}{6EI}$

③ $\dfrac{w\ell^4}{8EI}$ ④ $\dfrac{w\ell^4}{24EI}$

[풀이]

$$\delta_{max} = \frac{wl^4}{8EI}$$

정답 482. ③ 483. ① 484. ③

485 길이가 L인 외팔보 AB가 보의 일부분 b 위에 w의 균일 분포하중이 작용되고 있을 때 이 보의 자유단 A의 처짐량은 얼마인가?

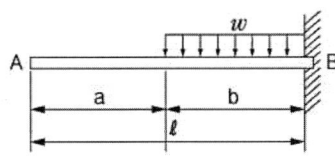

① $\delta = \dfrac{wb^3}{8EI}\left(a + \dfrac{3}{4}b\right)$

② $\delta = \dfrac{wb^3}{6EI}\left(a + \dfrac{3}{4}b\right)$

③ $\delta = \dfrac{wb^2}{6EI}\left(a + \dfrac{3}{4}b\right)$

④ $\delta = \dfrac{wb^2}{8EI}\left(a + \dfrac{3}{4}b\right)$

[풀이]

$\delta_A = \dfrac{wb^4}{8EI} + \dfrac{wb^3}{6EI} \times a = \dfrac{wb^3}{6EI}\left(a + \dfrac{3}{4}b\right)$

486 그림과 같이 길이와 재질이 같은 두 개의 외팔보가 자유단에 각각 집중하중 P를 받고 있다. 첫째 보(1)의 단면치수는 b×h이고, 둘째 보(2)의 단면치수는 b×2h라면, 보(1)의 최대 처짐 δ_1과 보(2)의 최대 처짐 δ_2의 비(δ_1/δ_2)는 얼마인가?

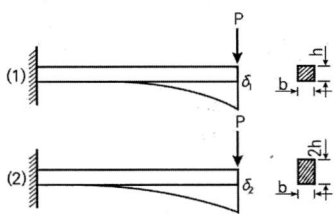

① 1/8 ② 1/4 ③ 4 ④ 8

[풀이]

$\delta_{max} = \dfrac{Pl^3}{3EI}$

$\Rightarrow \delta_1 = \dfrac{Pl^3}{3EI} = \dfrac{Pl^3}{3E} \times \dfrac{12}{bh^3}$

$\delta_2 = \dfrac{Pl^3}{3EI} = \dfrac{Pl^3}{3E} \times \dfrac{12}{b(2h)^3}$

$= \dfrac{Pl^3}{3E} \times \dfrac{12}{bh^3} \times \dfrac{1}{8}$

∴ $\delta_1/\delta_2 = 8$

487 지름 2cm, 길이 1m의 원형단면 외팔보의 자유단에 집중하중이 작용할 때, 최대 처짐량이 2cm가 되었다면, 최대 굽힘응력은 약 몇 MPa인가? (단, 보의 세로탄성계수는 200GPa이다.)

① 80 ② 120 ③ 180 ④ 220

[풀이]

$\delta_{max} = \dfrac{Pl^3}{3EI}$

$\Rightarrow P = \dfrac{3EI\delta}{l^3}$

$= \dfrac{3 \times 200 \times 10^9 \times \pi(0.02)^4 \times 0.02}{64 \times 1^3}$

$= 94.2 N$

$M = \sigma Z$

$\Rightarrow \sigma_{max} = \dfrac{M_{max}}{Z} = \dfrac{32Pl}{\pi d^3}$

$= \dfrac{32 \times 94.2 \times 1}{\pi \times 0.02^3} \times 10^{-6}$

$= 120 MPa$

정답 485. ② 486. ④ 487. ②

488 외팔보 AB의 자유단에 브래킷 BCD가 붙어 있으며 D점에 하중 P가 작용하고 있다. B점에서의 처짐이 0 이 되기 위한 a/L 의 비는 얼마인가?

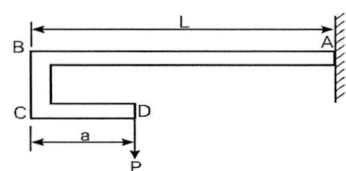

① $\dfrac{1}{4}$ ② $\dfrac{2}{3}$ ③ $\dfrac{1}{2}$ ④ $\dfrac{3}{4}$

【 풀이 】

$$\delta_B = \frac{PL^3}{3EI} - \frac{ML^2}{2EI} = 0$$

$$\Rightarrow \delta_B = \frac{PL^3}{3EI} - \frac{(Pa)L^2}{2EI} = 0$$

$$\Rightarrow \frac{L}{3} = \frac{a}{2} \quad \therefore \frac{a}{L} = \frac{2}{3}$$

489 집중 모멘트 M을 받고 있는 길이(L) 1m인 외팔보의 최대 처짐량을 1cm로 제한하려면, 최대 집중 모멘트 M은 몇 N·m인가? (단, 단면은 한 변이 10cm인 정사각형이고, 탄성계수(E)는 235 GPa이다.)

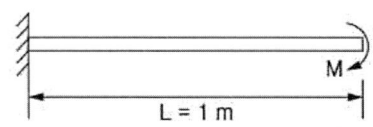

① 24516   ② 29419
③ 34323   ④ 39166

【 풀이 】

$$\delta_{max} = \frac{ML^2}{2EI}$$

$$\Rightarrow M = \frac{2EI\delta_{max}}{L^2}$$

$$= \frac{2 \times 235 \times 10^9 \times 0.1^4 \times 0.01}{1^2 \times 12}$$

$$= 39166.67 \, N \cdot m$$

490 다음과 같은 외팔보에 집중하중과 모멘트가 자유단 B에 작용할 때 B점의 처짐은 몇 mm인가? (단, 굽힘강성 $EI = 10MN \cdot m^2$ 이고, 처짐 δ 의 부호가 + 이면 위로, - 이면 아래로 처짐을 의미한다.)

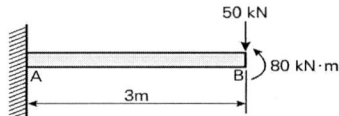

① +81   ② -81   ③ +9   ④ -9

【 풀이 】

$$\delta_1 = \frac{Pl^3}{3EI} = -\frac{50 \times 10^3 \times 3^3}{3 \times 10 \times 10^6} \times 10^3$$

$$= -45 \, mm$$

$$\delta_2 = \frac{M_0 l^2}{2EI} = \frac{80 \times 10^3 \times 3^2}{2 \times 10 \times 10^6} \times 10^3$$

$$= 36 \, mm$$

$$\therefore \delta = \delta_1 + \delta_2$$
$$= (-45) + 36 = -9 \, mm$$

491 외팔보 AB에서 중앙(C)에 모멘트 M_C 와 자유단에 하중 P 가 동시에 작용할 때, 자유단(B)에서의 처짐량이 영(0)이 되도록 M_C 를 결정하면? (단, 굽힘강성 EI 는 일정하다.)

정답 488. ② 489. ④ 490. ④ 491. ②

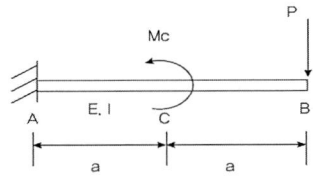

① $M_c = \dfrac{8}{9}Pa$ ② $M_c = \dfrac{16}{9}Pa$
③ $M_c = \dfrac{24}{9}Pa$ ④ $M_c = \dfrac{32}{9}Pa$

【풀이】

중첩법 적용
❶ P에 의한 처짐
$$\delta_P = \dfrac{Pl^3}{3EI} = \dfrac{8Pa^3}{3EI} \Leftarrow a = \dfrac{l}{2}$$

❷ M에 의한 처짐
$$\delta_M = \dfrac{M_c\left(\dfrac{l}{2}\right)^2}{2EI} + \dfrac{M_c\left(\dfrac{l}{2}\right)}{EI} \times \dfrac{l}{2}$$
$$= \dfrac{M_c a^2}{2EI} + \dfrac{M_c a}{EI} \times a \Leftarrow a = \dfrac{l}{2}$$
$$= \dfrac{3M_c a^2}{2EI}$$

❸ δ_P 와 δ_M 은 같아야 하므로
$$\dfrac{8Pa^3}{3EI} = \dfrac{3M_c a^2}{2EI} \Rightarrow M_c = \dfrac{16}{9}Pa$$

492 단순지지 보의 중앙에 집중하중 P가 작용하고 있을 때 최대 처짐 δ_{max} 는?

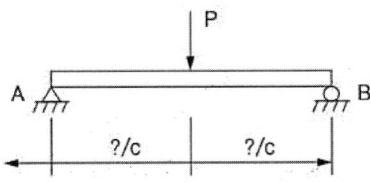

① $\dfrac{Pl^3}{48EI}$ ② $\dfrac{5Pl^3}{384EI}$
③ $\dfrac{5Pl^4}{384EI}$ ④ $\dfrac{Pl^3}{3EI}$

【풀이】

$$\delta_{max} = \dfrac{Pl^3}{48EI}$$

493 단면 20cm × 30cm, 길이 6m의 목재로 된 단순보의 중앙에 20 kN의 집중하중의 작용할 때, 최대 처짐(δ_{max})은? (단, 탄성계수 E = 10GPa이다.)

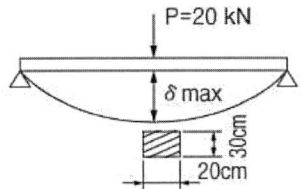

① 1.8 cm ② 2.0 cm
③ 1.5 cm ④ 2.4 cm

【풀이】

$$\delta_{max} = \dfrac{Pl^3}{48EI}$$
$$= \dfrac{20 \times 10^3 \times 6^3 \times 12}{48 \times 10 \times 10^9 \times 0.2 \times 0.3^3}$$
$$= 0.02\,m = 2\,cm$$

494 단순지지 보에서 길이는 5m, 중앙에서 집중하중 P가 작용할 때 최대 처짐은 몇 cm인가? (단, 보의 단면(b×h)은 5cm×12cm, 탄성계수 E = 210GPa, P = 25kN으로 한다.)

【정답】 492. ① 493. ② 494. ②

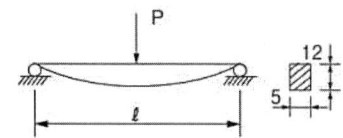
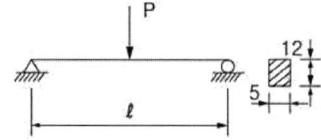

① 8.3 ② 4.3 ③ 2.8 ④ 6.5

① 83 ② 43 ③ 28 ④ 65

[풀이]

$$\delta_{max} = \frac{P\ell^3}{48EI}$$
$$= \frac{25 \times 10^3 \times 5^3 \times 12}{48 \times 210 \times 10^9 \times 0.05 \times 0.12^3}$$
$$= 0.043\,m = 4.3\,cm$$

[풀이]

$$\delta_{max} = \frac{P\ell^3}{48EI}$$
$$= \frac{25 \times 10^3 \times 5^3 \times 12}{48 \times 210 \times 10^9 \times 0.05 \times 0.12^3}$$
$$= 0.043\,m = 43\,mm$$

495 단면 [폭×높이]이 4cm × 6cm이고 길이가 2m인 단순보의 중앙에 집중하중이 작용할 때 최대처짐이 0.5cm라면 집중하중은 몇 N인가? (단, 탄성계수 E= 200GPa이다.)

① 5520 ② 3300
③ 2530 ④ 4320

[풀이]

$$\delta_{max} = \frac{P\ell^3}{48EI}$$
$$\Rightarrow P = \frac{48EI\delta_{max}}{l^3}$$
$$= \frac{48 \times 200 \times 10^9 \times 0.04 \times 0.06^3 \times 0.005}{12 \times 2^3}$$
$$= 4320\,N$$

496 그림과 같은 단순지지 보에서 길이는 5m, 중앙에서 집중하중 P가 작용할 때 최대 처짐은 약 몇 mm인가? (단, 보의 단면(폭×높이=b×h)은 5cm×12cm, 탄성계수 E = 210GPa, P = 25kN으로 한다.)

497 그림과 같은 단순지지 보에서 길이(ℓ)는 5m, 중앙에서 집중하중 P가 작용할 때 최대 처짐이 43mm라면 이때 집중하중 P의 값은 약 몇 kN 인가? (단, 보의 단면[폭(b)×높이(h)]=5cm×12cm], 탄성계수 E=210GPa로 한다.)

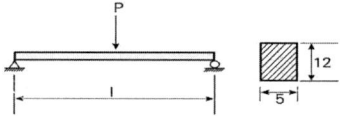

① 50 ② 38 ③ 25 ④ 16

[풀이]

$$\theta_{max} = \frac{Pl^3}{48EI} = 0.043\,mm$$
$$\Rightarrow 0.043 = \frac{P \times 10^3 \times 5^3}{48 \times 210 \times 10^9} \times \frac{12}{0.05 \times 0.12^3}$$
$$\therefore P = \frac{0.043 \times 48 \times 210 \times 10^9 \times 0.05 \times 0.12^3}{5^3 \times 12}$$
$$\times 10^{-3}$$
$$= 24.97\,kN$$

정답 495. ④ 496. ② 497. ③

498 보의 길이 ℓ에 등분포하중 w를 받는 직사각형 단순보의 최대 처짐량에 대한 설명으로 옳은 것은? (단, 보의 자중은 무시한다.)

① 보의 폭에 정비례한다.
② ℓ의 3승에 정비례한다.
③ 보의 높이 2승에 반비례한다.
④ 세로 탄성계수에 반비례한다.

【풀이】

$$\delta_{max} = \frac{5wl^4}{384EI} \Rightarrow \delta_{max} \propto \frac{1}{E}$$

499 그림에 표시한 단순지지 보에서 최대 처짐량은? (단, 보의 굽힘강성은 EI이고, 자중은 무시한다.)

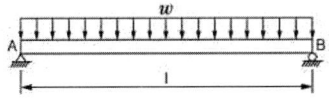

① $\dfrac{w\ell^3}{48EI}$ ② $\dfrac{w\ell^3}{24EI}$

③ $\dfrac{5w\ell^3}{253EI}$ ④ $\dfrac{5w\ell^3}{384EI}$

【풀이】

$$\delta_{max} = \frac{5wl^4}{384EI}$$

500 그림과 같이 중앙에 집중하중 P[N]와 균일분포 하중 w [N/m]가 동시에 작용하는 단순보에서 최대처짐은? (단, $wL=2P$이고, EI는 보의 굽힘강성 계수이다.)

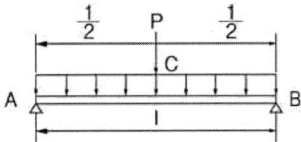

① $\dfrac{3P\ell^3}{48EI}$ ② $\dfrac{3P\ell^3}{64EI}$

③ $\dfrac{5P\ell^3}{192EI}$ ④ $\dfrac{13P\ell^3}{384EI}$

【풀이】

중첩법

$$\delta_{max} = \frac{5wl^4}{384EI} + \frac{Pl^3}{48EI}$$
$$= \frac{5 \times 2Pl^3}{384EI} + \frac{Pl^3}{48EI} = \frac{3Pl^3}{64EI}$$

501 그림과 같은 단순지지 보가 등분포하중 w를 받고 있을 때, 보의 중앙을 들어 올려서 양단과 동일한 수준으로 했다고 하면 중앙지지점의 지지력 P는?

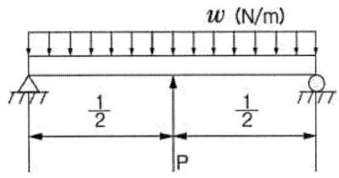

① $\dfrac{1}{8}wl$ ② $\dfrac{3}{8}wl$

③ $\dfrac{5}{8}wl$ ④ $\dfrac{7}{8}wl$

【풀이】

$\dfrac{5wl^4}{384EI} = \dfrac{Pl^3}{48EI}$ 가 성립

$\Rightarrow P = \dfrac{5wl}{8}$

정답 498. ④ 499. ④ 500. ② 501. ③

502 그림과 같은 양단이 지지된 단순보의 전길이에 4kN/m의 등분포하중이 작용할 때 중앙에서의 처짐이 0이 되기 위한 P의 값은 몇 kN인가?

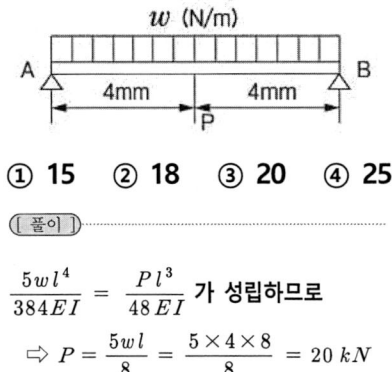

① 15 ② 18 ③ 20 ④ 25

[풀이]

$\dfrac{5wl^4}{384EI} = \dfrac{Pl^3}{48EI}$ 가 성립하므로

$\Rightarrow P = \dfrac{5wl}{8} = \dfrac{5 \times 4 \times 8}{8} = 20\ kN$

503 다음 그림의 등분포하중의 단순지지 보에서 A의 보가 B의 보 보다 최대 처짐이 몇 배나 되는가?

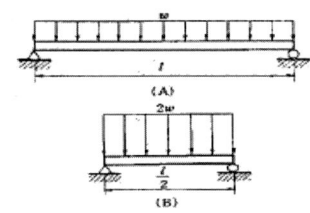

① 4 ② 8 ③ 12 ④ 16

[풀이]

A보 : $\delta_{max} = \dfrac{5wl^4}{384EI}$

B보 : $\delta_{max} = \dfrac{5(2w)\left(\dfrac{l}{2}\right)^4}{384EI}$

$= \dfrac{5wl^4}{384EI} \times \dfrac{1}{8}$ ∴ 8배

504 보기와 같은 등분포하중의 단순지지 보에서 A의 보가 B보다 최대 처짐이 몇 배나 되는가? (단, B 보의 등분포하중은 A 보의 2배이고, B 보의 길이는 A 보의 1/2이다.)

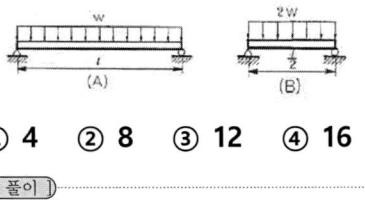

① 4 ② 8 ③ 12 ④ 16

[풀이]

503번 항과 동일함. ②

505 그림과 같은 단순지지 보에서 2kN/m의 분포하중이 작용할 경우, 중앙의 처짐이 0이 되도록 하기 위한 P의 크기는 몇 kN인가?

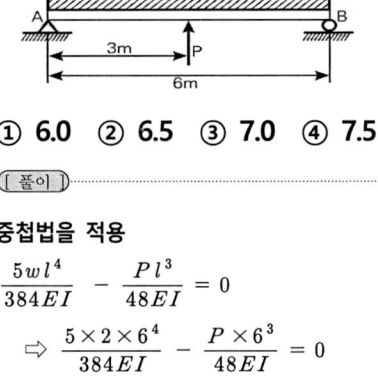

① 6.0 ② 6.5 ③ 7.0 ④ 7.5

[풀이]

중첩법을 적용

$\dfrac{5wl^4}{384EI} - \dfrac{Pl^3}{48EI} = 0$

$\Rightarrow \dfrac{5 \times 2 \times 6^4}{384EI} - \dfrac{P \times 6^3}{48EI} = 0$

∴ $P = 7.5\ kN$

506 길이가 L인 단순보 AB의 한끝에 우력 M이 작용하고 있을 때 이 보의 A 단에서의 기울기 θ_A는?

[정답] 502. ③ 503. ② 504. ② 505. ④ 506. ②

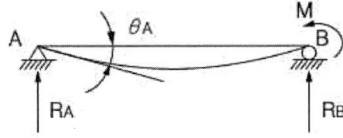

① $\dfrac{ML}{3EI}$ ② $\dfrac{ML}{6EI}$

③ $\dfrac{ML^2}{2EI}$ ④ $\dfrac{ML^2}{24EI}$

【풀이】

$\theta_A = \dfrac{ML}{6EI}$

507 그림과 같이 단순보에서 보 중앙의 처짐으로 옳은 것은? (단, 보의 굽힘강성 EI는 일정하고 M_0는 모멘트, ℓ은 보의 길이이다.)

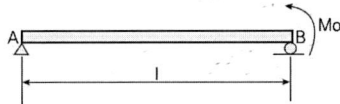

① $\dfrac{M_0 \ell^2}{16EI}$ ② $\dfrac{M_0 \ell^2}{48EI}$

③ $\dfrac{M_0 \ell^2}{120EI}$ ④ $\dfrac{5M_0 \ell^2}{384EI}$

【풀이】

$\delta_{max} = \dfrac{M_o \ell^2}{9\sqrt{3}\,EI}$

$\delta_{중앙} = \dfrac{M_o \ell^2}{8EI} \times \dfrac{1}{2} = \dfrac{M_o \ell^2}{16EI}$

508 그림과 같이 단순지지 보가 B점에서 반시계 방향의 모멘트를 받고 있다.

이때 최대의 처짐이 발생하는 곳은 A점으로부터 얼마나 떨어진 거리인가?

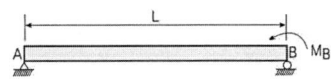

① $\dfrac{L}{2}$ ② $\dfrac{L}{\sqrt{2}}$

③ $L\left(1 - \dfrac{1}{\sqrt{3}}\right)$ ④ $\dfrac{L}{\sqrt{3}}$

【풀이】

M_0 적용 처짐방정식 $\delta_{max} = \dfrac{Ml^2}{16EI}$

$\Rightarrow \delta_{max} = \dfrac{M_B L^2}{16EI}$ at $\dfrac{L}{\sqrt{3}}$

< 참고 >

$EIy'' = M(x)$,

$M(x) = R_A x = \dfrac{M_0}{L} x$

$EIy' = EI\theta = \dfrac{M_0}{L} \dfrac{x^2}{2} + C_1$

$EIy = \dfrac{M_0}{L} \dfrac{x^3}{6} + C_1 x + C_2$,

< Boundary Condition 1 > $x \to 0$ $y \to 0$

$EIy = \dfrac{M_0}{L} \dfrac{x^3}{6} + C_1 x + C_2 = 0$

$C_2 = 0$

< Boundary Condition 2 > $x \to L$ $y \to 0$

$EIy = \dfrac{M_0}{L} \dfrac{L^3}{6} + C_1 L = 0$

$C_1 = -\dfrac{M_0 L}{6}$

$EIy = \dfrac{M_0}{L} \dfrac{x^3}{6} - \dfrac{M_0 L}{6} x$

< Boundary Condition 3 > x, $\theta \to 0$

$EIy' = EI\theta = \dfrac{M_0}{L} \dfrac{x^2}{2} - \dfrac{M_0 L}{6}$

$0 = \dfrac{M_0}{L} \dfrac{x^2}{2} - \dfrac{M_0 L}{6} \Rightarrow x = \dfrac{L}{\sqrt{3}}$

정답 507. ① 508. ④

509 그림과 같은 외팔보가 집중하중 P를 받고 있을 때, 자유단에서의 처짐 δ_A 는? (단, 보의 굽힘강성 EI 는 일정하고, 자중은 무시한다.)

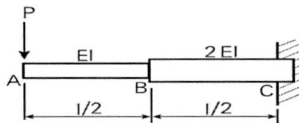

① $\dfrac{5Pl^3}{16EI}$ ② $\dfrac{7Pl^3}{16EI}$

③ $\dfrac{9Pl^3}{16EI}$ ④ $\dfrac{3Pl^3}{16EI}$

[풀이]

① AB 부분에서의 처짐 (δ_{AB})은

$$\delta_{AB} = \dfrac{P\left(\dfrac{l}{2}\right)^3}{3(EI)} = \dfrac{Pl^3}{24EI}$$

② B 위치에서의 집중하중과 우력에 의한 처짐 (δ_B)은

$$\delta_B = \dfrac{P\left(\dfrac{l}{2}\right)^3}{3(2EI)} + \dfrac{M_0\left(\dfrac{l}{2}\right)^2}{2(2EI)}$$

$$= \dfrac{Pl^3}{48EI} + \dfrac{\dfrac{Pl}{2}\left(\dfrac{l}{2}\right)^2}{4EI} = \dfrac{5Pl^3}{96EI}$$

● B 위치에서의 집중하중과 우력에 의한 처짐각 (θ_B)은

$$\theta_B = \dfrac{P\left(\dfrac{l}{2}\right)^3}{2(2EI)} + \dfrac{M_0\left(\dfrac{l}{2}\right)}{(2E)I}$$

$$= \dfrac{P\left(\dfrac{l}{2}\right)^2}{2(2EI)} + \dfrac{\dfrac{Pl}{2}\left(\dfrac{l}{2}\right)}{2EI} = \dfrac{3Pl^2}{16EI}$$

③ θ_B 에 의한 AB에서의 처짐은

$$\delta_{AB} = \theta_B \times \dfrac{l}{2} = \dfrac{3Pl^2}{16EI} \times \dfrac{l}{2} = \dfrac{3Pl^3}{32EI}$$

$$\therefore \delta = \dfrac{Pl^3}{24EI} + \dfrac{5Pl^3}{96EI} + \dfrac{3Pl^3}{32EI}$$

$$= \dfrac{18Pl^3}{96EI} = \dfrac{3Pl^3}{16EI}$$

510 그림과 같은 외팔보에 집중하중 P = 50 kN이 작용할 때 자유단의 처짐은 약 몇 cm인가? (단, 보의 세로탄성계수는 200GPa, 단면 2차 모멘트는 105 cm⁴ 이다.)

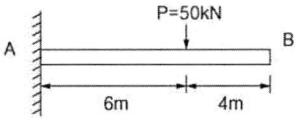

① 2.4   ② 3.6   ③ 4.8   ④ 6.4

[풀이]

$$\delta_{max} = \dfrac{Pl^3}{3EI} + \dfrac{Pl^2}{2EI} \times l'$$

$$= \left(\dfrac{50 \times 10^3 \times 6^3}{3 \times 200 \times 10^9 \times 10^5 \times 10^{-8}} + \dfrac{50 \times 10^3 \times 6^2}{2 \times 200 \times 10^9 \times 10^5 \times 10^{-8}} \times 4\right) \times 10^2$$

$$= 3.6\,cm$$

511 그림과 같은 외팔보가 균일 분포하중 w 를 받고 있을 때 자유단의 처짐 δ 는 얼마인가?

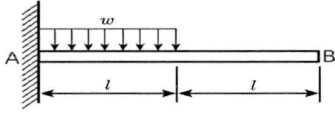

① $\dfrac{3}{24EI}w\ell^4$ ② $\dfrac{5}{24EI}w\ell^4$
③ $\dfrac{7}{24EI}w\ell^4$ ④ $\dfrac{9}{24EI}w\ell^4$

[풀이]

$\delta_{max} = \delta_B = \dfrac{wl^4}{8EI} + \dfrac{wl^3}{6EI} \times l = \dfrac{7wl^4}{24EI}$

512 직사각형 단면(폭×높이)이 4cm×8cm이고 길이 1m의 외팔보 전 길이에 6 kN/m의 등분포하중이 작용할 때 보의 최대 처짐각은? (단, 탄성계수 E = 210GPa이고 보의 자중은 무시한다.)

① 0.0028 rad ② 0.0028 °
③ 0.0008 rad ④ 0.0008 °

[풀이]

$\theta_{max} = \dfrac{wl^3}{6EI}$

$= \dfrac{6000 \times 1^3 \times 12}{6 \times 210 \times 10^9 \times (0.04 \times 0.08^3)}$

$= 0.0028\ rad$

513 보의 길이 ℓ에 등분포하중 w를 받는 직사각형 외팔보의 최대 처짐량에 대하여 옳게 설명한 것은? (단, 보의 자중은 무시한다.)

① 보의 폭에 정비례한다.
② ℓ의 3승에 정비례한다.
③ 보 높이의 2승에 반비례한다.
④ 세로 탄성계수에 반비례한다.

[풀이]

$\delta_{max} = \dfrac{wl^4}{8EI} = \dfrac{wl^4}{8E} \times \dfrac{12}{bh^3}$

514 그림과 같이 두께가 20mm, 외경이 200mm인 원관을 고정벽으로부터 수평으로 4m만큼 돌출시켜 물을 방출한다. 원관 내에 물이 가득차서 방출될 때 자유단의 처짐은 몇 mm인가? (단, 원관재료의 탄성계수 E = 200GPa, 비중은 7.8이고, 물의 밀도는 1000 kg/m³이다.)

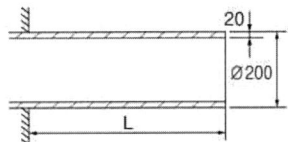

① 9.66 ② 7.66 ③ 5.66 ④ 3.66

[풀이]

물의 중량은 등분포하중으로 간주되므로 외팔보 등분포하중으로 우측 자유단에서의 최대처짐은

$\delta_{max} = \dfrac{wl^4}{8EI}$ 이다.

단위길이 당 하중량은

$w = \dfrac{W}{L} = \dfrac{(\gamma_{원관} A_{원관} L + \gamma_{물} A_{물} L)}{L}$

$= 7.8 \times \dfrac{\pi}{4}(0.2^2 - 0.16^2) + 9800$

$\times \dfrac{\pi}{4}(0.16^2) = 1061.6\ N/m$

$\therefore \delta_{max} = \dfrac{1061.6 \times 4^4}{8 \times 200 \times 10^9 \times \dfrac{\pi}{64}(0.2^4 - 0.16^4)}$

$\times 10^3$

$= 3.66\ mm$

정답) 512. ② 513. ④ 514. ④

515 그림과 같이 두께가 20mm, 외경이 200mm인 원관을 고정 벽으로부터 수평으로 돌출시켜 원관에 물을 충만시켜 자유단으로부터 물을 방출시킨다. 이때 자유단의 처짐이 5mm라면 원관의 길이 l은 약 몇 cm인가? (단, 원관 재료의 탄성계수 E = 200GPa, 비중은 7.8, 물의 밀도는 1000kg/m³이다.)

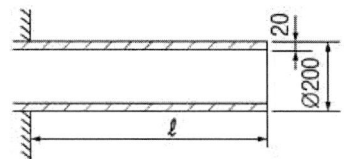

① 130 ② 230 ③ 330 ④ 430

[풀이]

514 번 항의 결과를 참조하여,

$$0.005 = \frac{1061.6 \times l^4}{8 \times 200 \times 10^9 \times \frac{\pi}{64}(0.2^4 - 0.16^4)}$$

$$\Rightarrow \therefore l = 4.323 \, m = 432.3 \, cm$$

516 단면 20cm × 30cm, 길이 6m의 목재로 된 단순보의 중앙에 20kN의 집중하중이 작용할 때, 최대처짐은 몇 cm인가? (단, 세로탄성계수 E = 10GPa이다.)

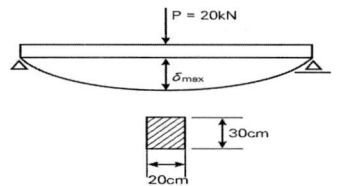

① 1.0 ② 1.5 ③ 2.0 ④ 2.5

[풀이]

$$I_{사} = \frac{bh^3}{12}$$

$$\Rightarrow I = \frac{0.2 \times 0.3^3}{12} = 0.00045 \, m^4$$

$$\delta_{max} = \frac{Pl^3}{48EI}$$

$$\Rightarrow \delta_{max} = \frac{20 \times 10^3 \times 6^3}{48 \times 10 \times 10^9 \times 0.00045} \times 100$$

$$= 2 \, cm$$

517 그림과 같은 단순지지 보의 중앙에 집중하중 P가 작용할 때 단면이 (가)일 경우의 처짐 y_1은 단면이 (나)일 경우의 처짐 y_2의 몇 배인가? (단, 보의 전체길이 및 보의 굽힘강성은 일정하며 자중은 무시한다.)

① 4 ② 8 ③ 16 ④ 32

[풀이]

$$\delta_{max} = \frac{Pl^3}{48EI}$$

$$\Rightarrow y_1 = \delta_1 = \frac{Pl^3}{48E} \times \frac{12}{bh^3},$$

$$y_2 = \delta_2 = \frac{Pl^3}{48E} \times \frac{12}{b(2h)^3}$$

$$= \frac{Pl^3}{48E} \times \frac{12}{bh^3} \times \frac{1}{8}$$

$$\therefore 8 \, 배$$

[정답] 515. ④ 516. ③ 517. ②

518 균일 분포하중을 받고 있는 길이가 L인 단순보의 처짐량을 δ로 제한한다면 균일 분포하중의 크기는 어떻게 표현되겠는가? (단, 보 단면은 폭이 b이고 높이가 h인 직사각형이고 탄성계수는 E.)

① $\dfrac{32Ebh^3\delta}{5L^4}$ ② $\dfrac{32Ebh^3\delta}{7L^4}$
③ $\dfrac{16Ebh^3\delta}{5L^4}$ ④ $\dfrac{16Ebh^3\delta}{7L^4}$

【풀이】

$\delta_{max} = \dfrac{5wl^4}{384EI}$

$\Rightarrow w = \dfrac{384EI\delta}{5L^4} = \dfrac{384E\delta}{5L^4} \times \dfrac{bh^3}{12}$

$= \dfrac{32Ebh^3\delta}{5L^4}$

519 그림과 같은 전체 길이가 L인 보의 중앙에 집중하중 P[N]와 균일분포 하중 w[N/m]가 동시에 작용하는 단순보에서 최대처짐은? (단, $w \times L = P$이고, 보의 굽힘강성 EI는 일정하다.)

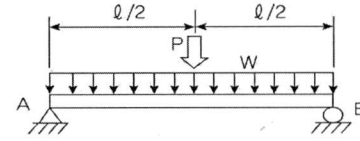

① $\dfrac{5Pl^3}{48EI}$ ② $\dfrac{13Pl^3}{64EI}$
③ $\dfrac{5Pl^3}{192EI}$ ④ $\dfrac{13Pl^3}{384EI}$

【풀이】

$\delta_{max} = \dfrac{5wl^4}{384EI} + \dfrac{Pl^3}{48EI}$

문제의 조건에서

$P = wl$ 이므로 $\delta_{max} = \dfrac{13Pl^3}{384EI}$

520 다음과 같이 집중하중과 등분포하중을 받는 보의 중앙점 C에서의 처짐의 크기는 약 몇 mm인가? (단, 굽힘강성 EI = 10MN·m²이다.)

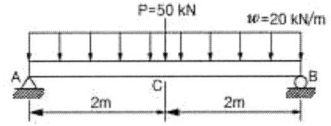

① 13.3 ② 18.6 ③ 23.4 ④ 28.6

【풀이】

중첩법

$\delta_{max} = \dfrac{5wl^4}{384EI} + \dfrac{Pl^3}{48EI}$

$= \dfrac{5 \times 20 \times 10^3 \times 4^4}{384 \times 10 \times 10^6}$

$+ \dfrac{50 \times 10^3 \times 4^3}{48 \times 10 \times 10^6}$

$= 0.0133\,m = 13.33\,mm$

521 다음 보의 자유단 A 지점에서 발생하는 처짐은 얼마인가? (단, EI는 굽힘강성이다.)

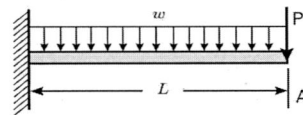

정답) 518. ① 519. ④ 520. ① 521. ③

① $\dfrac{5PL^3}{6EI}$ ② $\dfrac{7PL^3}{12EI}$
③ $\dfrac{11PL^3}{24EI}$ ④ $\dfrac{17PL^3}{48EI}$

[풀이]

중첩원리 적용

$$\delta_{max} = \dfrac{wl^4}{8EI} + \dfrac{Pl^3}{3EI}$$

$$= \dfrac{\dfrac{P}{l} \times l^4}{8EI} + \dfrac{Pl^3}{3EI}$$

$$= \dfrac{P \times l^3}{8EI} + \dfrac{Pl^3}{3EI} = \dfrac{11Pl^3}{24EI}$$

522 그림과 같이 자유단에 M = 40 N·m의 모멘트를 받는 외팔보의 최대 처짐량은? (단, 탄성계수 E = 200GPa, 단면 2차 모멘트 I = 50 cm⁴)

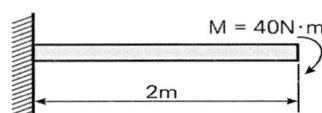

① 0.08 cm ② 0.16 cm
③ 8.00 cm ④ 10.67 cm

[풀이]

$$\delta_{max} = \dfrac{M_0 l^2}{2EI}$$

$$= \dfrac{40 \times 2^2}{2 \times 200 \times 10^9 \times 50 \times 10^{-8}}$$

$$\times 10^2$$

$$= 0.08\ cm$$

523 그림과 같은 단순보에서 보 중앙의 처짐으로 옳은 것은? (단, 보의 굽힘강성 EI는 일정하고, M_0는 모멘트, ℓ은 보의 길이이다.)

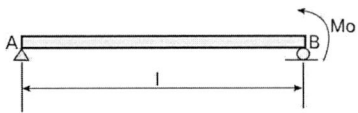

① $\dfrac{M_0 \ell^2}{16EI}$ ② $\dfrac{M_0 \ell^2}{48EI}$
③ $\dfrac{M_0 \ell^2}{120EI}$ ④ $\dfrac{5M_0 \ell^2}{384EI}$

[풀이]

M_0 적용 처짐값은

$$\delta_{max} = \dfrac{Ml^2}{16EI} \Rightarrow \delta_{max} = \dfrac{M_0 l^2}{16EI}$$

524 그림과 같은 가는 곡선보가 1/4 원 형태로 있다. 이 보의 B단에 M_0의 모멘트를 받을 때, 자유단의 기울기는? (단, 보의 굽힘강성 EI는 일정하고, 자중은 무시한다.)

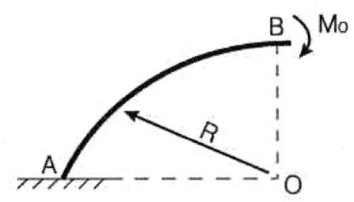

① $\dfrac{\pi M_0 R}{2EI}$ ② $\dfrac{\pi M_0}{2EI}$
③ $\dfrac{M_0 R}{2EI}\left(\dfrac{\pi}{2}+1\right)$ ④ $\dfrac{\pi M_0 R^2}{4EI}$

정답 522. ① 523. ① 524. ①

[풀이]

자유단의 기울기는 처짐각의 개념과 같다.

$$EIy'' = M_x \Rightarrow y'' = \frac{M_x}{EI}$$

$$\Rightarrow y' = \int \frac{M_x}{EI} dx$$

각도로 변환

$$\Rightarrow \theta = \int_0^{\pi/2} \frac{M_0}{EI} R\, d\theta$$

$$\Rightarrow \theta = \frac{M_0 R}{EI} [\theta]_0^{\pi/2} = \frac{\pi M_0 R}{2EI}$$

525 단순지지 보의 중앙에 집중하중(P)이 작용한다. 점 C에서의 기울기를 $\frac{M}{EI}$ 선도를 이용하여 구하면? (단, E = 재료의 종탄성계수, I = 단면 2차 모멘트)

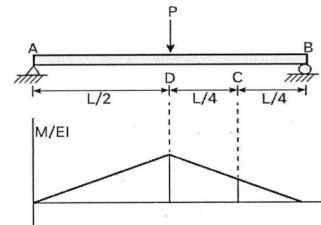

① $\dfrac{1}{64}\dfrac{PL^2}{EI}$ ② $\dfrac{1}{32}\dfrac{PL^2}{EI}$

③ $\dfrac{3}{64}\dfrac{PL^2}{EI}$ ④ $\dfrac{1}{16}\dfrac{PL^2}{EI}$

[풀이]

중앙부 최대 BM은 $M_D = \dfrac{PL}{4}$

C점의 BM은 $M_C = \dfrac{PL}{8}$

DC 간의 면적은 DB면적 − CB면적이므로

$$\theta_C = \frac{1}{EI}\left(\frac{1}{2}\times\frac{L}{2}\times\frac{PL}{4} - \frac{1}{2}\times\frac{L}{4}\times\frac{PL}{8}\right)$$

$$= \frac{1}{EI}\left(\frac{PL^2}{16} - \frac{PL^2}{64}\right) = \frac{3}{64}\frac{PL^2}{EI}$$

526 그림과 같은 단순지지 보의 B점에서 반력이 작용하지 않게 되는 하중 P는 몇 kN 인가?

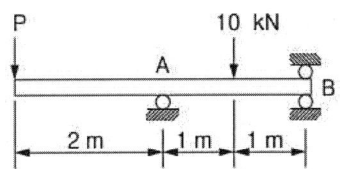

① 2 ② 5 ③ 8 ④ 10

[풀이]

A 지지점의 모멘트가 평형이어야 하므로

$$\sum M_A = 0$$

$$\Rightarrow P \times 2 = 10 \times 1 \quad \therefore P = 5\,kN$$

정답 525. ③ 526. ④

굽힘변형 탄성에너지

527 외팔보의 자유단에 하중 P가 작용할 때, 이 보의 굽힘에 의한 탄성 변형에너지를 구하면? (단, 보의 굽힘강성 EI는 일정하다.)

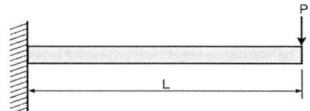

① $\dfrac{PL^3}{6EI}$ ② $\dfrac{PL^3}{3EI}$

③ $\dfrac{P^2L^3}{6EI}$ ④ $\dfrac{P^2L^3}{3EI}$

[풀이]

$U = \dfrac{1}{2}P\lambda$

$\Rightarrow U = \dfrac{1}{2}P\delta = \dfrac{P}{2}\left(\dfrac{PL^3}{3EI}\right)$

$= \dfrac{P^2L^3}{6EI}$

528 길이가 50cm인 외팔보의 자유단에 정적인 힘을 가하여 자유단에서의 처짐량이 1cm가 되도록 외팔보를 탄성변형 시키려고 한다. 이때 필요한 최소한의 에너지는 약 몇 J인가? (단, 외팔보의 세로 탄성계수는 200GPa, 단면은 한 변의 길이가 2cm인 정사각형이라고 한다.)

① 3.2 ② 6.4 ③ 9.6 ④ 12.8

[풀이]

$\delta_{max} = \dfrac{Pl^3}{3EI}$

$\Rightarrow P = \dfrac{3EI\delta}{l^3}$

$= \dfrac{3 \times 200 \times 10^9 \times 0.02 \times 0.02^3 \times 0.01}{12 \times 0.5^3}$

$= 640\ N$

탄성변형에너지

$U = \dfrac{1}{2}P\lambda = \dfrac{1}{2}P\delta = \dfrac{1}{2} \times 640 \times 0.01$

$= 3.2\ J$

529 그림과 같은 외팔보에 저장된 굽힘 변형에너지는? (단, 탄성계수는 E이고, 단면의 관성모멘트는 I이다.)

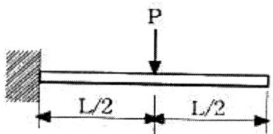

① $\dfrac{P^2L^3}{8EI}$ ② $\dfrac{P^2L^3}{12EI}$

③ $\dfrac{P^2L^3}{24EI}$ ④ $\dfrac{P^2L^3}{48EI}$

[풀이]

$U = \dfrac{1}{2}P\lambda$

$\Rightarrow U = \dfrac{1}{2}P\delta = \dfrac{P}{2}\left(\dfrac{P(L/2)^3}{3EI}\right)$

$= \dfrac{P^2L^3}{48EI}$

530 그림과 같이 균일분포 하중을 받는 외팔보에 대해 굽힘에 의한 탄성변형 에너지는? (단, 굽힘강성 EI는 일정.)

[정답] 527. ③ 528. ① 529. ④ 530. ④

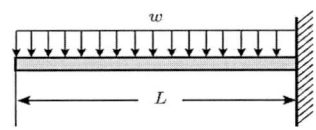

① $\dfrac{w^2 L^5}{80 EI}$ ② $\dfrac{w^2 L^5}{160 EI}$

③ $\dfrac{w^2 L^5}{20 EI}$ ④ $\dfrac{w^2 L^5}{40 EI}$

[풀이]

$$U = \int_0^L \dfrac{M^2}{2EI} dx$$
$$= \int_0^L \dfrac{\left(wx \cdot \dfrac{x}{2}\right)^2}{2EI} dx$$
$$= \dfrac{w^2}{8EI} \int_0^L x^4 dx = \dfrac{w^2 L^5}{40 EI}$$

531 그림과 같은 원형 단면의 외팔보 2개의 지름의 비가 d₁ : d₂ = 5 : 6이고, 그 밖의 치수와 재료는 똑같다. 이 두 보가 똑같은 집중하중을 받고 있을 때, 이들 보 속에 저장되는 변형에너지의 비 U₁ : U₂는?

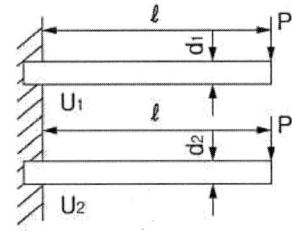

① 1.107 ② 0.482
③ 1.735 ④ 2.074

[풀이]

$$U = \dfrac{1}{2} P \lambda$$
$$\Rightarrow U = \dfrac{1}{2} P \delta = \dfrac{1}{2} P \times \dfrac{Pl^3}{3EI}$$
$$= \dfrac{1}{2} P \times \dfrac{Pl^3 \times 64}{3E \times \pi d^4}$$

$\therefore U_1 / U_2 = 1/d_1^4 : 1/d_2^4 = 6^4 : 5^4$
$\qquad = 2.0736$

532 길이가 l 이고 원형단면의 직경이 d 인 외팔보의 자유단에 하중 P 가 가해진 다면, 이 외팔보의 전체 탄성에너지는? (단, 재료의 탄성계수는 E이다.)

① $U = \dfrac{3P^2 l^3}{64 \pi E d^4}$

② $U = \dfrac{62 P^2 l^3}{9 \pi E d^4}$

③ $U = \dfrac{32 P^2 l^3}{3 \pi E d^4}$

④ $U = \dfrac{64 P^2 l^3}{3 \pi E d^4}$

[풀이]

$$U = \dfrac{1}{2} P \lambda$$
$$\Rightarrow U = \dfrac{1}{2} P \delta = \dfrac{1}{2} P \times \dfrac{Pl^3}{3EI}$$
$$= \dfrac{P^2 l^3}{6EI} = \dfrac{P^2 l^3}{6E} \times \dfrac{64}{\pi d^4}$$
$$= \dfrac{32 P^2 l^3}{3 \pi E d^4}$$

정답 531. ④ 532. ③

533 길이가 L인 균일단면 막대기에 굽힘 모멘트 M이 그림과 같이 작용하고 있을 때, 막대에 저장된 탄성변형 에너지는? (단, 막대기의 굽힘강성 EI는 일정하고, 단면적은 A이다.)

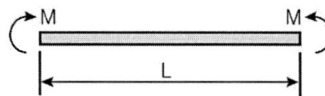

① $\dfrac{M^2 L}{2AE^2}$ ② $\dfrac{L^3}{4EI}$

③ $\dfrac{M^2 L}{2AE}$ ④ $\dfrac{M^2 L}{2EI}$

[풀이]

굽힘 탄성에너지

$$U = \int_0^L \dfrac{M^2}{2EI}\,dx = \left(\dfrac{M^2}{2EI}x\right)_0^L = \dfrac{M^2 L}{2EI}$$

또는 $U = \dfrac{1}{2}P\lambda = \dfrac{1}{2}M\theta$

$= \dfrac{1}{2}M \times \dfrac{ML}{EI} = \dfrac{M^2 L}{2EI}$

정답) 533. ④

부정정보

534 보의 임의의 점에서 처짐을 평가할 수 있는 방법이 아닌 것은?

① 변형에너지법(Strain energy method) 사용
② 중첩법(Method of super-position) 사용
③ 불연속 함수(Discontinuity function) 사용
④ 시컨트 공식(Secant fomula) 사용

[풀이]

시컨트 공식은 기둥의 좌굴응력 계산식

535 일단고정 타단 롤러 지지된 부정정보의 중앙에 집중하중 P를 받고 있을 때, 롤러 지지점의 반력은 얼마인가?

① $\dfrac{3}{16}P$ ② $\dfrac{5}{16}P$
③ $\dfrac{7}{16}P$ ④ $\dfrac{9}{16}P$

[풀이]

$R_{지지단} = \dfrac{5}{16}P$

536 그림과 같은 일단고정 타단지지 보의 중앙에 P = 4800N의 하중이 작용하면 지지점의 반력(R_B)은 약 몇 kN인가?

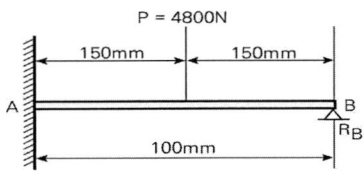

① 3.2   ② 2.6   ③ 1.5   ④ 1.2

[풀이]

$R_{지지단} = \dfrac{5}{16}P$

$= \dfrac{5}{16} \times 4800 \div 10^3 = 1.5\,kN$

537 양단 고정보의 중앙에 집중하중 w가 작용할 때 굽힘모멘트 선도(BMD)는?

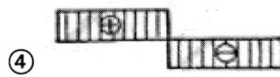

[풀이]

②

538 그림과 같은 양단고정 보에서 고정단 A에서 발생하는 굽힘 모멘트는? (단, 보의 굽힘 강성계수는 EI이다.)

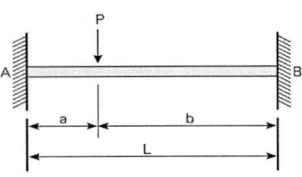

정답) 534. ④   535. ②   536. ③   537. ②   538. ④

① $M_A = \dfrac{Pab}{L}$

② $M_A = \dfrac{Pab(a-b)}{L}$

③ $M_A = \dfrac{Pab}{L} \times \dfrac{a}{L}$

④ $M_A = \dfrac{Pab}{L} \times \dfrac{b}{L}$

[풀이]

$M_A = \dfrac{Pab^2}{l^2}$, $M_B = \dfrac{Pa^2b}{l^2}$

⇨ $\dfrac{Pab}{L} \times \dfrac{b}{L}$

539 등분포 하중을 받고 있는 단순보와 양단 고정보의 중앙점에서 최대 처짐량의 비는? (단, 보의 굽힘강성 EI 는 일정하다.)

① 3 : 1   ② 5 : 1
③ 24 : 1   ④ 48 : 1

[풀이]

단순보 $\delta_{max} = \dfrac{5wl^4}{384EI}$

양단고정보 $\delta_{max} = \dfrac{wl^4}{384EI}$

540 그림과 같이 길이가 2L인 양단고정 보의 중앙에 집중하중이 아래로 가해지고 있다. 이때 중앙에서 모멘트 M이 발생하였다면 이 집중하중(P)의 크기는 어떻게 표현되는가?

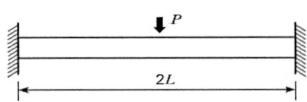

① $\dfrac{M}{L}$ ② $\dfrac{8M}{L}$

③ $\dfrac{2M}{L}$ ④ $\dfrac{4M}{L}$

[풀이]

좌측단을 A라 하면

$R_A = \dfrac{P}{2}$, $M_A = \dfrac{Pl}{4}$ 이므로

중앙의 모멘트는

$M_{중앙} = R_A \times l - M_A$

$= \dfrac{P}{2} \times l - \dfrac{Pl}{4} = \dfrac{Pl}{4}$

∴ $P = \dfrac{4M_{중앙}}{l} = \dfrac{4M}{L}$

541 그림과 같은 양단 고정보가 왼쪽 지점에서부터 거리 L_1인 위치에서 비틀림 모멘트 T를 받고 있다. 이때 양단에서의 저항 모멘트 T_1 및 T_2 사이의 관계는 어떻게 되는가?

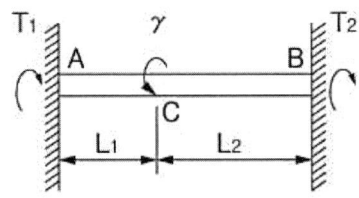

① $T_1 = \dfrac{L_2}{L_1} T_2$ ② $T_1 = \dfrac{L_1}{L_2} T_2$

③ $T_1 = \dfrac{L_2}{L_1+L_2} T_2$

④ $T_1 = \dfrac{L_1}{L_1+L_2} T_2$

[정답] 539. ② 540. ④ 541. ③

[풀이]

③

542 길이가 L인 양단 고정보의 중앙점에 집중하중 P 가 작용할 때 중앙점의 최대 처짐은? (단, E : 탄성계수, I : 단면 2차 모멘트)

① $\dfrac{Pl^3}{384EI}$ ② $\dfrac{Pl^3}{48EI}$

③ $\dfrac{Pl^3}{96EI}$ ④ $\dfrac{Pl^3}{192EI}$

[풀이]

④

543 길이가 L인 양단 고정보의 중앙점에 집중하중 P가 작용할 때 최대 처짐은? (단, 보의 굽힘강성 EI 는 일정하다.)

① $\dfrac{PL^3}{384EI}$ ② $\dfrac{PL^3}{48EI}$

③ $\dfrac{PL^3}{96EI}$ ④ $\dfrac{PL^3}{192EI}$

[풀이]

④

544 그림과 같은 일단고정 타단지지 보에 등 분포하중 w 가 작용하고 있다. 이 경우 반력 R_A와 R_B는? (단, 보의 굽힘강성 EI 는 일정하다.)

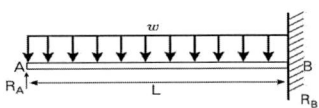

① $R_A = \dfrac{4}{7}wL$, $R_B = \dfrac{3}{7}wL$

② $R_A = \dfrac{3}{7}wL$, $R_B = \dfrac{4}{7}wL$

③ $R_A = \dfrac{5}{8}wL$, $R_B = \dfrac{3}{8}wL$

④ $R_A = \dfrac{3}{8}wL$, $R_B = \dfrac{5}{8}wL$

[풀이]

$R_{지지단} = \dfrac{3}{8}wl$, $R_{고정단} = \dfrac{5}{8}wl$

545 그림과 같은 부정정보가 등 분포하중 (w)을 받고 있을 때 B점의 반력 R_B는?

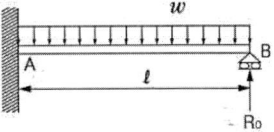

① $\dfrac{1}{8}wL$ ② $\dfrac{1}{3}wL$

③ $\dfrac{3}{8}wL$ ④ $\dfrac{5}{8}wL$

[풀이]

$R_B = R_{지지단} = \dfrac{3}{8}wL$

546 다음과 같이 길이 L 인 일단고정 타단지지 보에 등 분포하중 w 가 작용할 때, 고정단 A로부터 전단력이 0이 되는 거리(x)는 얼마인가?

■[정답] 542. ④ 543. ④ 544. ④ 545. ③ 546. ③

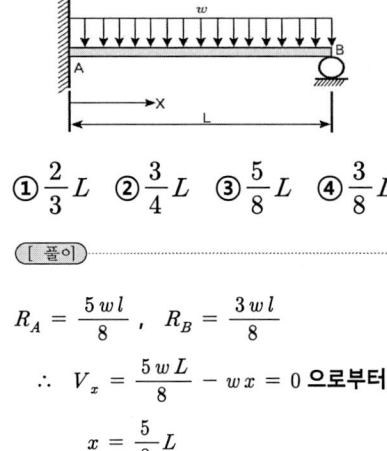

① $\frac{2}{3}L$ ② $\frac{3}{4}L$ ③ $\frac{5}{8}L$ ④ $\frac{3}{8}L$

[풀이]

$R_A = \frac{5wl}{8}$, $R_B = \frac{3wl}{8}$

∴ $V_x = \frac{5wL}{8} - wx = 0$ 으로부터

$x = \frac{5}{8}L$

547 그림과 같은 일단고정 타단지지 보에서 B점에서의 모멘트 M_B는 몇 kN·m인가? (단, 균일단면 보이며, 굽힘강성(EI)은 일정하다.)

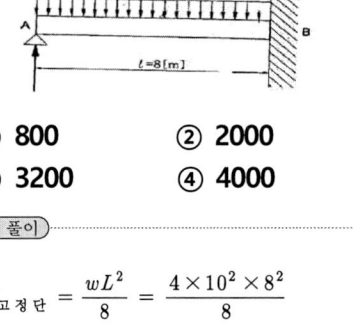

① 800 ② 2000
③ 3200 ④ 4000

[풀이]

$M_{고정단} = \frac{wL^2}{8} = \frac{4 \times 10^2 \times 8^2}{8}$
$= 3200\ kN \cdot m$

548 길이가 L(m)이고, 일단고정에 타단 지지인 그림과 같은 보에 자중에 의한 분포하중 $w\ (N/m)$가 보의 전체에 가해질 때 점 B에서의 반력의 크기는?

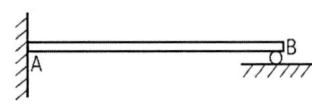

① $\frac{wL}{4}$ ② $\frac{3}{8}wL$
③ $\frac{5}{16}wL$ ④ $\frac{7}{16}wL$

[풀이]

$R_B = R_{지지단} = \frac{3}{8}wL$

549 그림과 같은 보는 균일단면 부정정보이다. 반력 R_B를 구하는데 필요한 조건은?

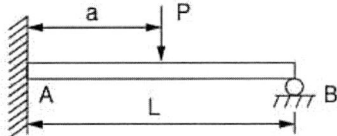

① 지점 B에서의 반력에 의한 처짐
② 지점 A에서의 굽힘모멘트 방향
③ 하중 작용점 P에서의 처짐
④ 하중 작용점 P에서의 굽힘응력

[풀이]

①

550 그림과 같이 한쪽 끝을 지지하고 다른 쪽을 고정한 보가 있다. 보의 단면은 직경 10cm의 원형이고 보의 길이는 L이며, 보의 중앙에 2094N의 집중하중 P가 작용하고 있다. 이때 보에 작용하는 최대 굽힘응력이 8 MPa라고 한다면, 보의 길이 L은 약 몇 m인가?

[정답] 547. ③ 548. ② 549. ① 550. ①

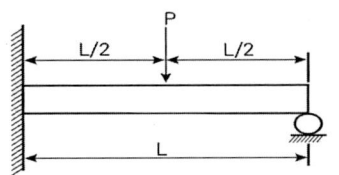

① 2.0　② 1.5　③ 1.0　④ 0.7

[풀이]

$R_A = \dfrac{11P}{16}$,

$R_B = \dfrac{5P}{16} = \dfrac{5 \times 2094}{16} = 654.4 N$

$M_{max} = M_A = \dfrac{Pl}{2} - R_B l$

$= \dfrac{2094 \times l}{2} - 654.4 \times l$

$= 1047 l - 654.4 l$

$= 392.6 l$

$M_{max} = \sigma_{max} Z$

⇨ $\sigma_{max} = \dfrac{M_{max}}{Z} = \dfrac{392.6 l}{\pi d^3 / 32}$

⇨ $8 \times 10^6 = \dfrac{392.6 l}{\pi \times 0.1^3 / 32}$

∴ $l ≒ 2 m$

551 다음 그림과 같이 집중하중을 받는 일단 고정, 타단지지 된 보에서 고정단에서의 모멘트는?

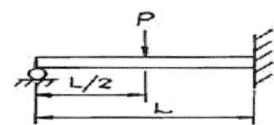

① 0 　　　② $\dfrac{PL}{2}$

③ $\dfrac{3PL}{8}$ 　④ $\dfrac{3PL}{16}$

[풀이]

$M_{고정단} = \dfrac{3PL}{16}$

552 그림과 같이 한쪽 끝을 지지하고 다른 쪽을 고정한 보의 단면을 직경 10cm의 원형으로 하고 보의 길이 2m의 중앙에 집중하중 P가 작용하고 있다. 재료의 허용 굽힘응력을 8MPa로 하면 몇 N의 집중하중을 가할 수 있는가?

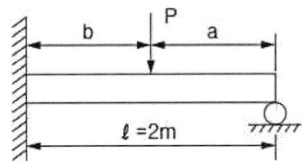

① 2510　　② 2090
③ 4200　　④ 6200

[풀이]

550번 항을 참조하여,

$M_{max} = \sigma_{max} Z$

$= 8 \times 10^6 \times \pi \times 0.1^3 / 32$

$= 785 N \cdot m$

$M_{max} = M_A = \dfrac{Pl}{2} - \dfrac{5Pl}{16} = \dfrac{3P}{8}$

∴ $P = 2093.33 N$

553 그림과 같은 일단고정 타단롤러로 지지된 등 분포하중을 받는 부정정보의 B단에서 반력은 얼마인가?

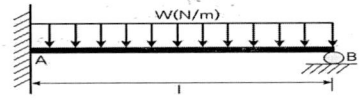

정답 551. ④　552. ①　553. ④

① $\dfrac{W\ell}{3}$ ② $\dfrac{5}{8}W\ell$

③ $\dfrac{2}{3}W\ell$ ④ $\dfrac{3}{8}W\ell$

[풀이]

$R_B = R_{지지단} = \dfrac{3}{8}wL$

554 다음과 같이 길이 L인 일단고정, 타단 지지 보에 등 분포하중 w 가 작용할 때, 전단력이 0이 되는 곳은 고정단 A로부터 얼마나 되는 곳인가?

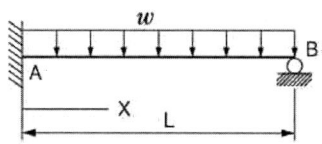

① 3/8L ② 5/8L ③ 3/4L ④ 2/3L

[풀이]

$R_A = R_{고정단} = \dfrac{5}{8}wL \quad \therefore \dfrac{5}{8}L$

555 그림과 같은 부정정보의 전 길이에 균일 분포하중이 작용할 때 전단력이 0이고 최대 굽힘모멘트가 작용하는 단면은 B단에서 얼마나 떨어져 있는가?

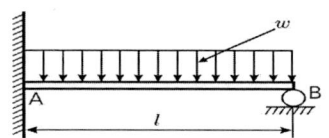

① $\dfrac{2}{3}\ell$ ② $\dfrac{5}{8}\ell$ ③ $\dfrac{3}{8}\ell$ ④ $\dfrac{3}{4}\ell$

[풀이]

일단고정 타단지지의 부 정정보이므로
$R_{고정단} = R_A = \dfrac{5}{8}wl$,
$R_{지지단} = R_B = \dfrac{3}{8}wl$

우측으로부터

$\dfrac{3}{8}wl = wx \quad \therefore x = \dfrac{3}{8}l$

556 다음 그림에서 전단력이 0이 되는 지점에서 굽힘응력은?

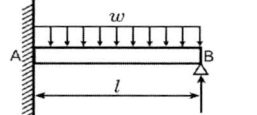

① $\dfrac{27}{64}\dfrac{wl^2}{bh^2}$ ② $\dfrac{64}{27}\dfrac{wl^2}{bh^2}$

③ $\dfrac{7}{128}\dfrac{wl^2}{bh^2}$ ④ $\dfrac{64}{128}\dfrac{wl^2}{bh^2}$

[풀이]

$M_{max} = \dfrac{9}{128}wl^2, \quad z = \dfrac{bh^2}{6}$

$\sigma_{max} = \dfrac{M_{max}}{Z} = \dfrac{9wl^2}{128} \times \dfrac{6}{bh^2}$

$= \dfrac{27}{64}\dfrac{wl^2}{bh^2}$

557 그림과 같이 일단을 고정한 L 형 보에 표시된 하중이 작용할 때 고정단에서의 굽힘모멘트는?

정답 554. ② 555. ③ 556. ① 557. ④

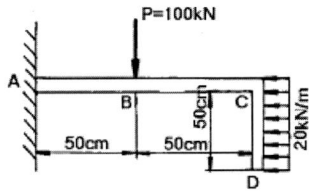

① 300 kN·m   ② 175 kN·m
③ 105 kN·m   ④ 52.5 kN·m

[풀이]

$M_{max} = 10 \times 0.5 + 20 \times 0.5 \times 0.25$
$= 52.5 \, kN \cdot m$

558 그림과 같이 4 kN/cm의 균일 분포하중을 받는 일단고정 타단 지지보에서 B점에서의 모멘트 M_B는 약 몇 kN·m 인가? (단, 균일단면 보이며, 굽힘강성 EI는 일정하다.)

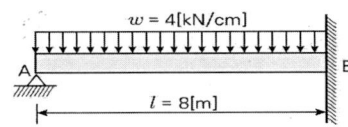

① 800 ② 2000 ③ 3200 ④ 4000

[풀이]

$R_{지지단} = \dfrac{3}{8} wl$ 이므로

$M_B = -\dfrac{3}{8} wl \times l + wl \times l/2$

$= \dfrac{wl^2}{8} = \dfrac{400 \times 8^2}{8} = 3200 \, kN \cdot m$

559 그림과 같이 등 분포하중 w가 가해지고 B점에서 지지되어 있는 고정 지지보가 있다. A점에 존재하는 반 모멘트는?

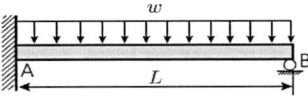

① $\dfrac{1}{8} wL^2$ (시계방향)

② $\dfrac{1}{8} wL^2$ (반시계방향)

③ $\dfrac{7}{8} wL^2$ (시계방향)

④ $\dfrac{7}{8} wL^2$ (반시계방향)

[풀이]

$R_{고정단} = R_A = \dfrac{5}{8} wL$ 이므로

$\sum M_B = M_A - R_A L + wL \dfrac{L}{2} = 0$

으로부터

$M_A = R_A L - wL \dfrac{L}{2}$

$= \dfrac{5}{8} wL \times L - \dfrac{1}{2} wL^2$

$= \dfrac{1}{8} wL^2$ (반시계방향)

560 그림과 같이 전 길이에 걸쳐 균일 분포하중 w를 받는 보에서 최대 처짐 δ_{max}를 나타내는 식은? (단, 보의 굽힘강성 EI는 일정하다.)

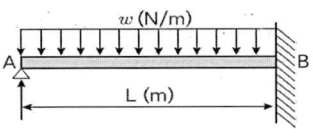

정답 558. ③ 559. ② 560. ③

① $\dfrac{wL^4}{64EI}$ ② $\dfrac{wL^4}{128.5EI}$
③ $\dfrac{wL^4}{184.6EI}$ ④ $\dfrac{wL^4}{192EI}$

[풀이]

③ $\delta_{max} = \dfrac{wl^4}{184.6EI}$

561 다음 그림과 같이 균일분포 하중(w)을 받는 고정지지 보에서 최대 처짐 δ_{max}는 얼마정도인가? (단, L은 고정지지 보의 길이, E는 탄성계수(N/m²) I는 단면 2차 모멘트(m⁴)이다.)

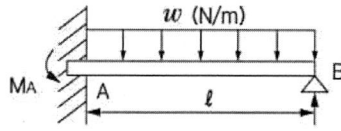

① $\delta_{max} = 0.0052 \dfrac{wl^3}{EI}$

② $\delta_{max} = 0.0054 \dfrac{wl^4}{EI}$

③ $\delta_{max} = 0.0048 \dfrac{wl^3}{EI}$

④ $\delta_{max} = 0.0026 \dfrac{wl^4}{EI}$

[풀이]

$\delta_{max} = \dfrac{wl^4}{184.6EI} = 0.00542 \dfrac{wl^4}{EI}$

562 그림과 같은 균일단면을 갖는 부 정정 보가 단순지지 단에서 모멘트 M_0를 받는다. 단순지지 단에서의 반력 R_A는? (단, 굽힘강성 EI는 일정하고, 자중은 무시한다.)

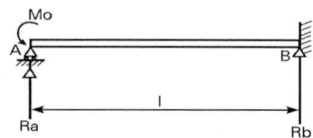

① $\dfrac{3M_0}{4\ell}$ ② $\dfrac{3M_0}{2\ell}$
③ $\dfrac{2M_0}{3\ell}$ ④ $\dfrac{4M_0}{3\ell}$

[풀이]

중첩법을 적용하면
반력 R_A에 의한 A점의 처짐량과 M_0에 의한 A점의 처짐량은 같아야 하므로

$\dfrac{R_A l^3}{3EI} = \dfrac{M_0 l^2}{2EI} \Rightarrow R_A = \dfrac{3M_0}{2l}$

563 전체 길이가 L인 외팔보에서 B점에서 모멘트 M_B가 작용할 때, B점에서의 반력의 크기는?

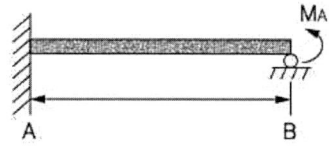

① $\dfrac{2M_B}{3L}$ ② $\dfrac{3M_B}{2L}$
③ $\dfrac{4M_B}{3L}$ ④ $\dfrac{5M_B}{4L}$

[풀이]

562번 항을 참조하여,
$\dfrac{R_B L^3}{3EI} = \dfrac{M_B L^2}{2EI} \Rightarrow R_B = \dfrac{3M_B}{2l}$

[정답] 561. ② 562. ② 563. ②

564 다음 그림과 같은 양단고정 보 AB에 집중하중 P = 14 kN이 작용할 때 B점의 반력 R_B [kN] 는?

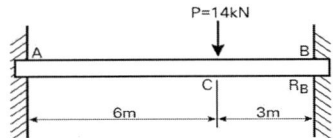

① R_B = 8.06 ② R_B = 9.25
③ R_B = 10.37 ④ R_B = 11.08

[풀이]

$R_B = \dfrac{Pa^2}{l^3}(a+3b)$

$= \dfrac{14 \times 6^2}{9^3}(6+3\times 3) = 10.37\ kN$

565 길이 2m, 지름 12cm의 원형 단면 고정보에 등 분포하중 w = 15kN/m가 작용할 때 최대 처짐량 δ_{max} 는 얼마인가? (단, 탄성계수 E = 210 GPa)

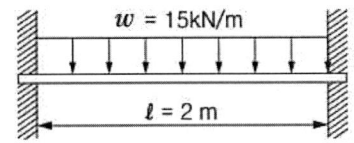

① 0.2 mm ② 0.4 mm
③ 0.3 mm ④ 0.5 mm

[풀이]

$\delta_{max} = \dfrac{wl^4}{184.6 EI}$

$= \dfrac{15 \times 10^3 \times 2^4 \times 32}{184.6 \times 210 \times 10^9 \times \pi \times 0.12^4}$

$\qquad\qquad\qquad\qquad \times 10^3$

$= 0.304\ mm$

정답 564. ③ 565. ③ 566. ① 567. ④

566 그림과 같은 양단 고정보에서 최대 굽힘모멘트와 최대 처짐으로 맞는 것은? (단, 보의 굽힘강성 EI 는 일정하다.)

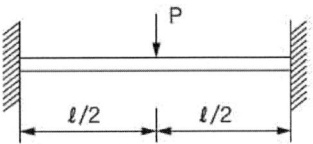

① $M_{max} = \dfrac{Pl}{8}$, $\delta_{max} = \dfrac{Pl^3}{192EI}$

② $M_{max} = \dfrac{Pl^2}{8}$, $\delta_{max} = \dfrac{Pl^3}{48EI}$

③ $M_{max} = \dfrac{Pl}{4}$, $\delta_{max} = \dfrac{Pl^3}{3EI}$

④ $M_{max} = \dfrac{Pl}{2}$, $\delta_{max} = \dfrac{Pl^3}{8EI}$

[풀이]

$M_{max} = \dfrac{Pab^2}{l^2} = \dfrac{P \times l/2 \times (l/2)^2}{l^2}$

$= \dfrac{Pl}{8}$

$\delta_{max} = \dfrac{1}{4} \times \dfrac{Pl^3}{48EI} = \dfrac{Pl^3}{192EI}$

567 그림과 같이 단면적이 2cm²인 AB 및 CD 막대의 B 점과 C 점이 1cm만큼 떨어져 있다. 두 막대에 인장력을 가하여 늘인 후 B 점과 C 점에 핀을 끼워 두 막대를 연결하려고 한다. 연결 후 두 막대에 작용하는 인장력은 약 몇 kN인가? (단, 재료의 세로 탄성계수는 200 GPa이다.)

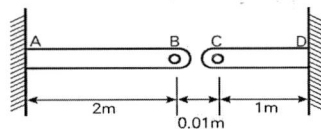

① 33.3　　② 66.6
③ 99.9　　④ 133.3

[풀이]

A와 D단의 반력을 각각 R_A, R_D 라 하면 FBD로부터 $R_A + R_D = P$ 가 성립되는 부 정정 문제이다.

한편, $P = \sigma A = E \epsilon A$
$= 200 \times 10^9 \times \dfrac{0.01}{2} \times 2 \times 10^4$
$\times 10^{-3}$
$= 200 \ kN$

하중 P 에 의한 변형
$\lambda_P = \dfrac{P \, l_{AB}}{AE} = \dfrac{P \times 2}{AE}$

반력 R_A 에 의한 변형
$\lambda_{R_A} = \dfrac{R_A \, l_{AD}}{AE} = \dfrac{R_A \times 3}{AE}$ 라 하면

$\lambda_P = \lambda_{R_A} \Rightarrow P \times 2 = R_A \times 3$ 가 성립
$\Rightarrow R_A = \dfrac{2}{3}P = \dfrac{2}{3} \times 200$
$= 133.3 \ kN$

568 그림과 같이 단면적이 2cm²인 AB 및 CD 막대의 B점과 C점이 1cm 만큼 떨어져 있다. 두 막대에 인장력을 가하여 늘인 후 B점과 C점에 핀을 끼워 두 막대를 연결하려고 한다. 연결 후 두 막대에 작용하는 인장력은 약 몇 kN인가? (단, 재료의 탄성계수는 50GPa이다.)

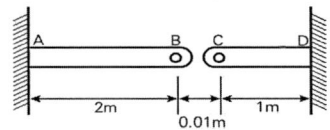

① 3.3　② 13.3　③ 23.3　④ 33.3

정답 568. ④　569. ④　570. ④

[풀이]

567번 항의 결과를 참조하여
$R_A = \dfrac{2}{3}P = \dfrac{2}{3} \times 50 = 33.33 \ kN$

569 길이 5m인 양단고정 보 중앙에 집중하중이 작용할 때 최대 처짐이 10cm 발생하였다면, 같은 조건의 양단지지보라 하면 처짐은?

① 20cm　② 27cm　③ 30cm　④ 40cm

[풀이]

양단고정보　$\delta_1 = \dfrac{PL^3}{192EI} = 10 \ cm$

양단지지보　$\delta_2 = \dfrac{PL^3}{48EI} = 4 \delta_1$
$= 4 \times 10 = 40 \ cm$

570 단면계수가 0.01 m³인 사각형 단면의 양단고정보가 2m의 길이를 가지고 있다. 중앙에 최대 몇 kN의 집중하중을 가할 수 있는가? (단, 재료의 허용 굽힘응력은 80MPa이다.)

① 800　　② 1600
③ 2400　　④ 3200

[풀이]

$M_{max} = Pl/4 \times 1 = \sigma_a Z$
$= 80 \times 10^6 \times 0.01 \times 10^{-3}$
$= 800 \quad \therefore P = 3200 \ kN$

또는
$M_{max} = \sigma_{max} Z$
$\dfrac{Pl}{8} = \sigma_a Z$
$\Rightarrow P = \dfrac{8 \sigma_a Z}{l} = \dfrac{8 \times 80 \times 10^6 \times 0.01}{2}$
$\times 10^{-3}$
$= 3200 \ kN$

571 길이가 L인 양단고정보의 중앙점에 집중하중 P가 작용할 때 모멘트가 0이 되는 지점에서의 처짐량은 얼마인가? (단, 보의 굽힘강성 EI는 일정하다.)

① $\dfrac{PL^3}{384EI}$ ② $\dfrac{PL^3}{192EI}$

③ $\dfrac{PL^3}{96EI}$ ④ $\dfrac{PL^3}{48EI}$

[풀이]

$\delta_{max} = \dfrac{Pl^3}{192EI} \times \dfrac{1}{2} = \dfrac{Pl^3}{384EI}$

572 다음 그림과 같이 연속보가 균일 분포 하중(q)을 받고 있을 때, A점 반력은?

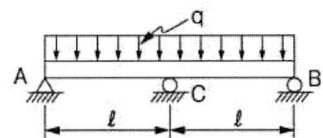

① $\dfrac{1}{8}ql$ ② $\dfrac{1}{4}ql$

③ $\dfrac{3}{8}ql$ ④ $\dfrac{1}{2}ql$

[풀이]

$R_A = R_B = \dfrac{3}{8}ql$

$R_C = \dfrac{5}{4}ql$

573 다음 그림에서 단순보의 최대 처짐량 (δ_1)과 양단고정보의 최대 처짐량 (δ_2)의 비(δ_2/δ_1)는 얼마인가? (단, 보의 굽힘 강성 EI는 일정하고, 자중은 무시한다.)

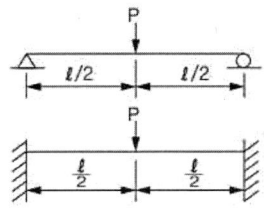

① 1/4 ② 1/2 ③ 3/4 ④ 1

[풀이]

단순보 $\delta_1 = \dfrac{PL^3}{48EI} = 4\delta_2$

양단고정보 $\delta_2 = \dfrac{PL^3}{192EI} = \dfrac{1}{4}\delta_1$

정답 571. ① 572. ③ 573. ①

경사면, 평면응력과 평면변형률

574 카스틸리아노(Castigliano)의 정리를 옳게 설명한 것은?

① 변형에너지는 주어진 힘에 비례한다.
② 변위는 변형과는 무관하다.
③ 변형에너지의 힘에 관한 도함수는 변위이다.
④ 변형에너지의 모멘트에 관한 도함수는 변위이다.

[풀이]

③ $U = \frac{1}{2} P\delta \Rightarrow \frac{dU}{dP} = \frac{1}{2} d\delta$

575 그림과 같은 1축응력(응력치 : σ, σ는 y축 방향) 상태에서 재료의 Z-Z 단면(x축과 45° 반시계 방향 경사)에 생기는 수직응력 σ_n, 전단응력 τ_n의 값은?

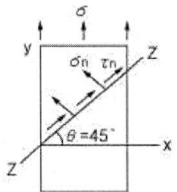

① $\sigma_n = \sigma, \tau_n = \sigma$
② $\sigma_n = \sigma, \tau_n = \sigma/2$
③ $\sigma_n = \sigma/2, \tau_n = \sigma$
④ $\sigma_n = \sigma/2, \tau_n = \sigma/2$

[풀이]

주응력 $\sigma = \frac{P}{A} \cos^2 \theta \quad at \; \theta = 0°$

법선응력 $\sigma_n = \frac{P}{A} \cos^2 \theta$
경사각 θ 일 때

전단응력 $\tau_n = \frac{P}{A} \sin\theta \cos\theta$
경사각 θ 일 때

∴ $\theta = 45°$ 일 때
$\sigma_n = \sigma \cos^2 45° = \sigma/2$
$\tau_n = \sigma \sin 45° \cos 45° = \sigma/2$

576 그림과 같이 균일단면 봉이 100 kN의 압축하중을 받고 있다. 재료의 경사단면 Z-Z에 생기는 수직응력 σ_n, 전단응력 τ_n의 값은 각각 약 몇 MPa인가? (단, 균일단면 봉의 단면적은 1000 mm² 이다.)

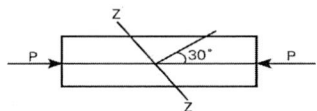

① $\sigma_n = -38.2, \tau_n = 26.7$
② $\sigma_n = -68.4, \tau_n = 58.8$
③ $\sigma_n = -75.0, \tau_n = 43.3$
④ $\sigma_n = -86.2, \tau_n = 56.3$

[풀이]

$\sigma_n = \frac{P}{A} \cos^2 \theta$
$= \frac{-100 \times 10^3}{1000 \times 10^{-6}} \cos^2 30 \times 10^{-6}$
$= -75 \; MPa$

$$\tau_n = \frac{P}{A}\sin\theta\cos\theta$$
$$= \frac{100\times 10^3}{1000\times 10^{-6}}\sin 30\cos 30 \times 10^{-6}$$
$$= 43.3\ MPa$$

577 단면적이 600mm²인 환봉에 다음과 같이 압축하중 P=90 kN이 작용한다. 하중과 수직한 단면에서 25° 기울어진 a-b 단면에 작용하는 수직응력(σ_θ)과 전단응력(τ_θ)는?

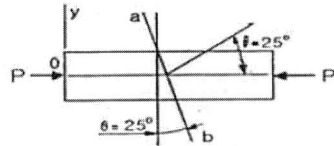

① $\sigma_\theta = -123.2\ MPa$, $\tau_\theta = 57.4\ MPa$
② $\sigma_\theta = -57.4\ MPa$, $\tau_\theta = 123.2\ MPa$
③ $\sigma_\theta = -61.6\ MPa$, $\tau_\theta = 28.7\ MPa$
④ $\sigma_\theta = -28.7\ MPa$, $\tau_\theta = 61.6\ MPa$

(풀이)

$$\sigma_\theta = \frac{P}{A}\cos^2\theta$$
$$= \frac{-90\times 10^3}{600\times 10^{-6}}\times\cos^2 25° \times 10^{-6}$$
$$= -123.2\ MPa$$

$$\tau_\theta = \frac{P}{A}\sin\theta\cos\theta$$
$$= \frac{90\times 10^3}{600\times 10^{-6}}\times\sin 25°\cos 25° \times 10^{-6}$$
$$= 57.45\ MPa$$

578 인장하중을 받고 있는 부재에서 전단응력 τ_θ가 수직응력의 1/2이 되는 경사단면의 경사각은?

① $\theta = \tan^{-1}(1/2)$
② $\theta = \tan^{-1}(1)$
③ $\theta = \tan^{-1}(2)$
④ $\theta = \tan^{-1}(4)$

(풀이)

$$\tau_\theta/\sigma_\theta = \frac{P}{A}\sin\theta\cos\theta / \frac{P}{A}\cos^2\theta$$
$$= \tan\theta = 1/2$$
$$\therefore\ \theta = \tan^{-1}(1/2)$$

579 그림과 같이 단면의 치수가 8mm × 24mm인 강대가 인장력 P = 15 kN을 받고 있다. 그림과 같이 30° 경사진 면에 작용하는 전단응력은 몇 MPa인가?

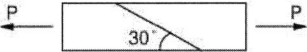

① 19.5 ② 29.3 ③ 33.8 ④ 67.6

(풀이)

$$\tau_\theta = \frac{P}{A}\sin\theta\cos\theta = \frac{15\times 10^3}{0.008\times 0.024}$$
$$\times\sin 30°\cos 30°\times 10^{-6}$$
$$= 33.83\ MPa$$

정답 577. ① 578. ① 579. ③

580 그림과 같이 축 방향으로 인장하중을 받고 있는 원형단면 봉에서 θ의 각도를 가진 경사단면에 전단응력(τ)과 수직응력(σ)이 작용하고 있다. 이때 전단응력 τ가 수직응력 σ의 1/2이 되는 경사단면의 경사각(θ)은?

① $\theta = \tan^{-1}\left(\dfrac{1}{2}\right)$
② $\theta = \tan^{-1}(1)$
③ $\theta = \tan^{-1}(2)$
④ $\theta = \tan^{-1}(4)$

〔풀이〕

$\sigma_x = \dfrac{P}{A}$: 경사면 1축 응력이므로

경사면에 대하여
$\tan\theta = \dfrac{\tau_n}{\sigma_n} = \dfrac{1}{2}$
$\Rightarrow \theta = \tan^{-1}\left(\dfrac{1}{2}\right)$

581 다음 그림과 같이 단면적인 A인 강봉의 축선을 따라 하중 P가 작용할 때, 임의의 경사 평면에서 전단응력이 최대가 될 때, 면의 각(α)과 이 경우의 전단응력($\tau_{\max}$)은 얼마인가?

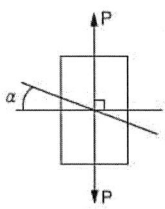

① $\alpha = 45°$, $\tau_{\max} = P/A$
② $\alpha = 45°$, $\tau_{\max} = P/2A$
③ $\alpha = 90°$, $\tau_{\max} = P/A$
④ $\alpha = 90°$, $\tau_{\max} = P/2A$

〔풀이〕

전단응력이 최대인 경사각은 $\alpha = 45°$이며 그 값은 주응력($\alpha = 0°$)의 1/2이다.
$\tau_{\max} = \tau_{45°} = P/2A$

582 그림과 같은 10mm×10mm의 정사각형 다면을 가진 강 봉이 축압 압력 P=60kN을 받고 있을 때 사각형 요소 A가 30° 경사 되었을 때 그 표면에 발생하는 수직 응력은 약 몇 MPa인가?

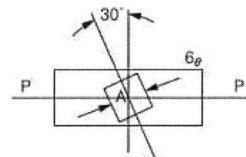

① -120
② -150
③ -300
④ -450

〔풀이〕

$\sigma_\theta = \dfrac{P}{A}\cos^2\theta$
$= \dfrac{-60 \times 10^3}{0.01 \times 0.01} \times \cos^2 30°$
$\quad\quad\quad\quad\quad\quad \times 10^{-6}$
$= -450\ MPa$

583 다음 그림과 같이 인장력 P가 작용하는 봉의 경사 단면 A-B에서 발생하는 법선응력과 전단응력이 각각 $\sigma_n = 10$ MPa, $\tau = 6$MPa일 때, 경사각 ϕ는 약 몇 도인가?

[정답] 580. ① 581. ② 582. ④ 583. ②

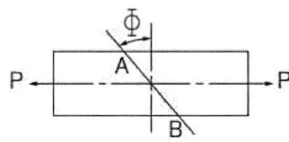

① 25° ② 31° ③ 35° ④ 41°

[풀이]

$\tau/\sigma_n = \dfrac{P}{A}\sin\phi\cos\phi / \dfrac{P}{A}\cos^2\phi$

$= \tan\phi = 6/10$

$\therefore \phi = \tan^{-1}(6/10) = 30.964°$

584 다음 정사각형 단면(40mm × 40mm)을 가진 외팔보가 있다. a – a 면에서의 수직응력(σ_n)과 전단응력(τ_s)은 각각 몇 kPa인가?

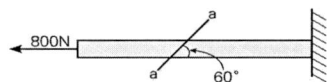

① $\sigma_n =$ 693, $\tau_s =$ 400
② $\sigma_n =$ 400, $\tau_s =$ 693
③ $\sigma_n =$ 375, $\tau_s =$ 217
④ $\sigma_n =$ 217, $\tau_s =$ 375

[풀이]

응력 = $\dfrac{\text{단위면적당 내력}}{\text{단면적}}$

⇨ (공액응력)

$\sigma_n = \sigma_x \cos(90°+\theta)$

$= \dfrac{P}{A_x}\cos(90°+\theta)$

$= \dfrac{800}{0.04\times 0.04}\cos(150°)\times 10^{-3}$

$= 373 kPa$

$\tau_s = \dfrac{1}{2}\sigma_x \sin 2(90°+\theta)$

$= \dfrac{1}{2}\times \dfrac{800}{0.04\times 0.04}\sin(150°)$

$\times 10^{-3}$

$= -217 kPa$

585 평균응력 상태에 있는 어떤 재료가 2축 방향에 응력 $\sigma_x > \sigma_y > 0$ 가 작용하고 있을 때 임의의 경사단면에 발생하는 법선응력 σ_n은 무엇인가?

① $\sigma_x \cos 2\theta + \sigma_y \sin 2\theta$
② $\sigma_x \sin 2\theta + \sigma_y \cos 2\theta$
③ $\sigma_x \cos\theta + \sigma_y \sin\theta$
④ $\sigma_x \cos^2\theta + \sigma_y \sin^2\theta$

[풀이]

$\sigma_n = \sigma_x \cos^2\theta + \sigma_y \sin^2\theta$

586 평면응력 상태에 있는 어느 점에서 응력이 $\sigma_x = \sigma_y = \sigma$, $\sigma_z = \tau_{xy} = \tau_{yz} = \tau_{zx} = 0$ 일 때 모어(Mohr)의 원으로 나타내면?

①    ②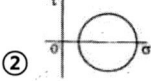

③ 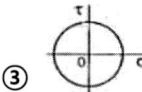   ④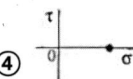

[풀이]

④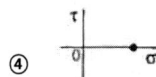

정답 584. ③ 585. ④ 586. ④

587 다음 중 주평면(主平面)의 성질을 옳게 설명한 것은?

① 주평면에는 최대 수직 응력만이 작용한다.
② 주평면에는 최대 전단 응력만이 작용한다.
③ 주평면에는 최대, 최소의 수직 응력만이 작용한다.
④ 주평면에는 전단 응력과 수직 응력이 모두 작용한다.

[풀이]

③

588 2축 응력에 대한 모어(Mohr)원의 설명으로 틀린 것은?

① 원의 중심은 원점의 상하 어디라도 놓일 수 있다.
② 원의 중심은 원점 좌우의 응력축 상에 어디라도 놓일 수 있다.
③ 이 원에서 임의의 경사면 상의 응력에 관한 가능한 모든 지식을 얻을 수 있다.
④ 공액응력 σ_n 과 $\sigma_n{'}$의 합은 주어진 두 응력의 합 $\sigma_x + \sigma_y$와 같다.

[풀이]

① 2축 응력의 중심은 원점 좌우 응력 축 상에 존재한다.

589 그림과 같은 평면응력 상태인 모어 원에서 $\sigma_x = -\sigma_y > 0$인 경우 최대 전단응력은?

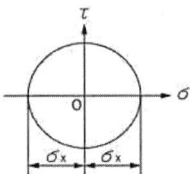

① $1/2\,\sigma_x$　　② $\tau_x - \tau_y$
③ $1/2\,(\sigma_x + \sigma_y)$　　④ σ_x

[풀이]

④ Mohr 원의 반경

590 2축 응력상태의 재료 내에서 서로 직각방향으로 400MPa의 인장응력과 300MPa의 압축응력이 작용할 때 재료 내에 발생하는 최대수직응력은 몇 MPa인가?

① 500　② 300　③ 400　④ 350

[풀이]

최대수직응력은 $\theta = 0°$일 때 발생
$$\sigma_n = \frac{1}{2}(\sigma_x + \sigma_y) + \frac{1}{2}(\sigma_x - \sigma_y)\cos 2\theta$$
$$= \frac{1}{2}(400 - 300) + \frac{1}{2}(400 + 300)$$
$$= 400\,MPa$$

591 주 평면에 관한 설명으로 옳은 것은?

① 주평면에서 전단응력의 최대값은 주응력의 1/2이다.
② 주평면에는 전단응력은 작용하지 않고 수직응력만 작용한다.
③ 주평면에는 수직응력과 전단응력의 합이 작용한다.
④ 주평면에서 수직응력은 작용하지 않고 최대 전단응력만 작용한다.

[정답] 587. ③　588. ①　589. ④　590. ③　591. ②

[풀이]

②

592 그림과 같이 평면응력 조건 하에 600 kPa의 인장응력과 400kPa의 압축응력이 작용할 때 인장응력이 작용하는 면과 30°의 각도를 이루는 경사면에 생기는 수직응력은 몇 kPa인가?

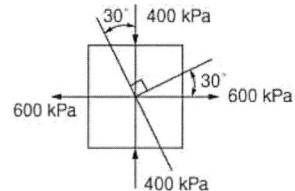

① 150 ② 250 ③ 350 ④ 450

[풀이]

그림의 조건으로부터 $\sigma_x = 600\,kPa$,
$\sigma_y = -400\,kPa$, $\tau_{xy} = 0$, $\theta = 30°$

$\sigma_n = \frac{1}{2}(\sigma_x + \sigma_y) + \frac{1}{2}(\sigma_x - \sigma_y)\cos 2\theta$
$\qquad - \tau_{xy}\sin 2\theta$

$= \frac{1}{2}(600 - 400)$
$\qquad + \frac{1}{2}(600 + 400)\cos 60° - 0$

$= 350\,kPa$

593 2축 응력상태의 재료 내에서 서로 직각 방향으로 400MPa의 인장응력과 300 MPa의 압축응력이 작용할 때 재료 내의 최대수직 응력은 몇 MPa인가?

① 300 ② 350 ③ 400 ④ 500

[풀이]

최대수직 응력은 $\theta = 0°$ 일 때 발생

$\sigma_n = \frac{1}{2}(\sigma_x + \sigma_y) + \frac{1}{2}(\sigma_x - \sigma_y)\cos 2\theta$

$= \frac{1}{2}(400 - 300) + \frac{1}{2}(400 + 300)$

$= 400\,MPa$

594 하중을 받고 있는 기계요소의 응력 상태는 아래와 같다. 선분 (a-a)에서 수직응력(σ_n)과 전단응력(τ)은?

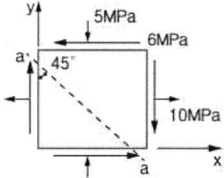

① $\sigma_n = 10\,MPa$, $\tau = 7.5\,MPa$
② $\sigma_n = -3.5\,MPa$, $\tau = -7.5\,MPa$
③ $\sigma_n = 10\,MPa$, $\tau = -6\,MPa$
④ $\sigma_n = -3.5\,MPa$, $\tau = 6\,MPa$

[풀이]

그림의 조건으로부터 $\sigma_x = 10\,MPa$,
$\sigma_y = -5\,MPa$, $\tau_{xy} = -6$, $\theta = 45°$

$\sigma_n = \frac{1}{2}(\sigma_x + \sigma_y) + \frac{1}{2}(\sigma_x - \sigma_y)\cos 2\theta$
$\qquad - \tau_{xy}\sin 2\theta$

$= \frac{1}{2}(10 - 5) + \frac{1}{2}(10 + 5)\cos 90°$
$\qquad - 6\sin 90°$

$= -3.5\,MPa$

$\tau_{max} = -\frac{1}{2}\sqrt{(\sigma_x - \sigma_y)^2 + 4\tau_{xy}^2}$

$= -\frac{1}{2}\sqrt{[10 - (-5)]^2}$

$= -7.5\,MPa$

정답) 592. ③ 593. ③ 594. ②

595 다음과 같은 평면응력 상태에서 x 축으로부터 반시계방향으로 30° 회전된 x 축상의 수직응력($\sigma_{x'}$)은 약 몇 MPa 인가?

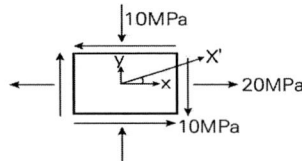

① $\sigma_{x'}$ = 3.84　　② $\sigma_{x'}$ = -3.84
③ $\sigma_{x'}$ = 17.99　④ $\sigma_{x'}$ = -17.99

[풀이]

그림의 조건으로부터 $\sigma_x = 20\,MPa$,
$\sigma_y = -10\,MPa$,
$\tau_{xy} = 10\,MPa$, $\theta = 30°$

$\sigma_{x'} = \frac{1}{2}(\sigma_x + \sigma_y) + \frac{1}{2}(\sigma_x - \sigma_y)\cos 2\theta$
$\qquad\qquad - \tau_{xy}\sin 2\theta$
$= \frac{1}{2}(20-10) + \frac{1}{2}(20+10)\cos 60°$
$\qquad\qquad - 10\sin 60°$
$= 3.84\,MPa$

596 평면응력 상태에서 σ_x 와 σ_y 만이 작용하는 2축 응력에서 모어 원의 반지름이 되는 것은? (단, $\sigma_x > \sigma_y$ 이다.)

① $(\sigma_x + \sigma_y)$
② $(\sigma_x - \sigma_y)$
③ $\frac{1}{2}(\sigma_x + \sigma_y)$
④ $\frac{1}{2}(\sigma_x - \sigma_y)$

[풀이]

$\tau_{max} = \frac{1}{2}(\sigma_x - \sigma_y)$: 모어원의 반지름

597 2축 응력 상태에서 $\sigma_x = -\sigma_y$ 일 때 전단응력의 최대치는?

① σ_x　② $2\sigma_x$　③ 0　④ $4\sigma_x$

[풀이]

$\tau_{max} = \frac{1}{2}(\sigma_x - \sigma_y) = 0$

: 모어원의 반지름

598 그림과 같은 요소가 평면응력 상태로 σ_x = 65MPa, σ_y = -28MPa, γ_{xy} = -34MPa의 응력을 받고 있다. x축으로부터 $\theta = 10°$만큼 회전한 요소에 작용하는 수직응력을 구한 것은?

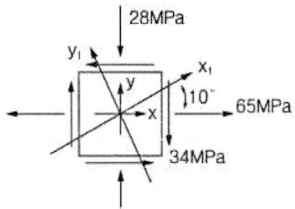

① $\sigma_{x_1} = 20.4\,MPa$,
　$\sigma_{y_1} = -11.3\,MPa$
② $\sigma_{x_1} = 43.7\,MPa$,
　$\sigma_{y_1} = -12.4\,MPa$
③ $\sigma_{x_1} = 50.6\,MPa$,
　$\sigma_{y_1} = -13.6\,MPa$
④ $\sigma_{x_1} = 61.2\,MPa$,
　$\sigma_{y_1} = -14.9\,MPa$

정답) 595. ①　596. ④　597. ③　598. ③

[풀이]

$$\sigma_{x_1} = \frac{1}{2}(\sigma_x + \sigma_y) + \frac{1}{2}(\sigma_x - \sigma_y)\cos 2\theta + \tau_{xy}\sin 2\theta$$

$$= \frac{1}{2}(65-28) + \frac{1}{2}(65+28)\cos 20° + (-34\sin 20°)$$

$$= 50.6\ MPa$$

$$\sigma_{y_1} = \frac{1}{2}(\sigma_x + \sigma_y) - \frac{1}{2}(\sigma_x - \sigma_y)\cos 2\theta - \tau_{xy}\sin 2\theta$$

$$= \frac{1}{2}(65-28) - \frac{1}{2}(65+28)\cos 2\theta - (-34\sin 20°)$$

$$= -13.6\ MPa$$

599 2축 응력 상태에서 $\sigma_x = -\sigma_y = 140$ MPa이고 재료의 전단탄성계수 G= 84GPa이면 전단변형률 γ는?

① 0.87×10^{-3} ② 1.27×10^{-3}
③ 1.67×10^{-3} ④ 1.89×10^{-3}

[풀이]

$$\tau_{max} = \frac{1}{2}(\sigma_x - \sigma_y)$$

$$= \frac{1}{2}[140 - (-140)] = 140\ MPa$$

$$\tau = G\gamma$$

$$\Rightarrow \gamma = \frac{\tau}{G} = \frac{140}{84 \times 10^3}$$

$$= 1.67 \times 10^{-3}$$

600 평면응력 상태에서 σ_x =100MPa, σ_y = 50MPa일 때 x 방향과 y 방향의 변형률 ϵ_x, ϵ_y는 얼마인가?

(단, 이 재료의 탄성계수 E = 210GPa, 포와송의 비 μ = 0.3이다.)

① ϵ_x =202× 10⁻⁶, ϵ_y =46× 10⁻⁶
② ϵ_x =404× 10⁻⁶, ϵ_y =95× 10⁻⁶
③ ϵ_x =404× 10⁻⁶, ϵ_y =404× 10⁻⁶
④ ϵ_x =808× 10⁻⁶, ϵ_y =190× 10⁻⁶

[풀이]

$$\sigma = E\epsilon \Rightarrow \epsilon = \frac{\sigma}{E}$$

$$\Rightarrow \epsilon_x = \frac{\sigma_x}{E} - \frac{\mu\sigma_y}{E}$$

$$= \frac{100}{210 \times 10^3} - \frac{0.3 \times 50}{210 \times 10^3}$$

$$= 404.8 \times 10^{-6}$$

$$\Rightarrow \epsilon_y = \frac{\sigma_y}{E} - \frac{\mu\sigma_x}{E}$$

$$= \frac{50}{210 \times 10^3} - \frac{0.3 \times 100}{210 \times 10^3}$$

$$= 95.2 \times 10^{-6}$$

601 스트레인 게이지를 이용하여 물체 표면($x-y$평면) 상의 한 점에서 측정한 변형률 성분들이 $\epsilon_x = 150 \times 10^{-6}$ $\epsilon_y = -200 \times 10^{-6}$, $\gamma_{xy} = -100 \times 10^{-6}$이다. 이 점에서의 수직응력 σ_x는 몇 MPa인가? (단, 탄성계수 및 포아송 비는 $E = 200\ GPa$, $\mu = 0.3$이다.)

① 8.7 ② 12.7 ③ 19.8 ④ 25.3

[풀이]

$$\epsilon_x = \frac{\sigma_x}{E} - \frac{\mu\sigma_y}{E} \Leftarrow \epsilon_y = \frac{\sigma_y}{E} - \frac{\mu\sigma_x}{E}$$

$$\Rightarrow \epsilon_x = \frac{\sigma_x}{E} - \mu\left(\epsilon_y + \frac{\mu\sigma_x}{E}\right)$$

정답 599. ③ 600. ② 601. ③

$$\therefore \sigma_x = \frac{E(\epsilon_x + \mu \epsilon_y)}{1 - \mu^2}$$
$$= \frac{200 \times (150 - 0.3 \times 200)}{1 - 0.3^2} \times 10^{-3}$$
$$= 19.78 \, MPa$$

602 그림과 같은 스트레인 로제트(strain rosette)를 45도 배열한 경우 각 스트레인 게이지에 나타나는 스트레인 량을 이용하여 구해지는 전단변형률 γ_{xy}는?

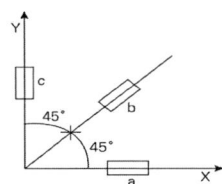

① $\sqrt{2}\,\epsilon_b - \epsilon_a - \epsilon_c$
② $2\epsilon_b - \epsilon_a - \epsilon_c$
③ $\sqrt{3}\,\epsilon_b - \epsilon_a - \epsilon_c$
④ $3\epsilon_b - \epsilon_a - \epsilon_c$

[풀이]

문제의 의미에서
$\epsilon_x = \epsilon_a, \, \epsilon_y = \epsilon_c, \, \theta = 45°$
$\sigma_n = \frac{1}{2}(\sigma_x + \sigma_y)$
$\quad + \frac{1}{2}(\sigma_x - \sigma_y)\cos 2\theta$
$\quad + \frac{\gamma_{xy}}{2}\sin 2\theta$
$\Rightarrow \epsilon_n = \frac{1}{2}(\epsilon_x + \epsilon_y)$
$\quad + \frac{1}{2}(\epsilon_x - \epsilon_y)\cos 2\theta$
$\quad + \frac{\gamma_{xy}}{2}\sin 2\theta$

$\Rightarrow \epsilon_b = \frac{1}{2}(\epsilon_a + \epsilon_c) + \frac{1}{2}(\epsilon_a - \epsilon_c)\cos 90$
$\quad + \frac{\gamma_{xy}}{2}\sin 90$
$\Rightarrow \epsilon_b = \frac{1}{2}(\epsilon_a + \epsilon_c) + \frac{\gamma_{xy}}{2}$
$\therefore \gamma_{xy} = 2\epsilon_b - \epsilon_a - \epsilon_c$

603 수직 변형률 $\epsilon_x = 200 \times 10^{-6}$, $\epsilon_y = 50 \times 10^{-6}$, 전단변형률 $\gamma_{xy} = -120 \times 10^{-6}$인 평면변형률 상태의 주변형률은?

① 267×10^{-6}, 16×10^{-6}
② -267×10^{-6}, 16×10^{-6}
③ -221×10^{-6}, 29×10^{-6}
④ 221×10^{-6}, 29×10^{-6}

[풀이]

$\epsilon_1 = \frac{\epsilon_x + \epsilon_y}{2} + \sqrt{\left(\frac{\epsilon_x - \epsilon_y}{2}\right)^2 + \left(\frac{\gamma_{xy}}{2}\right)^2}$
$\qquad \times 10^{-6}$
$= \frac{200 + 50}{2} + \sqrt{\left(\frac{200 - 50}{2}\right)^2 + \left(\frac{-120}{2}\right)^2}$
$\qquad \times 10^{-6}$
$= 221.05 \times 10^{-6}$

$\epsilon_2 = \frac{\epsilon_x + \epsilon_y}{2} - \sqrt{\left(\frac{\epsilon_x - \epsilon_y}{2}\right)^2 + \left(\frac{\gamma_{xy}}{2}\right)^2}$
$\qquad \times 10^{-6}$
$= \frac{200 + 50}{2} - \sqrt{\left(\frac{200 - 50}{2}\right)^2 + \left(\frac{-120}{2}\right)^2}$
$\qquad \times 10^{-6}$
$= 28.95 \times 10^{-6}$

604 한 점에서의 미소 요소가 $\epsilon_x = 340 \times 10^{-6}$, $\epsilon_y = 110 \times 10^{-6}$, $\gamma_{xy} = 180 \times 10^{-6}$인 평면변형률을 받을 때 이 점에서의 주변형률은?

[정답] 602. ② 603. ④ 604. ③

① 521×10^{-6}　　② 437×10^{-6}
③ 371×10^{-6}　　④ 146×10^{-6}

[풀이]

$$\epsilon_1 = \frac{\epsilon_x + \epsilon_y}{2} + \sqrt{\left(\frac{\epsilon_x - \epsilon_y}{2}\right)^2 + \left(\frac{\gamma_{xy}}{2}\right)^2} \times 10^{-6}$$

$$= \frac{340+110}{2} + \sqrt{\left(\frac{340-110}{2}\right)^2 + \left(\frac{180}{2}\right)^2} \times 10^{-6}$$

$$= 371.03 \times 10^{-6}$$

605 평면변형률 상태에서 변형률 ϵ_x, ϵ_y 그리고 γ_{xy} 가 주어졌다면 이때 주변형률 ϵ_1 과 ϵ_2 는 어떻게 주어지는가?

① $\epsilon_{1,2} = \frac{\epsilon_x + \epsilon_y}{2} \pm \sqrt{\left(\frac{\epsilon_x - \epsilon_y}{2}\right)^2 + \left(\frac{\gamma_{xy}}{2}\right)^2}$

② $\epsilon_{1,2} = \frac{\epsilon_x - \epsilon_y}{2} \pm \sqrt{\left(\frac{\epsilon_x + \epsilon_y}{2}\right)^2 + \left(\frac{\gamma_{xy}}{2}\right)^2}$

③ $\epsilon_{1,2} = \frac{\epsilon_x + \epsilon_y}{2} \pm \sqrt{\left(\frac{\epsilon_x - \epsilon_y}{2}\right)^2 + (\gamma_{xy})^2}$

④ $\epsilon_{1,2} = \frac{\epsilon_x - \epsilon_y}{2} \pm \sqrt{\left(\frac{\epsilon_x + \epsilon_y}{2}\right)^2 + (\gamma_{xy})^2}$

[풀이]

①

606 평면응력 상태에서 $\epsilon_x = -150 \times 10^{-6}$, $\epsilon_y = -280 \times 10^{-6}$, $\gamma_{xy} = 850 \times 10^{-6}$ 일 때, 최대 주변형률(ϵ_1)과 최소주변형률(ϵ_2)은 각각 약 얼마인가?

① $\epsilon_1 = 215 \times 10^{-6}$,
　$\epsilon_2 = -645 \times 10^{-6}$
② $\epsilon_1 = 645 \times 10^{-6}$,
　$\epsilon_2 = 215 \times 10^{-6}$
③ $\epsilon_1 = 315 \times 10^{-6}$,
　$\epsilon_2 = -645 \times 10^{-6}$
④ $\epsilon_1 = -545 \times 10^{-6}$,
　$\epsilon_2 = 315 \times 10^{-6}$

[풀이]

$$\epsilon_{av} = \frac{1}{2}(\epsilon_x + \epsilon_y) = \frac{1}{2}[-150 + (-280)] \times 10^{-6}$$

$$\therefore \epsilon_{av} = -215 \times 10^{-6}$$

$$\epsilon_y - \epsilon_{av} = (280 - 215) \times 10^{-6} = 65 \times 10^{-6}$$

$$\gamma_{xy}/2 = 850/2 \times 10^{-6} = 425 \times 10^{-6}$$

Mohr 응력원

$$r = \sqrt{65^2 + 425^2} \times 10^{-6} = 429.94 \times 10^{-6}$$

$$\therefore \epsilon_2 = \epsilon_{min} = \epsilon_{av} - r$$
$$= (-215 - 429.94) \times 10^{-6}$$
$$= -644.94 \times 10^{-6}$$

$$\epsilon_1 = \epsilon_{max} = \epsilon_{av} + r$$
$$= (-215 + 429.94) \times 10^{-6}$$
$$= 214.94 \times 10^{-6}$$

정답 605. ① 606. ①

주응력과 최대전단응력

607 주응력에 대한 설명 중 틀린 것은?
① 주응력 상태에서 전단응력은 0 이다.
② 주응력은 전단응력이다.
③ 최대 전단응력은 주응력의 최대, 최소값의 평균치이다.
④ 평면응력의 주응력은 2개이다.

[풀이]

②

608 평면응력 상태에서 $\sigma_x = 300$MPa, $\sigma_y = -900$MPa, $\tau_{xy} = 450$MPa일 때 최대주응력 $\sigma_1 = \sigma_{max}$ 는 몇 MPa인가?

① 300 ② 750 ③ 450 ④ 1150

[풀이]

$$\sigma_{max} = \frac{1}{2}(\sigma_x + \sigma_y)$$
$$+ \frac{1}{2}\sqrt{(\sigma_x - \sigma_y)^2 + 4\tau_{xy}^2}$$
$$= \frac{1}{2}(300 - 900)$$
$$+ \frac{1}{2}\sqrt{(300+900)^2 + 4 \times 450^2}$$
$$= 450 \; MPa$$

609 평면응력 상태에 있는 재료 내부에 서로 직각인 두 방향에서 수직 응력 σ_x, σ_y가 작용할 때 생기는 최대 주응력과 최소 주응력을 각각 σ_1, σ_2라 하면 다음 중 어느 관계식이 성립하는가?

① $\sigma_1 + \sigma_2 = \dfrac{\sigma_x + \sigma_y}{2}$
② $\sigma_1 + \sigma_2 = \dfrac{\sigma_x + \sigma_y}{4}$
③ $\sigma_1 + \sigma_2 = \sigma_x + \sigma_y$
④ $\sigma_1 + \sigma_2 = 2(\sigma_x + \sigma_y)$

[풀이]

③

610 $\sigma_x = 500$Pa, $\sigma_y = 300$Pa, $\tau_{xy} = 100$Pa인 그림과 같은 요소 내에 발생하는 최대 주응력의 크기는 몇 Pa인가?

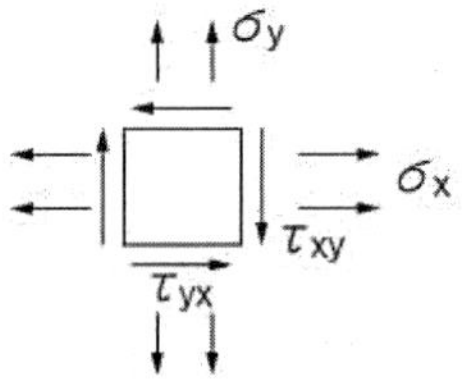

① 341 ② 441 ③ 541 ④ 641

[풀이]

$$\sigma_{max} = \frac{1}{2}(\sigma_x + \sigma_y)$$
$$+ \frac{1}{2}\sqrt{(\sigma_x - \sigma_y)^2 + 4\tau_{xy}^2}$$
$$= \frac{1}{2} \times (500 + 300)$$
$$+ \frac{1}{2} \times \sqrt{(500-300)^2 + 4 \times (100)^2}$$
$$= 541.42 \; MPa$$

611 $\sigma_x = 60$MPa, $\sigma_y = 50$MPa, $\tau_{xy} = 30$MPa일 때 주응력 σ_1과 σ_2는 각각 몇 MPa인가?

정답 607. ② 608. ③ 609. ③ 610. ③ 611. ③

① $\sigma_1 ≒ 60, \sigma_2 ≒ 50$
② $\sigma_1 ≒ 80, \sigma_2 ≒ 90$
③ $\sigma_1 ≒ 85.4, \sigma_2 ≒ 24.6$
④ $\sigma_1 ≒ 88.0, \sigma_2 ≒ 32.6$

[풀이]

$$\sigma_1 = \frac{1}{2}(\sigma_x + \sigma_y)$$
$$+ \frac{1}{2}\sqrt{(\sigma_x - \sigma_y)^2 + 4\tau_{xy}^2}$$
$$= \frac{1}{2}(60+50)$$
$$+ \frac{1}{2}\sqrt{(60-50)^2 + 4 \times 30^2}$$
$$= 85.41\ MPa$$

$$\sigma_2 = \frac{1}{2}(\sigma_x + \sigma_y)$$
$$- \frac{1}{2}\sqrt{(\sigma_x - \sigma_y)^2 + 4\tau_{xy}^2}$$
$$= \frac{1}{2}(60+50)$$
$$- \frac{1}{2}\sqrt{(60-50)^2 + 4 \times 30^2}$$
$$= 24.59\ MPa$$

612 $\sigma_x = 400\ MPa$, $\sigma_y = 300\ MPa$, $\tau_{xy} = 200\ MPa$이 작용하는 재료 내에 발생하는 최대주응력의 크기는?

① 206 MPa ② 556 MPa
③ 350 MPa ④ 753 MPa

[풀이]

$$\sigma_{max} = \frac{1}{2}(400+300)$$
$$+ \frac{1}{2}\sqrt{(400-300)^2 + 4 \times 200^2}$$
$$= 556.16\ MPa$$

613 그림과 같은 평면응력 상태에서 최대 주응력은 몇 MPa인가?

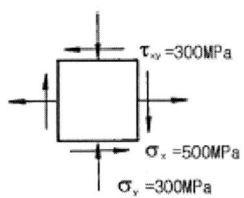

① 500 ② 600 ③ 700 ④ 800

[풀이]

$$\sigma_{max} = \frac{1}{2}(\sigma_x + \sigma_y)$$
$$+ \frac{1}{2}\sqrt{(\sigma_x - \sigma_y)^2 + 4\tau_{xy}^2}$$
$$= \frac{1}{2} \times (500 - 300)$$
$$+ \frac{1}{2} \times \sqrt{(500+300)^2 + 4 \times (300)^2}$$
$$= 600\ MPa$$

614 $\sigma_x = 700\ MPa$, $\sigma_y = -300\ MPa$가 작용하는 평면응력 상태에서 최대수직 응력과 최대 전단응력은 각각 몇 MPa 인가?

① $\sigma_{max} = 700, \tau_{max} = 300$
② $\sigma_{max} = 600, \tau_{max} = 400$
③ $\sigma_{max} = 500, \tau_{max} = 700$
④ $\sigma_{max} = 700, \tau_{max} = 500$

[풀이]

$$\sigma_{max} = \frac{1}{2}(\sigma_x + \sigma_y)$$
$$+ \frac{1}{2}\sqrt{(\sigma_x - \sigma_y)^2 + 4\tau_{xy}^2}$$
$$= \frac{1}{2}(700-300)$$
$$+ \frac{1}{2}\sqrt{(700+300)^2} = 700$$

정답 612. ② 613. ② 614. ④

$$\tau_{max} = \frac{1}{2}\sqrt{(\sigma_x - \sigma_y)^2 + 4\tau_{xy}^2}$$
$$= \frac{1}{2}\sqrt{(700+300)^2} = 500$$

615 다음 그림과 같이 평면응력 상태에 있는 재료 내부에 생기는 최대 주응력을 σ_1, 최소 주응력을 σ_2, 전단응력을 τ_{xy}라고 할 때, 성립하는 관계식으로 옳은 것은?

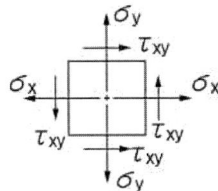

① $\sigma_1 - \sigma_2 = \sigma_x - \sigma_y$
② $\sigma_1 + \sigma_2 = \sigma_x + \sigma_y$
③ $\sigma_1 + \sigma_2 = 2\tau_{xy}$
④ $\sigma_1 - \sigma_2 = \tau_{xy}$

[풀이]

②

616 평면응력 상태에서 $\sigma_x = 300$MPa, $\sigma_y = -900$MPa, $\tau_{xy} = 450$MPa일 때 최대 주응력 σ_1은 몇 MPa인가?

① 1150 ② 300 ③ 450 ④ 750

[풀이]

$\sigma_1 = \frac{1}{2} \times (300 - 900)$
$+ \frac{1}{2} \times \sqrt{(300+900)^2 + 4\times(450)^2}$
$= 450\ MPa$

617 그림과 같은 평면응력 상태에서 최대 주응력은 약 몇 MPa인가? (단. $\sigma_x = 500$MPa, $\sigma_y = -300$MPa, $\tau_{xy} = -300$MPa이다.)

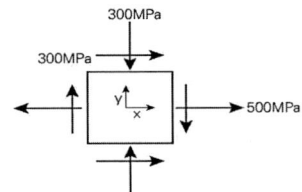

① 500 ② 600 ③ 700 ④ 800

[풀이]

$\sigma_{max} = \frac{1}{2}(\sigma_x + \sigma_y)$
$\qquad + \frac{1}{2}\sqrt{(\sigma_x - \sigma_y)^2 + 4\tau_{xy}^2}$
$= \frac{1}{2} \times (500 - 300)$
$+ \frac{1}{2} \times \sqrt{(500+300)^2 + 4\times(-300)^2}$
$= 600\ MPa$

618 그림과 같이 평면응력 조건하에서 최대 주응력은 몇 kPa인가? (단 $\sigma_x = 400$kPa, $\sigma_y = -400$kPa, $\tau_{xy} = 300$kPa이다.)

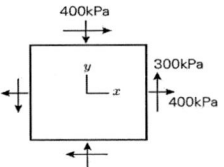

① 400 ② 500 ③ 600 ④ 700

[풀이]

정답) 615. ② 616. ③ 617. ② 618. ②

$$\sigma_{max} = \frac{1}{2}(\sigma_x + \sigma_y)$$
$$+ \frac{1}{2}\sqrt{(\sigma_x - \sigma_y)^2 + 4\tau_{xy}^2}$$
$$= \frac{1}{2} \times (400 - 400)$$
$$+ \frac{1}{2}\sqrt{(400+400)^2 + 4 \times (300)^2}$$
$$= 500 \; MPa$$

619 $\sigma_x = \sigma_y = 0$, $\tau_{xy} = 0.1 \; GPa$일 때 두 주응력의 크기 σ_1, σ_2는?

① $\sigma_1 = 0.25 \; GPa, \sigma_2 = 0.1 \; GPa$
② $\sigma_1 = 0.2 \; GPa, \sigma_2 = 0.05 \; GPa$
③ $\sigma_1 = 0.1 \; GPa, \sigma_2 = -0.1 \; GPa$
④ $\sigma_1 = 0.5 \; GPa, \sigma_2 = -0.1 \; GPa$

[풀이]

$$\sigma_1 = \frac{\sigma_x + \sigma_y}{2} + \sqrt{\left(\frac{\sigma_x - \sigma_y}{2}\right)^2 + \tau_{xy}^2}$$
$$= 0.1 \; GPa$$

$$\sigma_2 = \frac{\sigma_x + \sigma_y}{2} - \sqrt{\left(\frac{\sigma_x - \sigma_y}{2}\right)^2 + \tau_{xy}^2}$$
$$= -0.1 \; GPa$$

620 $\sigma_x = 60MPa$, $\sigma_y = 50MPa$, $\tau_{xy} = 30$ MPa일 때 주응력 σ_1과 σ_2는 각각 몇 MPa인가?

① $\sigma_1 \fallingdotseq 60, \sigma_2 \fallingdotseq 50$
② $\sigma_1 \fallingdotseq 80, \sigma_2 \fallingdotseq 90$
③ $\sigma_1 \fallingdotseq 85.4, \sigma_2 \fallingdotseq 24.6$
④ $\sigma_1 \fallingdotseq 88.0, \sigma_2 \fallingdotseq 32.6$

[풀이]

$$\sigma_1 = \frac{\sigma_x + \sigma_y}{2} + \sqrt{\left(\frac{\sigma_x - \sigma_y}{2}\right)^2 + \tau_{xy}^2}$$
$$= \frac{60 + 50}{2} + \sqrt{\left(\frac{60 - 50}{2}\right)^2 + 30^2}$$
$$= 85.41 \; MPa$$

$$\sigma_2 = \frac{\sigma_x + \sigma_y}{2} - \sqrt{\left(\frac{\sigma_x - \sigma_y}{2}\right)^2 + \tau_{xy}^2}$$
$$= \frac{60 + 50}{2} - \sqrt{\left(\frac{60 - 50}{2}\right)^2 + 30^2}$$
$$= 24.59 \; MPa$$

621 다음 그림과 같은 4각형 요소에 $\sigma_x = 300MPa$, $\sigma_y = 200MPa$이 작용하고 있을 때, 그 재료 내에 생기는 최대 전단응력과 그 방향은?

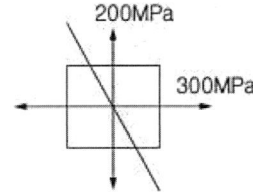

① $\tau_{max} = 300 \; MPa, \theta = 90°$
② $\tau_{max} = 200 \; MPa, \theta = 0°$
③ $\tau_{max} = 100 \; MPa, \theta = 22.5°$
④ $\tau_{max} = 50 \; MPa, \theta = 45°$

[풀이]

$\theta = 45°$ 이며 $\tau_{xy} = 0$ 이므로
$$\tau_{max} = \frac{1}{2}\sqrt{(\sigma_x - \sigma_y)^2 + 4\tau_{xy}^2}$$
$$= \frac{1}{2}\sqrt{(300 - 200)^2} = 50 \; MPa$$

정답 619. ③ 620. ③ 621. ④

622 변형체 내부의 한점이 3차원 응력상태에 있고 σ_x= 25MPa, σ_y= 30MPa, τ_{xy}= −15MPa인 평면응력 상태에 있다면, 이 점에서 절대 최대전단 응력의 크기는 몇 MPa인가?

① 8.3 ② 15.2 ③ 21.4 ④ 42.7

[풀이]

$$\tau_{max} = \frac{1}{2}\sqrt{(\sigma_x - \sigma_y)^2 + 4\tau_{xy}^2}$$
$$= \frac{1}{2}\sqrt{(25-30)^2 + 4\times(-15)^2}$$
$$= 15.2\,MPa$$

623 그림과 같이 보 요소에 평면응력이 작용할 때 최대 전단응력은 몇 MPa인가? (단, σ_x = 40MPa, σ_y = −15MPa, τ_{xy} = 10MPa이다.)

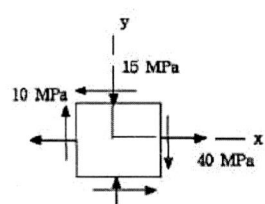

① 16.3 ② 23.3 ③ 29.3 ④ 35.3

[풀이]

$$\tau_{max} = \frac{1}{2}\sqrt{(\sigma_x - \sigma_y)^2 + 4\tau_{xy}^2}$$
$$= \frac{1}{2}\sqrt{[40-(-15)]^2 + 4\times(10)^2}$$
$$= 29.26\,MPa$$

624 그림과 같은 2축 응력상태에서 σ_x = 200MPa, σ_y = −300MPa이 작용할 때, 최대 전단응력크기는 몇 MPa인가?

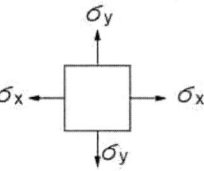

① 250 ② 450 ③ 650 ④ 850

[풀이]

$$\tau_{max} = \frac{1}{2}\sqrt{(\sigma_x - \sigma_y)^2 + 4\tau_{xy}^2}$$
$$= \frac{1}{2}\sqrt{[200-(-300)]^2}$$
$$= 250\,MPa$$

625 평면응력 상태의 한 요소에 $\sigma_x = 100$ MPa, $\sigma_y = -50$ MPa, $\tau_{xy} = 0$을 받는 평판에서 평면 내에서 발생하는 최대 전단응력은 몇 MPa인가?

① 75 ② 50 ③ 25 ④ 0

[풀이]

$$\tau_{max} = \frac{1}{2}\sqrt{(\sigma_x - \sigma_y)^2 + 4\tau_{xy}^2}$$
$$= \frac{1}{2}\sqrt{[100-(-50)]^2}$$
$$= 75\,MPa$$

626 평면응력 상태에서 σ_x = 1750 MPa, σ_y = 350MPa, τ_{xy} = −600MPa일 때 최대 전단응력은?

정답 622. ② 623. ③ 624. ① 625. ① 626. ④

① $\tau_{max} = 634\ MPa$
② $\tau_{max} = 740\ MPa$
③ $\tau_{max} = 826\ MPa$
④ $\tau_{max} = 922\ MPa$

[풀이]

$$\tau_{max} = \frac{1}{2}\sqrt{(\sigma_x - \sigma_y)^2 + 4\tau_{xy}^2}$$
$$= \frac{1}{2}\sqrt{(1750-350)^2 + 4\times(-600)^2}$$
$$= 921.95\ MPa$$

627 평면응력 상태의 한 요소에 $\sigma_x = 100$ MPa, $\sigma_y = 50$MPa, $\tau_{xy} = 0$을 받는 평판에서 평면 내에서 발생하는 최대 전단응력은 몇 MPa인가?

① 25 ② 50 ③ 75 ④ 0

[풀이]

$$\tau_{max} = \frac{1}{2}\sqrt{(\sigma_x - \sigma_y)^2 + 4\tau_{xy}^2}$$
$$= \frac{1}{2}\sqrt{(100-50)^2} = 25\ MPa$$

628 다음과 같은 평면응력 상태에서 최대 전단응력은 약 몇 MPa인가?

> x 방향 인장응력 : 175MPa
> y 방향 인장응력 : 35MPa
> xy 방향 전단응력 : 60MPa

① 38 ② 53 ③ 92 ④ 108

[풀이]

$$\tau_{max} = \frac{1}{2}\sqrt{(\sigma_x - \sigma_y)^2 + 4\tau_{xy}^2}$$
$$= \frac{1}{2}\sqrt{(175-35)^2 + 4\times 60^2}$$
$$= 92\ MPa$$

629 그림의 2축 평면응력 상태에 있는 요소에서 최대 전단응력의 값은?

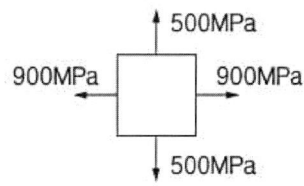

① 200MPa ② 400MPa
③ 700MPa ④ 1400MPa

[풀이]

$$\tau_{max} = \frac{1}{2}\sqrt{(\sigma_x - \sigma_y)^2 + 4\tau_{xy}^2}$$
$$= \frac{1}{2}\sqrt{(900+500)^2} = 700\ MPa$$

630 다음과 같은 평면응력 상태에서 최대 전단응력은 약 몇 MPa인가?

> x 방향 인장응력 : 35MPa
> y 방향 인장응력 : 175MPa
> xy 방향 전단응력 : 60MPa

① 127 ② 104 ③ 76 ④ 92

[풀이]

$$\tau_{max} = \frac{1}{2}\sqrt{(\sigma_x - \sigma_y)^2 + 4\tau_{xy}^2}$$
$$= \frac{1}{2}\sqrt{(35-175)^2 + 4\times 60^2}$$
$$= 92\ MPa$$

정답 627. ① 628. ③ 629. ③ 630. ④

631 그림과 같은 두 평면응력 상태의 합에서 최대 전단응력은?

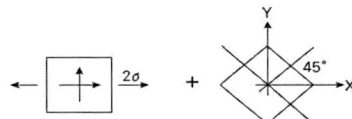

① $\dfrac{\sqrt{3}}{2}\sigma_o$ ② $\dfrac{\sqrt{6}}{2}\sigma_o$

③ $\dfrac{\sqrt{13}}{2}\sigma_o$ ④ $\dfrac{\sqrt{16}}{2}\sigma_o$

【풀이】

우선. 2번째 평면응력 각 성분 요소를 구한다.

$\sigma_x = \dfrac{1}{2}(\sigma_{x'} + \sigma_{y'}) + \dfrac{1}{2}(\sigma_{x'} - \sigma_{y'})\cos 2\theta$
$\qquad + \tau_{xy'}\sin 2\theta$

⇨ $\sigma_x = \dfrac{1}{2}(-3\sigma_0 + 0)$
$\qquad + \dfrac{1}{2}(-3\sigma_0 - 0)\cos 2 \times 45°$
$\qquad + 0 \times \sin 2 \times 45° = -\dfrac{3}{2}\sigma_0$

$\sigma_x = \dfrac{1}{2}(\sigma_{x'} + \sigma_{y'}) + \dfrac{1}{2}(\sigma_{x'} - \sigma_{y'})\cos 2\theta$
$\qquad - \tau_{xy'}\sin 2\theta$

⇨ $\sigma_y = \dfrac{1}{2}(-3\sigma_0 + 0)$
$\qquad - \dfrac{1}{2}(-3\sigma_0 - 0)\cos 2 \times 45°$
$\qquad - 0 \times \sin 2 \times 45° = -\dfrac{3}{2}\sigma_0$

$\tau_{xy} = -\dfrac{1}{2}(\sigma_{x'} - \sigma_{y'})\sin 2\theta + \tau_{xy'}\cos 2\theta$

⇨ $\tau_{xy} = -\dfrac{1}{2}(-3\sigma_0 - 0)\sin 2 \times 45°$
$\qquad + 0 \cos 2 \times 45°$
$\qquad = \dfrac{3}{2}\sigma_0$

1번째 평면응력의 각 성분요소와 합하면

$\sigma_x = 2\sigma_0 - \dfrac{3}{2}\sigma_0 = \dfrac{1}{2}\sigma_0$

$\sigma_y = 0 - \dfrac{3}{2}\sigma_0 = -\dfrac{3}{2}\sigma_0$

$\tau_{xy} = 0 + \dfrac{3}{2}\sigma_0 = \dfrac{3}{2}\sigma_0$

∴ 최대 전단응력은

$\tau_{\max} = \dfrac{1}{2}\sqrt{(\sigma_x - \sigma_y)^2 + 4\tau_{xy}^2}$

$= \dfrac{1}{2}\sqrt{\left(\dfrac{1}{2}\sigma_0 - \left(-\dfrac{3}{2}\sigma_0\right)\right)^2 + 4 \times \left(\dfrac{3}{2}\sigma_0\right)^2}$

$= \dfrac{\sqrt{13}}{2}\sigma_o$

[정답] 631. ③

삼축응력 상태

632 축 방향의 단면에 균일한 인장응력 10MPa이 작용하고 있다면 이때 체적변형률 ϵ_v는? (단, 포와송의 비 $\mu = 0.3$, 탄성계수 $E = 210$GPa이다.)

① 1.6×10^{-5} ② 1.7×10^{-5}
③ 1.8×10^{-5} ④ 1.9×10^{-5}

[풀이]

$$\epsilon_x = \frac{\sigma_x}{E} - \nu\left(\frac{\sigma_y}{E} + \frac{\sigma_z}{E}\right)$$
$$= \frac{1}{E}\sigma_x = \frac{10^6}{210 \times 10^9} \times 10$$
$$= 4.76 \times 10^{-5}$$

$$\epsilon_y = \frac{\sigma_y}{E} - \nu\left(\frac{\sigma_x}{E} + \frac{\sigma_z}{E}\right)$$
$$= -\nu\frac{\sigma_x}{E} = -0.3 \times \frac{10 \times 10^6}{210 \times 10^9}$$
$$= -1.43 \times 10^{-5}$$

$$\epsilon_z = \frac{\sigma_z}{E} - \nu\left(\frac{\sigma_x}{E} + \frac{\sigma_y}{E}\right)$$
$$= -\nu\frac{\sigma_x}{E} = -1.43 \times 10^{-5}$$

$$\epsilon_v = \epsilon_x + \epsilon_y + \epsilon_z$$
$$= (4.76 - 2 \times 1.43) \times 10^{-5}$$
$$= 1.9 \times 10^{-5}$$

633 주철제 환봉이 축 방향 압축응력 40 MPa과 모든 반경방향으로 압축응력 10MPa를 받는다. 탄성계수 E = 100 GPa, 포아송 비 $\nu = 0.25$, 환봉의 직경 d = 120mm, 길이 L = 200mm일 때, 실린더 체적의 변화량 △V는 몇 mm³ 인가?

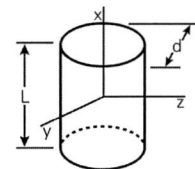

① -121 ② -254 ③ -428 ④ -679

[풀이]

축 방향이 x 방향이고 반경방향은 y와 z 방향이며, 축 방향으로 압축응력을 받고 동시에 반경방향으로도 압축응력을 받는다.

$$\epsilon_x = \frac{\sigma_x}{E} - \nu\left(\frac{\sigma_y}{E} + \frac{\sigma_z}{E}\right)$$
$$= \frac{1}{E}[\sigma_x - \nu(\sigma_y + \sigma_z)]$$
$$= \frac{10^6}{100 \times 10^9} \times [-40 - 0.25$$
$$\times (-10 - 10)] = -0.00035$$

$$\epsilon_y = \frac{\sigma_y}{E} - \nu\left(\frac{\sigma_x}{E} + \frac{\sigma_z}{E}\right)$$
$$= \frac{1}{E}[\sigma_y - \nu(\sigma_x + \sigma_z)]$$
$$= \frac{10^6}{100 \times 10^9}[-10 - 0.25$$
$$\times (-40 - 10)] = 0.000025$$

$$\epsilon_z = \frac{\sigma_z}{E} - \nu\left(\frac{\sigma_x}{E} + \frac{\sigma_y}{E}\right)$$
$$= \frac{1}{E}[\sigma_z - \nu(\sigma_x + \sigma_y)]$$
$$= \frac{10^6}{100 \times 10^9}[-10 - 0.25$$
$$\times (-40 - 10)] = 0.000025$$

$$\epsilon_v = \epsilon_x + \epsilon_y + \epsilon_z$$
$$\therefore \triangle V = \epsilon_v V$$
$$= (-0.00035 + 0.000025$$
$$+ 0.000025) \times \frac{\pi}{4} \times 120^2 \times 200$$
$$= -678.6 \, mm^3$$

정답 632. ④ 633. ④

634 짧은 주철재 실린더가 축 방향 압축응력과 반경방향의 압축응력을 각각 40 MPa과 10MPa을 받는다. 탄성계수 E = 100GPa, 포아송 비 ν = 0.25, 직경 d=120mm, 길이 L=200mm일 때 지름의 변화량은 약 몇 mm인가?

① 0.001 ② 0.002
③ 0.003 ④ 0.004

[풀이]

633번 항을 참조하여,
$$\epsilon_y = \frac{\sigma_y}{E} - \nu\left(\frac{\sigma_x}{E} + \frac{\sigma_z}{E}\right)$$
$$= \frac{1}{E}[\sigma_y - \nu(\sigma_x + \sigma_z)]$$
$$= \frac{10^6}{100 \times 10^9}[-10 - 0.25 \times (-40 - 10)] = 0.000025$$

∴ $\triangle d = \epsilon_y d$
$= 0.000025 \times 120$
$= 0.003\,mm$

$$\epsilon_z = \frac{\sigma_x}{E} = \frac{-10 \times 10^6}{100 \times 10^9} = -0.001$$
$$\epsilon_y = \frac{\sigma_y}{E} = \frac{-10 \times 10^6}{100 \times 10^9} = -0.001$$

3축 변형률
$$\epsilon_z = \frac{\sigma_z}{E} - \nu\epsilon_x - \nu\epsilon_y$$
$$= \frac{-40 \times 10^3}{100 \times 10^9} - 0.25 \times 0.001 - 0.25 \times 0.001$$
$$= -3.5 \times 10^{-4}$$

∴ $\triangle l = l_z \epsilon_z = 200 \times (-3.5 \times 10^{-4})$
$= -0.07\,mm$

635 정사각형 단면의 짧은 봉에서 축 방향 (z 방향) 압축응력 40 MPa를 받고 있고, x 방향과 y 방향으로 압축응력 10 MPa씩 받을 때 축 방향의 길이 감소량은 약 몇 mm인가? (단, 세로 탄성계수 100GPa, 포아송 비 0.25, 단면의 한 변은 120mm, 축 방향 길이는 200mm 이다.)

① 0.003 ② 0.03 ③ 0.007 ④ 0.07

[풀이]

정답 634. ③ 635. ④

압력용기

636 축에 두께가 얇은 링을 가열 끼워맞춤 (shrinkage fit)하였을 때 축 및 링에 각각 어떤 응력이 생기는가?

① 축에 압축응력, 링에 인장응력
② 축에 인장응력, 링에 압축응력
③ 축과 링 모두에 인장응력
④ 축과 링 모두에 압축응력

[풀이]

① 가열 끼워맞춤이므로 링은 인장을 받고 축은 압축을 받게 된다.

637 반경 r, 압력 p, 두께 t인 실린더형 압력용기에서 발생되는 절대 최대 전단응력(3차원 응력 상태에서의 최대 전단응력)의 크기는?

① $\dfrac{pr}{2t}$　② $\dfrac{pr}{t}$　③ $\dfrac{pr}{4t}$　④ $\dfrac{2pr}{t}$

[풀이]

$$\sigma_a = \frac{pd}{4t} = \frac{p \times 2r}{4t} = \frac{pr}{2t}$$

638 최대 사용강도 (σ_{max}) = 240MPa, 내경 1.5m, 두께 3mm의 강재 원통형 용기가 견딜 수 있는 최대압력은 몇 kPa 인가? (단, 안전계수는 2이다.)

① 240　② 480　③ 960　④ 1920

[풀이]

$$S = 2 = \frac{\sigma_{max}}{\sigma_a} \Rightarrow \sigma_a = 120 MPa$$

$$\sigma_a = \frac{pd}{2t} \Rightarrow 120 \times 10^6 = \frac{p \times 1.5}{2 \times 0.003}$$

$$\Rightarrow p = \frac{120 \times 10^6 \times 2 \times 0.003}{1.5 \times 10^3}$$

$$= 480 kPa$$

639 직경이 1.5m, 두께가 3mm인 원통형 강재 용기의 최대 사용강도가 240MPa 일 때 지탱할 수 있는 한계압력은 몇 kPa 인가? (단, 안전계수는 2이다.)

① 240　② 480　③ 720　④ 960

[풀이]

$$\sigma_{hoop} = \frac{pd}{2t}$$

$$p = \frac{2t\sigma_{hoop}}{d} = \frac{2 \times 0.003 \times 240 \times 10^6}{1.5} \times 10^{-3}$$

$$= 960 \, kPa$$

$$\therefore p_{한계} = \frac{960}{2} = 480 \, kPa$$

640 지름이 2m이고 1000kPa 내압이 작용하는 원통형 압력용기의 최대 사용응력이 200MPa이다. 용기의 두께는 약 몇 mm인가? (단, 안전계수는 2이다.)

① 5　② 7.5　③ 10　④ 12.5

[풀이]

$$\sigma_{hoop} = \frac{pd}{2t} \times (SF)$$

$$\Rightarrow t = \frac{pd(SF)}{2\sigma_{hoop}}$$

$$= \frac{1000 \times 10^3 \times 2 \times 2}{2 \times 200 \times 10^6} \times 10^3$$

$$= 10 \, mm$$

정답 636. ①　637. ①　638. ②　639. ②　640. ③

641 두께 10mm인 강판으로 직경 2.5m의 원통형 압력용기를 제작하였다. 최대 내부압력이 1200 kPa 일 때 축 방향 응력은 몇 MPa인가?

① 75 ② 100 ③ 125 ④ 150

[풀이]

$$\sigma_축 = \frac{pd}{4t} = \frac{1200 \times 10^3 \times 2.5}{4 \times 0.01} \times 10^{-6}$$
$$= 75\,MPa$$

642 두께 8mm의 강판으로 만든 안지름 40cm의 얇은 원통에 1MPa의 내압이 작용할 때 강판에 발생하는 후프응력(원주응력)은 몇 MPa인가?

① 25 ② 37.5 ③ 12.5 ④ 50

[풀이]

$$\sigma_{hoop} = \frac{pd}{2t} = \frac{1 \times 0.4}{2 \times 0.008} = 25\,MPa$$

643 내부 반지름 1.25m, 압력 1200kPa, 두께 10mm인 원형단면의 실린더형 압력용기에서 축 방향 응력 (σ_t: longitudinal stress)과 후프응력 (σ_z: circumferential stress)를 구하면?

① $\sigma_t = 75\,MPa$, $\sigma_z = 150\,MPa$
② $\sigma_t = 150\,MPa$, $\sigma_z = 75\,MPa$
③ $\sigma_t = 37.5\,MPa$, $\sigma_z = 75\,MPa$
④ $\sigma_t = 75\,MPa$, $\sigma_z = 37.5\,MPa$

[풀이]

$$\sigma_t = \sigma_축 = \frac{pd}{4t} = \frac{1200 \times 10^3 \times 2.5}{4 \times 0.01} \times 10^{-6}$$
$$= 75\,MPa$$
$$\sigma_z = \sigma_{hoop} = 2\sigma_t = 2 \times 75 = 150\,MPa$$

644 두께 10mm의 강판을 사용하여 직경 2.5m의 원통형 압력용기를 제작하였다. 용기에 작용하는 최대 내부압력이 1200 kPa일 때 원주응력 (후프응력)은 몇 MPa인가?

① 50 ② 100 ③ 150 ④ 200

[풀이]

$$\sigma_{hoop} = \frac{pd}{2t} = \frac{1.2 \times 2.5}{2 \times 0.01} = 150\,MPa$$

645 지름이 1.5m인 두께가 얇은 원통용기에 1.6MPa의 압력을 갖는 가스를 넣으려고 한다. 필요한 벽두께는 얼마인가? (단, 허용응력은 80MPa이다.)

① 3.3cm   ② 6.67cm
③ 1.5cm   ④ 0.75cm

[풀이]

$$\sigma_{hoop} = \frac{pd}{2t}$$
$$\Rightarrow t = \frac{pd}{2\sigma_{hoop}}$$
$$= \frac{1.6 \times 10^6 \times 1.5}{2 \times 80 \times 10^6} \times 10^2$$
$$= 1.5\,cm$$

정답 641. ① 642. ① 643. ① 644. ③ 645. ③

646 두께 5mm의 연강으로 2MPa의 내압에 견디는 원통을 만들려고 한다. 허용응력이 60MPa이라면 안지름은 최대 몇 cm로 하면 되겠는가?

① 30   ② 60   ③ 15   ④ 25

[풀이]

$\sigma_{hoop} = \dfrac{pd}{2t}$

$\Rightarrow d = \dfrac{2\sigma_{hoop} t}{p}$

$= \dfrac{2 \times 60 \times 10^6 \times 0.005}{2 \times 10^6} \times 10^2$

$= 30\ cm$

647 안지름 80cm의 얇은 원통에 내압 1MPa이 작용할 때 안전상 원통의 최소 두께는 몇 mm인가? (단, 재료의 허용응력은 80MPa이다.)

① 1.5   ② 5.0   ③ 8   ④ 10

[풀이]

$\sigma_{hoop} = \dfrac{pd}{2t}$

$t = \dfrac{pd}{2\sigma_{hoop}} = \dfrac{1 \times 800}{2 \times 80} = 5\ mm$

648 지름이 1.5m인 두께가 얇은 원통용기에 1.6MPa의 압력을 갖는 가스를 넣으려고 한다. 필요한 벽 두께는 최소 몇 cm인가? (단, 허용응력은 80MPa이다.)

① 3.3   ② 6.67   ③ 1.5   ④ 0.75

[풀이]

$\sigma_{hoop} = \dfrac{pd}{2t}$

$t = \dfrac{pd}{2\sigma_{hoop}} = \dfrac{1.6 \times 10^6 \times 1.5}{2 \times 80 \times 10^6} \times 10^2$

$= 1.5\ cm$

649 반경 r, 내압 P, 두께 t인 얇은 원통형 압력용기의 면내에서 발생되는 최대 전단응력 (2차원 응력상태에서의 최대 전단응력)의 크기는?

① $\dfrac{pr}{2t}$ ② $\dfrac{pr}{t}$

③ $\dfrac{pr}{4t}$ ④ $\dfrac{2pr}{t}$

[풀이]

2차원 응력상태이므로

$\sigma_{hoop} = \dfrac{pd}{2t} = \dfrac{pr}{t}$,

$\sigma_{축} = \dfrac{pd}{4t} = \dfrac{pr}{2t}$

$\tau_{max} = \tau_{45°}$

$= (-\sigma_{hoop} + \sigma_{축})\cos 45 \sin 45$

$\Rightarrow (-\dfrac{pr}{t} + \dfrac{pr}{2t}) \times \dfrac{1}{2} = -\dfrac{pr}{4t}$

$\therefore |\tau_{max}| = \dfrac{pr}{4t}$

650 끝이 닫혀있는 얇은 벽의 둥근 원통형 압력용기에 내압 p가 작용한다. 용기의 벽의 안쪽표면 응력상태에서 일어나는 절대 최대 전단응력을 구하면? (단, 탱크의 반경 = r, 벽두께 = t이다.)

정답 646. ① 647. ② 648. ③ 649. ③ 650. ④

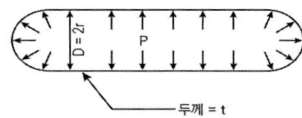

① $\frac{pr}{2t} - \frac{p}{2}$ ② $\frac{pr}{4t} - \frac{p}{2}$

③ $\frac{pr}{4t} + \frac{p}{2}$ ④ $\frac{pr}{2t} + \frac{p}{2}$

[풀이]

$\sigma_{hoop} = \frac{pd}{2t} = \frac{p \times 2r}{2t} = \frac{pr}{t}$

$\sigma_{축} = \frac{pd}{4t} = \frac{p \times 2r}{4t} = \frac{pr}{2t}$

최대 전단응력은 직교좌표 각각의 축(3가지)에 대하여 45°이며, z 방향으로 내압 p를 설정하면 3축 응력인 경우가 되므로

$(\tau_{max})_x = \frac{\sigma_{hoop} + p}{2} = \frac{pr}{2t} + \frac{p}{2}$

$(\tau_{max})_y = \frac{\sigma_{축} + p}{2} = \frac{pr}{4t} + \frac{p}{2}$

$(\tau_{max})_z = \frac{\sigma_{hoop} + \sigma_{축}}{2} = \frac{pr}{4t}$ 이고

이 중에서 절대 최대 전단응력은

$\frac{pr}{2t} + \frac{p}{2}$ 이다.

651 안지름이 150mm이고, 관벽의 두께가 10mm인 알루미늄 파이프가 관내의 유체로부터 2MPa의 압력을 받고 있다. 파이프 내에서의 최대 인장응력은 몇 MPa인가?

① 15 ② 7.5 ③ 25 ④ 30

[풀이]

$\sigma_{hoop} = \frac{pd}{2t} = \frac{2 \times 0.15}{2 \times 0.01} = 15\,MPa$

652 지름이 1.2 m, 두께가 10mm인 구형 압력용기가 있다. 용기 재질의 허용인장응력이 42MPa일 때 안전하게 사용할 수 있는 최대 내압은 약 몇 MPa인가?

① 1.1 ② 1.4 ③ 1.7 ④ 2.1

[풀이]

구형 압력용기의 응력은 $\sigma = \frac{pd}{4t}$

$\Rightarrow p = \frac{4\sigma t}{d} = \frac{4 \times 42 \times 10}{1200}$
$= 1.4\,MPa$

653 두께가 1cm, 지름 25cm의 원통형 보일러에 내압이 작용하고 있을 때, 면내 최대 전단응력이 −62.5MPa이었다면 내압 P는 몇 MPa인가?

① 5 ② 10 ③ 15 ④ 20

[풀이]

2축 응력의 문제이므로

$\sigma_{hoop} = \frac{pd}{2t} = \frac{p \times 0.25}{2 \times 0.01} = 12.5p$,

$\sigma_{축} = \frac{pd}{4t} = \frac{p \times 0.25}{4 \times 0.01} = 6.25p$

$\tau_{max} = \tau_{45°}$
$= (-\sigma_{hoop} + \sigma_{축})\cos45\sin45$
$= -62.5$
$\Rightarrow (-12.5p + 6.25p) \times 0.5$
$= -62.5$

$\therefore p = 20\,MPa$

정답 651. ① 652. ② 653. ④

654 판 두께 3mm를 사용하여 내압 20kN/cm²을 받을 수 있는 구형(spherical) 내압용기를 만들려고 할 때 이 재료의 허용 인장응력을 σ_v = 900kN/cm²으로 하여 이 용기의 최대 안전내경 d 를 구하면 몇 cm인가?

① 54 ② 108 ③ 27 ④ 78

[풀이]

$\sigma_v = \dfrac{pd}{4t}$

$\Rightarrow d = \dfrac{4\sigma_v t}{p}$

$= \dfrac{4 \times 900 \times 10^3 \times 10^{-4} \times 0.003}{20 \times 10^3 \times 10^{-4}} \times 10^2$

$= 54\ cm$

655 원통형 압력용기에 내압 P 가 작용할 때, 원통부에 발생하는 축 방향의 변형률 ϵ_x 및 원주방향 변형률 ϵ_y 는? (단, 강판의 두께 t 는 원통의 지름 D 에 비하여 충분히 작고, 강판재료의 탄성계수 및 포아송 비는 각각 E, ν 이다.)

① $\epsilon_x = \dfrac{PD}{4tE}(1-2\nu),\ \epsilon_y = \dfrac{PD}{4tE}(1-\nu)$

② $\epsilon_x = \dfrac{PD}{4tE}(1-2\nu),\ \epsilon_y = \dfrac{PD}{4tE}(2-\nu)$

③ $\epsilon_x = \dfrac{PD}{4tE}(2-\nu),\ \epsilon_y = \dfrac{PD}{4tE}(1-\nu)$

④ $\epsilon_x = \dfrac{PD}{4tE}(1-\nu),\ \epsilon_y = \dfrac{PD}{4tE}(2-\nu)$

[풀이]

$\epsilon_x = \dfrac{\sigma_x}{E} - \dfrac{\sigma_y}{mE} = \dfrac{\sigma_x}{E} - \dfrac{\nu \sigma_y}{E}$

$= \dfrac{PD}{4tE} - \dfrac{\nu PD}{2tE} = \dfrac{PD}{4tE}(1-2\nu)$

$\epsilon_y = \dfrac{\sigma_y}{E} - \dfrac{\sigma_x}{mE} = \dfrac{\sigma_y}{E} - \dfrac{\nu \sigma_x}{E}$

$= \dfrac{PD}{4tE}(2-\nu)$

또는
축 방향을 x, 원주방향을 y 라 하면

$\sigma_축 = \dfrac{pd}{4t} \Rightarrow \sigma_x = \dfrac{PD}{4t}$

$\sigma_{hoop} = \dfrac{pd}{2t} \Rightarrow \sigma_y = \dfrac{PD}{2t}$

$\epsilon_x = \dfrac{\sigma_x}{E} - \dfrac{\nu}{E}(\sigma_y + \sigma_z)$

$= \dfrac{\frac{PD}{4t}}{E} - \dfrac{\nu}{E}\left(\dfrac{PD}{2t}+0\right)$

$\therefore \epsilon_x = \dfrac{PD}{4tE}(1-2\nu)$

$\epsilon_y = \dfrac{\sigma_y}{E} - \dfrac{\nu}{E}(\sigma_x + \sigma_z)$

$= \dfrac{\frac{PD}{2t}}{E} - \dfrac{\nu}{E}\left(\dfrac{PD}{4t}+0\right)$

$\therefore \epsilon_y = \dfrac{PD}{4tE}(2-\nu)$

656 안지름 1m, 두께 5mm의 구형 압력용기에 길이 15mm 스트레인 게이지를 그림과 같이 부착하고, 압력을 가하였더니 게이지의 길이가 0.009mm만큼 증가했을 때, 내압 p의 값은? (단, E = 200GPa, ν = 0.3)

정답) 654. ① 655. ② 656. ①

① 3.43 MPa ② 6.43 MPa
③ 13.4 MPa ④ 16.4 MPa

[풀이]

그림의 좌우방향을 x 축, 전후방향을 y 축으로 하는 2축으로 가정.

$$\nu = \left| \frac{\epsilon'}{\epsilon} \right| \Rightarrow \epsilon' = \epsilon_y = \nu \epsilon_x$$

2축의 성분 응력은 $\sigma_x = \sigma_y = \sigma$

$$\sigma_y = E \epsilon_y$$

$$\Rightarrow \epsilon_y = \frac{\sigma_y}{E} = \frac{\sigma}{E}(1-\nu) = \frac{\lambda}{l} \quad \cdots ①$$

원주방향에서

$$\sigma \times \pi d t = p \times \frac{\pi}{4} d^2 \text{ 이므로}$$

$$\sigma = \frac{pd}{4t}$$

①식에 적용하여

$$\frac{pd}{4tE}(1-\nu) = \frac{\lambda}{l}$$

$$\Rightarrow p = \frac{4tE\lambda}{ld(1-\nu)}$$

$$= \frac{4 \times 5 \times 200 \times 10^9 \times 0.009}{15 \times 1000 \times (1-0.3)}$$

$$\times 10^{-6}$$

$$= 3.43 \, MPa$$

기둥

657 다음 중 좌굴(buckling) 현상에 대한 설명으로 가장 알맞은 것은?

① 보에 휨 하중이 작용할 때 굽어지는 현상
② 트러스의 부재에 전단하중이 작용할 때 굽어지는 현상
③ 단주에 축 방향의 인장하중을 받을 때 기둥이 굽어지는 현상
④ 장주에 축 방향의 압축하중을 받을 때 기둥이 굽어지는 현상

[풀이]

④

658 좌굴(座堀, buckling) 현상은 다음 중 어느 경우에 일어나기 쉬운가?

① 구조물에 복합하중이 작용할 때
② 단주에 축 방향의 인장하중을 받을 때
③ 장주에 축 방향의 압축하중을 받을 때
④ 트러스의 구조물에 전단하중이 작용할 때

[풀이]

③

659 그림과 같은 직사각형 단면의 짧은 기둥에서 점 P 에 압축력 100 kN을 받고 있다. 단면에 발생하는 최대 압축응력은 몇 MPa인가?

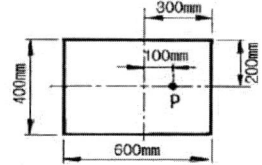

① 0.83 ② 8.3 ③ 1.04 ④ 10.4

[풀이]

$$\sigma_{max} = \frac{P}{A} + \frac{M}{Z} = \frac{P}{bh} + \frac{6M}{bh^2}$$
$$= \left(\frac{100}{0.4 \times 0.6} + \frac{6(100 \times 0.1)}{0.4 \times 0.6^2}\right) \times 10^{-3}$$
$$= 0.833\, MPa$$

660 그림과 같은 블록의 반쪽 모서리에 수직력 10 kN이 가해질 경우, 그림에서 위치한 A 점에서의 수직 응력분포는 약 몇 kPa 인가?

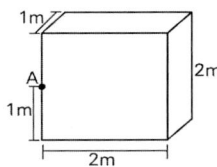

① 25 ② 30 ③ 35 ④ 40

[풀이]

$$\sigma_A = \frac{P}{A} + \frac{M}{Z} = \frac{P}{bh} + \frac{6M}{bh^2}$$
$$= \frac{10}{2 \times 1} + \frac{6(10 \times 1)}{2 \times 1^2} = 25\, kPa$$

661 정육면체 형상의 짧은 기둥에 그림과 같이 측면에 홈이 파여있다. 도심에 작용하는 하중 P 로 인하여 단면 m-n에 발생하는 최대 압축응력은 홈이 없을 때 압축응력의 몇 배 인가?

■정답) 657. ④ 658. ③ 659. ① 660. ① 661. ③

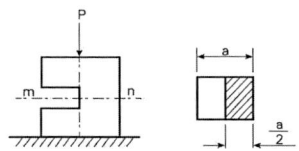

① 2   ② 4   ③ 8   ④ 12

[풀이]

홈이 없는 경우 : $\sigma = \dfrac{P}{A} = \dfrac{P}{a^2}$

홈이 있는 경우 :

$\sigma_\text{홈} = \dfrac{P}{A} + \dfrac{M}{Z}$

$= \dfrac{P}{a \times a/2} + (P \times a/4)$

$\times \dfrac{6}{a \times (a/2)^2}$

$= \dfrac{2P}{a^2} + \dfrac{6P}{a^2} = \dfrac{8P}{a^2}$

∴ 8 배

662 지름이 d 인 짧은 환봉의 축 중심으로부터 a 만큼 떨어진 지점에 편심 압축하중 P 가 작용할 때 단면상에서 인장응력이 일어나지 않는 a 범위는?

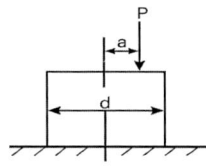

① $\dfrac{d}{8}$ 이내   ② $\dfrac{d}{6}$ 이내

③ $\dfrac{d}{4}$ 이내   ④ $\dfrac{d}{2}$ 이내

[풀이]

$\sigma_{\min} = \dfrac{P}{A}\left(1 - \dfrac{ae_2}{K^2}\right) = 0$

$\Rightarrow 1 = \dfrac{ae_2}{K^2}$

∴ $a = \dfrac{K^2}{e_2} = \dfrac{\pi d^4/64}{\pi d^2/4} \times \dfrac{d}{2} = \dfrac{d}{8}$

663 그림과 같은 단주(短柱)에서 편심거리 $e = 2\,\text{mm}$에 하중 $P = 1\,\text{MN}$의 압축하중이 작용할 때 발생하는 최대응력은 몇 MPa인가?

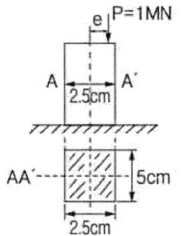

① 975   ② 998   ③ 1027   ④ 1184

[풀이]

$\sigma_{\max} = \dfrac{P}{A} + \dfrac{M}{Z}$

$= \dfrac{1}{0.05 \times 0.025} + (1 \times 0.002)$

$\times \dfrac{6}{0.05 \times 0.025^2}$

$= 1184\,MPa$

664 그림에 표시된 사각형 단면의 짧은 기둥에서 $e = 2\,\text{mm}$ 되는 곳에 100 kN의 압축하중이 작용할 때 발생되는 최대응력은?

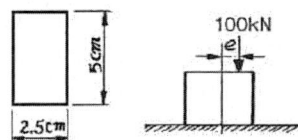

■정답) 662. ① 663. ④ 664. ④

① 39.6MPa   ② 56.2MPa
③ 83.7MPa   ④ 118.4MPa

[풀이]

$$\sigma_{max} = \frac{P}{A} + \frac{M}{Z}$$
$$= \frac{0.1}{0.05 \times 0.025} + (0.1 \times 0.002)$$
$$\times \frac{6}{0.05 \times 0.025^2}$$
$$= 118.4 \, MPa$$

665 정사각형의 단면을 가진 기둥에 $P = 8$ kN의 압축하중이 작용할 때 6 MPa의 압축응력이 발생하였다면 단면의 한 변의 길이는 몇 cm인가?

① 11.5   ② 15.4   ③ 20.1   ④ 23.1

[풀이]

$$\sigma_c = \frac{P}{A} = \frac{P}{a^2}$$
$$\Rightarrow a = \sqrt{\frac{P}{\sigma_c}} = \sqrt{\frac{80 \times 10^3}{6 \times 10^6}} \times 10^2$$
$$= 11.5 \, cm$$

666 그림과 같은 직사각형 단면의 짧은 기둥에서 점 P에 압축력 100 kN을 받고 있다. 단면에 발생하는 최대 압축응력은 몇 MPa인가?

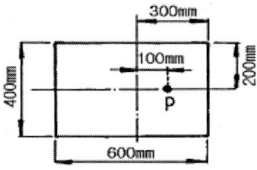

① 0.83   ② 8.3   ③ 83   ④ 0.083

[풀이]

$$\sigma_{max} = \frac{P}{A} + \frac{M}{Z}$$
$$= \frac{0.1}{0.4 \times 0.6} + (0.1 \times 0.1)$$
$$\times \frac{6}{0.4 \times 0.6^2}$$
$$= 0.833 \, MPa$$

667 그림에서 클램프(clamp)의 압축력이 $P = 5$ kN일 때 m-n 단면의 최소두께 h를 구하면 약 몇 cm인가? (단, 직사각형 단면의 폭 b = 10mm, 편심거리 e = 50mm, 재료 허용응력 $\sigma_w = 200 \, MPa$이다.)

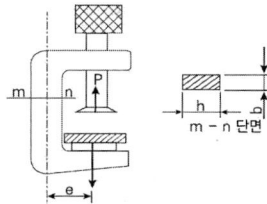

① 1.34   ② 2.34   ③ 2.86   ④ 3.34

[풀이]

합성응력 $\sigma = \sigma_1 + \sigma_2$

하중응력 $\sigma_1 = \frac{P}{A}$ **굽힘모멘트 응력** σ_2

굽힘모멘트 응력

$$\sigma_2 = \frac{M}{Z} = \frac{P \times e \times 6}{bh^2}$$

$$\sigma_{max} = \sigma_1 + \sigma_2 = \frac{P}{bh} + \frac{P \times e \times 6}{bh^2}$$

$$\Rightarrow \sigma_w bh^2 - Ph - 6Pe = 0$$
$$\Rightarrow 200 \times 10^6 \times 0.01 h^2 - 5 \times 10^3 h$$
$$- 6 \times 5 \times 10^3 \times 0.05 = 0$$

$$\therefore h = 2.87 \, cm$$

정답 665. ①   666. ①   667. ③

668 그림에서 클램프(clamp)의 압축력이 $P = 5\,kN$일 때 m-n 단면의 최소두께 h를 구하면 약 몇 cm인가? (단, 직사각형 단면의 폭 $b = 10mm$, 편심거리 $e = 50mm$, 재료 허용응력 $\sigma_w = 150\,MPa$이다.)

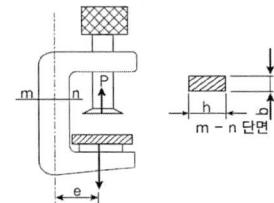

① 1.34 ② 2.34 ③ 3.34 ④ 4.34

[풀이]

667번 항을 참조하여,
$150 \times 10^6 \times 0.01 h^2 - 5 \times 10^3 h$
$\qquad - 6 \times 5 \times 10^3 \times 0.05 = 0$
$\therefore h = 3.34\,cm$

669 지름 d 인 원형단면 기둥에 대하여 오일러 좌굴식의 회전반경은 얼마인가?

① $\dfrac{d}{2}$ ② $\dfrac{d}{3}$ ③ $\dfrac{d}{4}$ ④ $\dfrac{d}{6}$

[풀이]

회전반경
$K = \sqrt{\dfrac{I}{A}} = \sqrt{\dfrac{\pi d^4}{64} \times \dfrac{4}{\pi d^2}} = \sqrt{\dfrac{d^2}{16}}$
$\qquad = \dfrac{d}{4}$

670 그림과 같이 20cm×10cm의 단면적을 갖고 양단 회전단으로 된 부재가 중심축 방향으로 압축력 P 가 작용하고 있을 때, 장주길이가 2m라면 세장비는?

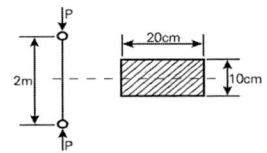

① 89 ② 69 ③ 49 ④ 29

[풀이]

$K = \sqrt{\dfrac{I}{A}} = \sqrt{\dfrac{0.2 \times 0.1^3}{(0.2 \times 0.1) \times 12}}$
$\qquad = 0.029$

$\lambda = \dfrac{l}{K} = \dfrac{2}{0.029} = 69$

671 그림과 같이 10cm × 10cm의 단면적을 갖고 양단이 회전단으로 된 부재가 중심축 방향으로 압축력 P 가 작용하고 있을 때 장주의 길이가 2m라면 세장비는?

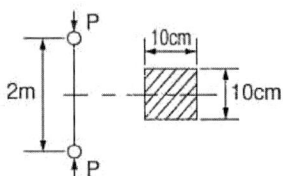

① 890 ② 69 ③ 49 ④ 29

[풀이]

$K = \sqrt{\dfrac{I}{A}} = \sqrt{\dfrac{0.1 \times 0.1^3}{(0.1 \times 0.1) \times 12}}$
$\qquad = 0.029$

$\lambda = \dfrac{l}{K} = \dfrac{2}{0.029} = 69$

정답 668. ③ 669. ③ 670. ② 671. ②

672 직사각형 단면의 단주에 150 kN 하중이 중심에서 1m만큼 편심되어 작용할 때 이 부재 AC에서 생기는 최대 인장응력은 몇 kPa 인가?

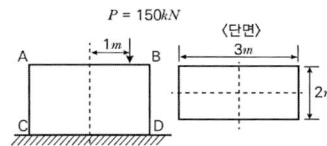

① 25 ② 50 ③ 87.5 ④ 100

[풀이]

압축하중 응력이 $\sigma_c = \dfrac{P_c}{A}$ 이므로

부재 AC에서 발생하는 최대 인장응력은

$$\sigma_t = \frac{P}{bh} = \frac{150}{2 \times 3} = 25\ kPa$$

673 안지름이 80mm, 바깥지름이 90mm이고 길이가 3m인 좌굴하중을 받는 파이프 압축부재의 세장비는?

① 100 ② 110 ③ 120 ④ 130

[풀이]

세장비

$$\lambda = \frac{l}{K} = \frac{l}{\sqrt{\dfrac{I}{A}}} = \frac{l}{\sqrt{\dfrac{\dfrac{\pi}{64}(d_2^{\ 4} - d_1^{\ 4})}{\dfrac{\pi}{4}(d_2^{\ 2} - d_1^{\ 2})}}}$$

$$= \frac{l}{\sqrt{\dfrac{d_2^2 + d_1^2}{16}}} = \frac{3}{\sqrt{\dfrac{0.09^2 + 0.08^2}{16}}}$$

≒ 100

674 안지름이 80mm, 바깥지름이 90mm이고 길이가 4m인 좌굴 하중을 받는 파이프 압축부재의 세장비는 얼마인가?

① 93 ② 103 ③ 123 ④ 133

[풀이]

$$\lambda = \frac{l}{K} = \frac{l}{\sqrt{\dfrac{I}{A}}} = \frac{l}{\sqrt{\dfrac{\dfrac{\pi}{64}(d_2^{\ 4} - d_1^{\ 4})}{\dfrac{\pi}{4}(d_2^{\ 2} - d_1^{\ 2})}}}$$

$$= \frac{l}{\sqrt{\dfrac{d_2^2 + d_1^2}{16}}} = \frac{4}{\sqrt{\dfrac{0.09^2 + 0.08^2}{16}}}$$

≒ 133.3

675 그림과 같은 직사각형 단면을 갖는 기둥이 단면의 도심에 길이 방향의 압축하중을 받고 있다. x-x축 중심의 좌굴과 y-y축 중심의 좌굴에 대한 임계하중의 비는? (단, 두 경우에 있어서 지지조건은 같다.)

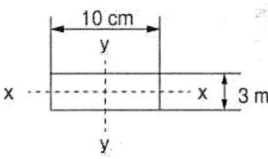

① 0.09 ② 0.18 ③ 0.21 ④ 0.36

[풀이]

$$P_B = n\pi^2 \frac{EI}{l^2} \propto I$$

$$I_x : I_y = \frac{10 \times 3^3}{12} : \frac{3 \times 10^3}{12}$$

$$= 22.5 : 250 = 0.09$$

정답 672. ① 673. ① 674. ④ 675. ①

676 부재의 양단이 자유롭게 회전할 수 있도록 되어있고, 길이가 4m인 압축부재의 좌굴하중을 오일러 공식으로 구하면 약 몇 kN 인가? (단, 세로 탄성계수는 100GPa이고, 단면 b×h = 100mm×50mm이다.)

① 52.4 ② 64.4 ③ 72.4 ④ 84.4

[풀이]

단말계수 $n = 1$

$P_B = n\pi^2 \dfrac{EI}{l^2}$

$= 1 \times \pi^2 \times \dfrac{100 \times 10^9}{4^2}$

$\times \dfrac{0.1 \times 0.05^3}{12} \times 10^{-3}$

$\fallingdotseq 64.3\,kN$

677 양단 힌지로 된 목재의 장주가 200mm×200mm의 정사각형 단면을 가질 때 좌굴하중은 약 몇 kN인가? (단, 길이 $L = 5m$, 탄성계수 $E = 10GPa$, 오일러 공식을 적용한다.)

① 330 ② 430 ③ 530 ④ 630

[풀이]

단말계수 $n = 1$

$P_B = n\pi^2 \dfrac{EI}{l^2}$

$= 1 \times \pi^2 \times \dfrac{10 \times 10^9}{5^2}$

$\times \dfrac{0.2 \times 0.2^3}{12} \times 10^{-3}$

$\fallingdotseq 526.38\,kN$

678 양단이 힌지로 된 길이 4m인 기둥의 임계하중을 오일러 공식을 사용하여 구하면 약 몇 N인가? (단, 기둥의 세로 탄성계수 E = 200GPa이다.)

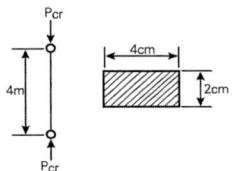

① 1645 ② 3290
③ 6580 ④ 13160

[풀이]

단말계수 $n = 1$

$P_B = n\pi^2 \dfrac{EI}{l^2}$

$= 1 \times \pi^2 \times \dfrac{200 \times 10^9}{4^2}$

$\times \dfrac{0.04 \times 0.02^3}{12}$

$\fallingdotseq 3287\,N$

679 지름이 2cm이고 길이가 1m인 원통형 중실 기둥의 좌굴에 관한 임계하중을 오일러 공식으로 구하면 약 몇 kN인가? (단, 기둥의 양단은 고정되어 있고, 탄성계수 $E = 200GPa$이다.)

① 62.1 ② 124.1 ③ 157.1 ④ 186.1

[풀이]

단말계수 $n = 4$

$P_B = n\pi^2 \dfrac{EI}{l^2}$

$= 4 \times \pi^2 \times \dfrac{200 \times 10^9}{1^2}$

$\times \dfrac{\pi \times 0.02^4}{64} \times 10^{-3}$

$\fallingdotseq 61.92\,kN$

정답 676. ② 677. ③ 678. ② 679. ①

680 지름이 2cm이고 길이가 1m인 원통형 중실기둥의 좌굴에 관한 임계하중을 오일러 공식으로 구하면 약 몇 kN 인가? (단, 기둥의 양단은 회전단이고, 세로 탄성계수는 200GPa이다.)

① 11.5 ② 13.5 ③ 15.5 ④ 17.5

[풀이]

단말계수 $n = 1$,

$P_B = n\pi^2 \dfrac{EI}{l^2}$

$= 1 \times \pi^2 \times \dfrac{200 \times 10^9}{1^2}$

$\times \dfrac{\pi \times 0.02^4}{64} \times 10^{-3}$

$\fallingdotseq 15.5\,kN$

681 그림과 같은 삼각형 단면을 갖는 단주에서 선 A–A를 따라 수직 압축하중이 작용할 때 단면에 인장응력이 발생하지 않도록 하는 하중 작용점의 범위 (d)를 구하면? (단, 그림에서 길이 단위는 mm이다.)

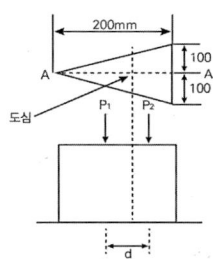

① 25 mm ② 75 mm
③ 50 mm ④ 100 mm

[풀이]

곡률반경 $K = \sqrt{\dfrac{I}{A}}$

편심거리

$a = \pm \dfrac{K^2}{y}$ y : 도심으로부터의 거리

$K^2 = \dfrac{I}{A} = \dfrac{\dfrac{bh^3}{36}}{\dfrac{bh}{2}} = \dfrac{h^2}{18} = \dfrac{(0.2)^2}{18}$

$= 2.22 \times 10^{-3}\,m^2$

$a_1 = \dfrac{K^2}{y_1} = \dfrac{2.22 \times 10^{-3}}{\dfrac{2}{3} \times 0.2} \times 10^3$

$= 16.7\,mm$

$a_2 = \dfrac{K^2}{y_2} = \dfrac{2.22 \times 10^{-3}}{\dfrac{1}{3} \times 0.2} \times 10^3$

$= 33\,mm$

$\therefore\ d = a_1 + a_2 = 16.7 + 33 \fallingdotseq 50\,mm$

682 오일러 공식이 세장비 $\dfrac{\ell}{k} > 100$에 대해 성립한다고 할 때, 양단이 힌지인 원형단면 기둥에서 오일러 공식이 성립하기 위한 길이 "ℓ"과 지름 "d"의 관계가 옳은 것은?

① $\ell > 4d$ ② $\ell > 25d$
③ $\ell > 50d$ ④ $\ell > 100d$

[풀이]

지름이 d인 원형 단면의 회전반경

$k = \sqrt{\dfrac{I}{A}} = \sqrt{\dfrac{\pi d^4}{64} \times \dfrac{4}{\pi d^2}} = \sqrt{\dfrac{d^2}{16}}$

$= \dfrac{d}{4}$

세장비 $\lambda = \dfrac{l}{k} > 100 = \dfrac{l}{d} > 25$

$\therefore\ l > 25d$

정답 680. ③ 681. ③ 682. ②

683 다음 중 기둥의 좌굴에 대한 설명으로 옳은 것은?

① 좌굴이란 기둥이 압축하중을 받아 길이 방향으로 변위 되는 현상을 말한다.
② 도심에 압축하중이 작용하는 기둥의 좌굴은 안정성과 관련되어 있다.
③ 좌굴에 대한 임계하중은 길이가 긴 기둥일수록 커진다.
④ 편심 압축하중을 받는 기둥에서는 하중이 커져도 길이방향 변위만 발생한다.

[풀이]
②

684 오일러의 좌굴응력에 대한 설명으로 틀린 것은?

① 단면 회전반경 제곱에 비례한다.
② 길이의 제곱에 반비례한다.
③ 세장비의 제곱에 비례한다.
④ 탄성계수에 비례한다.

[풀이]
③ 세장비의 제곱에 반비례

$$\sigma_B = \frac{P_B}{A} = \frac{n\pi^2 EI}{Al^2} = \frac{n\pi^2 EAk^2}{Al^2}$$
$$= \frac{n\pi^2 E}{\left(\frac{l}{k}\right)^2} = \frac{n\pi^2 E}{\lambda^2}$$

685 양단이 힌지로 지지 되어있고 길이가 1m인 기둥이 있다. 단면이 30mm×30mm인 정사각형이라면 임계하중은 약 몇 kN 인가? (단, 탄성계수는 210 GPa이고, Euler 공식을 적용한다.)

① 133 ② 137 ③ 140 ④ 146

[풀이]

$$P_B = n\pi^2 \frac{EI}{l^2}$$
$$= 1 \times \pi^2 \times \frac{210 \times 10^9}{1^2} \times \frac{0.03^4}{12} \times 10^{-3}$$
$$\fallingdotseq 140\ kN$$

686 지름이 0.1m이고 길이가 15m인 양단 힌지인 원형강 장주의 좌굴 임계하중은 약 몇 kN 인가? (단, 장주의 탄성계수는 200GPa이다.)

① 43 ② 55 ③ 67 ④ 79

[풀이]

단말계수 $n = 1$,
$$P_B = n\pi^2 \frac{EI}{l^2}$$
$$= 1 \times \pi^2 \times \frac{200 \times 10^9}{15^2} \times \frac{\pi \times 0.1^4}{64} \times 10^{-3}$$
$$\fallingdotseq 43\ kN$$

687 단면치수에 비해 길이가 큰 길이 L 인 기둥 AB가 그림과 같이 한쪽 끝 A에서 고정되고, B의 도심에 작용하는 압축하중 P를 받을 때 오일러식에 의한 임계하중(P_{cr})은? (단, E는 탄성계수, I는 단면 2차 모멘트이다.)

정답 683. ② 684. ③ 685. ③ 686. ① 687. ①

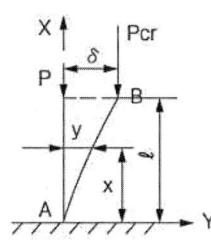

① $P_{cr} = \dfrac{\pi^2 EI}{4L^2}$ ② $P_{cr} = \dfrac{\pi^2 EI}{2L^2}$

③ $P_{cr} = \dfrac{\pi^2 EI}{8L^2}$ ④ $P_{cr} = \dfrac{\pi^2 EI}{12L^2}$

[풀이]

$n = \dfrac{1}{4}$ 이므로

$P_{cr} = n\pi^2 \dfrac{EI}{L^2} = \dfrac{\pi^2 EI}{4L^2}$

688 그림과 같은 장주(long column)에 하중 P_{cr}을 가했더니 오른쪽 그림과 같이 좌굴이 일어났다. 이때 오일러 좌굴응력 σ_{cr}은? (단, 세로 탄성계수는 E, 기둥 단면의 회전반경(radius of gyration)은 r, 길이는 L이다.)

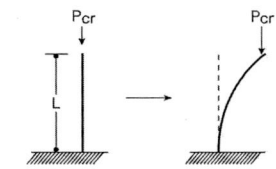

① $\dfrac{\pi^2 E r^2}{4L^2}$ ② $\dfrac{\pi^2 E r^2}{L^2}$

③ $\dfrac{\pi E r^2}{4L^2}$ ④ $\dfrac{\pi E r^2}{L^2}$

[풀이]

$P_B = n\pi^2 \dfrac{EI_G}{L^2} = n\pi^2 \dfrac{EAk^2}{L^2}$

$\sigma_B = \dfrac{P_{cr}}{A} = n\pi^2 \dfrac{Ek^2}{L^2}$

$= \dfrac{1}{4}\pi^2 \dfrac{Er^2}{L^2}$

$= \dfrac{\pi^2 E r^2}{4L^2}$

689 그림과 같이 일단고정 타단자유인 기둥이 축 방향으로 압축력을 받고 있다. 단면은 한쪽 길이가 10cm의 정사각형이고 길이(L)는 5m, 세로 탄성계수는 10GPa이다. Euler 공식에 따라 좌굴에 안전하기 위한 하중은 약 몇 kN 인가? (단, 안전계수를 10으로 적용한다.)

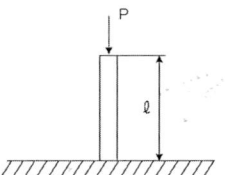

① 0.72 ② 0.82 ③ 0.92 ④ 1.02

[풀이]

$n = \dfrac{1}{4}$

$P_{cr} = n\pi^2 \dfrac{EI}{l^2}$

$= \dfrac{1}{4} \times \pi^2 \times \dfrac{10 \times 10^9 \times \dfrac{0.1^4}{12}}{5^2}$

$= 8225\ N$

안전 사용하중

$P = \dfrac{P_{cr}}{s} = \dfrac{8225}{10} = 822.5\ N$

$= 0.8225\ kN$

정답 688. ① 689. ②

690 원형 단면의 길이 2m인 장주가 양단 회전으로 지지되고 25kN의 압축하중을 받을 때 좌굴에 대한 안전계수를 5로 하면 기둥의 직경은 몇 cm로 해야 되겠는가? (단, Euler 공식을 적용하고, 탄성계수는 10GPa이다.)

① 10.08 ② 8.08
③ 12.08 ④ 14.08

[풀이]

$$P_{cr} = P(SF) = n\pi^2 \frac{EI}{l^2}$$

$$25 \times 10^3 \times 5 = 1 \times \pi^2 \times \frac{10 \times 10^9 \times \frac{\pi \times d^4}{64}}{2^2} \times 10^{-2}$$

$$\therefore d = 10.08 \ cm$$

691 양단이 힌지인 기둥의 길이가 2m이고, 단면이 직사각형(30mm × 20mm)인 압축부재의 좌굴하중을 오일러 공식으로 구하면 몇 kN인가? (단, 부재의 탄성계수는 200GPa이다.)

① 9.9 kN ② 11.1 kN
③ 19.7 kN ④ 22.2 kN

[풀이]

단말계수 $n = 1$.

$$P_B = n\pi^2 \frac{EI}{l^2}$$

$$= 1 \times \pi^2 \times \frac{200 \times 10^9}{2^2} \times \frac{0.03 \times 0.02^3}{12} \times 10^{-3}$$

$$\fallingdotseq 9.87 \ kN$$

692 사각 단면의 폭이 10cm이고 높이가 8cm이며, 길이가 2m인 장주의 양 끝이 회전형으로 고정되어 있다. 이 장주의 좌굴하중은 약 몇 kN 인가? (단, 장주 세로탄성계수는 10GPa이다.)

① 67.45 ② 105.28
③ 186.88 ④ 257.64

[풀이]

단말계수 $n = 1$.

$$P_B = n\pi^2 \frac{EI}{l^2}$$

$$= 1 \times \pi^2 \times \frac{10 \times 10^9}{2^2} \times \frac{0.1 \times 0.08^3}{12} \times 10^{-3}$$

$$\fallingdotseq 105.28 \ kN$$

693 길이 L, 단면 2차모멘트 I, 탄성계수 E인 긴 기둥의 좌굴 하중 공식은 $\frac{\pi^2 EI}{(kL)^2}$ 이다. 여기서 k의 값은 기둥의 지지 조건에 따른 유효길이 계수라 한다. 양단고정일 때 k의 값은?

① 2 ② 1 ③ 0.7 ④ 0.5

[풀이]

양단고정 $n = 4 = \frac{1}{k^2}$

$$\therefore k = \sqrt{\frac{1}{n}} = \sqrt{\frac{1}{4}} = 0.5$$

정답 690. ① 691. ① 692. ② 693. ④

694 양단이 회전지지로 된 장주에서 거리 e 만큼 편심된 곳에 축 방향 하중 P가 작용할 때 이 기둥에서 발생하는 최대 압축응력 (σ_{max})은? (단, A는 기둥 단면적, 2c는 두께, r은 단면의 회전반경, E는 세로탄성계수이다.)

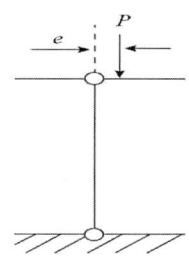

① $\sigma_{max} = \dfrac{P}{A}[1 + \dfrac{ec}{r^2}\sec(\dfrac{L}{r}\sqrt{\dfrac{P}{4EA}})]$

② $\sigma_{max} = \dfrac{P}{A}[1 + \dfrac{ec}{r^2}\sec(\dfrac{L}{r}\sqrt{\dfrac{P}{2EA}})]$

③ $\sigma_{max} = \dfrac{P}{A}[1 + \dfrac{ec}{r^2}\cosec(\dfrac{L}{r}\sqrt{\dfrac{P}{4EA}})]$

④ $\sigma_{max} = \dfrac{P}{A}[1 + \dfrac{ec}{r^2}\cosec(\dfrac{L}{r}\sqrt{\dfrac{P}{2EA}})]$

[풀이]

장주 (양단회전)의 시컨트 식

$\sigma_{max} = \dfrac{P}{A}\left[1 + \dfrac{ae}{k_G^2}\sec\left(\dfrac{nl}{2k_G}\sqrt{\dfrac{P}{AE}}\right)\right]$

⇒ $\sigma_{max} = \dfrac{P}{A}\left[1 + \dfrac{ec}{r^2}\sec\left(\dfrac{L}{r}\sqrt{\dfrac{P}{4EA}}\right)\right]$

여기서, e : 편심거리, n : 단말계수(1),
c : 단면의 중립축에서 최외각 까지의 거리,
r : 단면의 회전반경

695 양단이 고정단이고 길이가 직경의 10배인 주철 재질의 원주가 있다. 이 기둥의 임계응력을 오일러 식을 이용해 구하면 얼마인가? (단, 재료의 탄성계수는 E이다.)

① 0.266E ② 0.0247E
③ 0.00547E ④ 0.00146E

[풀이]

양단고정 $n = 4$

$P_B = n\pi^2\dfrac{EI}{l^2}$

$= 4 \times \pi^2 \times \dfrac{E}{(10d)^2} \times \dfrac{\pi \times d^4}{64}$

$≒ 0.019 d^2 E$

$\sigma_{cr} = \dfrac{P_B}{A} = \dfrac{0.019 d^2 E}{\pi d^2/4} = 0.0247 E$

정답 694. ① 695. ②

스프링

696 코일스프링의 권수를 n, 코일의 지름을 D, 소선의 지름 d인 코일스프링의 전체 처짐 δ는? (단, 이 코일에 작용하는 힘은 P, 가로 탄성계수는 G이다.)

① $\dfrac{8nPD^3}{Gd^4}$ ② $\dfrac{8nPD^2}{Gd}$

③ $\dfrac{8nPD^2}{Gd^2}$ ④ $\dfrac{8nPD}{Gd^2}$

[풀이]

$\delta = \dfrac{8nD^3 W}{Gd^4} \Rightarrow \delta = \dfrac{8nPD^3}{Gd^4}$

697 코일스프링 소선의 지름을 d, 코일의 평균지름을 D, 코일 전체의 길이가 L인 경우 인장하중 W를 작용시킬 때 전체의 처짐량을 나타내는 식은 어느 것인가? (단, G는 전단탄성계수이고, n은 코일의 감김수이다.)

① $\delta = \dfrac{8nD^3 W}{Gd^4}$

② $\delta = \dfrac{16nD^3 W}{Gd^4}$

③ $\delta = \dfrac{64nD^3 W}{Gd^4}$

④ $\delta = \dfrac{4nD^3 W}{Gd^4}$

[풀이]

$\delta = \dfrac{8nD^3 W}{Gd^4}$

698 지름 3mm의 철사로 평균지름 75mm의 압축 코일스프링을 만들고 하중 10N에 대하여 3cm의 처짐량을 생기게 하려면 감은 회수(n)는 대략 얼마로 해야 하는가? (단, 전단탄성계수 G = 88GPa이다.)

① n = 8.9 ② n = 8.5
③ n = 5.2 ④ n = 6.3

[풀이]

$\delta = \dfrac{8nD^3 W}{Gd^4}$

$\Rightarrow n = \dfrac{Gd^4 \delta}{8D^3 W}$

$= \dfrac{88 \times 10^9 \times 0.003^4 \times 0.03}{8 \times 0.075^3 \times 10}$

$\therefore n = 6.34$

699 강선의 지름이 5mm이고 코일의 반지름이 50mm인 15회 감긴 스프링이 있다. 이 스프링에 힘이 작용할 때 처짐량이 50m일 때, P는 약 몇 N인가? (단, 재료의 전단탄성계수 G = 100GPa이다.)

① 18.32 ② 22.08
③ 26.04 ④ 28.43

[풀이]

정답 696. ① 697. ① 698. ④ 699. ③

$$\delta = \frac{8nD^3W}{Gd^4} = \frac{8nD^3P}{Gd^4}$$
$$\Rightarrow P = \frac{Gd^4\delta}{8nD^3}$$
$$= \frac{100 \times 10^9 \times 0.005^4 \times 0.05}{8 \times 15 \times 0.1^3}$$
$$= 26.04 \text{ N}$$

700 코일스프링에서 가하는 힘 P, 코일 반지름 R, 소선의 지름 d, 전단탄성계수 G라면 코일스프링에 한번 감길 때마다 소선의 비틀림각 ϕ를 나타내는 식은?

① $\dfrac{32PR}{Gd^2}$ ② $\dfrac{32PR^2}{Gd^2}$

③ $\dfrac{64PR}{Gd^4}$ ④ $\dfrac{64PR^2}{Gd^4}$

[풀이]

비틀림 각

$$\phi = \frac{\delta}{R} = \frac{\dfrac{8n(2R)^3P}{Gd^4}}{R} \Leftarrow n=1$$
$$= \frac{8 \times 1 \times 8R^3P}{Gd^4 R} = \frac{64PR^2}{Gd^4}$$

701 원통형 코일스프링에서 코일 반지름 R, 소선의 지름 d, 전단탄성계수 G라고 하면 코일스프링 한 권에 대해서 하중 P가 작용할 때 비틀림 각도 ϕ를 나타내는 식은?

① $\dfrac{32PR}{Gd^2}$ ② $\dfrac{32PR^2}{Gd^2}$

③ $\dfrac{64PR}{Gd^4}$ ④ $\dfrac{64PR^2}{Gd^4}$

[풀이]

비틀림 각

$$\phi = \frac{\delta}{R} = \frac{\dfrac{8n(2R)^3P}{Gd^4}}{R} \Leftarrow n=1$$
$$= \frac{8 \times 1 \times 8R^3P}{Gd^4 R} = \frac{64PR^2}{Gd^4}$$

702 지름 d=5 mm인 와이어로 제작된 반지름 R=3cm의 코일스프링에 하중 P=1 kN이 작용할 때, 와이어 단면에 생기는 비틀림 응력은 몇 MPa인가?

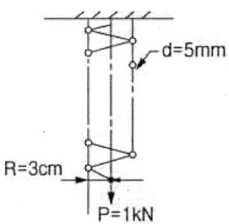

① 1222   ② 1322
③ 1832   ④ 2962

[풀이]

$T = \tau Z_p$
$$\Rightarrow \tau = \frac{T}{Z_p} = \frac{1 \times 10^3 \times 0.03 \times 16}{\pi \times 0.005^3} \times 10^{-6}$$
$$= 1226.9 \text{ } MPa$$

703 지름 10mm 스프링 강으로 만든 코일 스프링에 2 kN의 하중을 작용시켜 전단응력이 250MPa을 초과하지 않도록 하려면 코일의 지름을 어느 정도로 하면 되는가?

① 4 cm ② 5 cm
③ 6 cm ④ 7 cm

[풀이]

소선지름, 코일지름 및 하중을 각각 d, D, W 라 하면,

$$T = \tau Z_P = W \cdot \frac{D}{2}$$

$$\Rightarrow T = \tau \frac{\pi d^3}{16} = W \cdot \frac{D}{2}$$

$$\tau = \frac{8WD}{\pi d^3} \leq 250 \times 10^6$$

$$D = \frac{\pi d^3 \tau}{8W} \leq \frac{\pi \times 0.1^3 \times 250 \times 10^6}{8 \times 2 \times 10^3}$$

$$\leq 0.049 \, m = 4.9 \, cm$$

704 알루미늄의 탄성계수는 약 7GPa이다. 길이 20cm, 단면적 10cm²인 봉을 축력을 받는 스프링으로 사용하려 할 때, 스프링 상수는 몇 MN/m인가?

① 3.5 ② 35 ③ 7 ④ 70

[풀이]

$$F_s = P = k\delta$$

$$\Rightarrow k = \frac{P}{\delta} = \frac{P}{Pl/AE} = \frac{AE}{l}$$

$$= \frac{10 \times 10^{-4} \times 7 \times 10^9}{0.2} \times 10^{-6}$$

$$= 35 \, MN/m$$

705 그림과 같은 압력계의 안전 변에서 지름 5cm의 방출구가 있고 스프링의 자유 길이는 25cm이며, 스프링 상수는 6 kN/m이다. 압력이 최소 얼마 이상일 때 이 변이 열리겠는가?

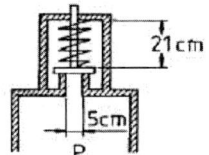

① 123kN/m² ② 103kN/m²
③ 113kN/m² ④ 133kN/m²

[풀이]

스프링 압축력 = 밸브를 미는 힘(전압력)

$$\Rightarrow F_s = k\delta = 6 \times 10^3 \times \frac{0.25 - 0.21}{1000} \; ❶$$

$$\Rightarrow F_v = PA = P \times \frac{\pi \times 0.05^2}{4} \; \cdots\cdots ❷$$

❶ = ❷로부터

$$P = 122.29 \, kN/m^2$$

706 다음과 같은 압력 기구에 안전밸브가 장치되어 있다. 이때 스프링 상수가 $k = 100kN/m$이고 자연 상태에서의 길이는 240mm라 한다. 몇 kN/m²의 압력에 밸브가 열리겠는가?

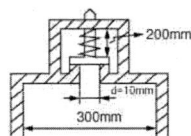

① $\frac{16}{\pi} \times 10^4$ ② $\pi \times 10^4$

③ $\pi \times 10^2$ ④ $\frac{16}{\pi} \times 10^2$

정답 703. ② 704. ② 705. ① 706. ①

[풀이]

스프링 압축력 = 밸브를 미는 힘(전압력)

⇨ $F_s = k\delta = 100 \times \dfrac{240-200}{1000}$ ···· ❶

⇨ $F_v = PA = P \times \dfrac{\pi \times 0.01^2}{4}$ ······ ❷

❶ = ❷로부터

$P = \dfrac{16}{\pi} \times 10^4 \; kN/m^2$

707 코일스프링에 하중 P가 가해져서 δ만큼 늘어났다면, 스프링에 저장된 탄성에너지 U는 얼마인가?

① $U = P\delta$ ② $U = \dfrac{P\delta}{2}$

③ $U = \dfrac{P^2\delta}{2}$ ④ $U = \dfrac{P\delta^2}{2}$

[풀이]

② $U = \dfrac{1}{2}P\lambda = \dfrac{P\delta}{2}$

정답 707. ②

재료역학 (기계시리즈3)

초판 인쇄 2026년 01월 10일
초판 발행 2026년 01월 20일

지은이 | 이상만
펴낸이 | 이주연
펴낸곳 | **명인북스**
등 록 | 제 409-2021-000031호

주 소 | 인천시 서구 완정로65번안길 10, 114동 605호
전 화 | 032-565-7338
팩 스 | 032-565-7348
E-mail | phy4029@naver.com
정 가 | 20,000원

ISBN 979-11-94269-04-5(13550)

이 책에서 내용의 일부 또는 도해를 다음과 같은 행위자들이 사전 승인없이 인용할 경우에는
저작권법 제93조 「손해배상청구권」 에 적용 받습니다.
  ① 단순히 공부할 목적으로 부분 또는 전체를 복제하여 사용하는 학생 또는 복사업자
  ② 공공기관 및 사설교육기관(학원, 인정직업학교), 단체 등에서 영리를 목적으로 복제·배포하는 대표, 또는 당해 교육자
  ③ 디스크 복사 및 기타 정보 재생 시스템을 이용하여 사용하는 자

※ 파본은 구입하신 서점에서 교환해 드립니다.